天然气长输管道员工 HSSE 培训系列教材

安全操作

孔令启　杨文强　孟凡忠　赵玉红　编著

中国石化出版社

图书在版编目（CIP）数据

安全操作 / 孔令启等编著．—北京：中国石化出版社，2020.9

天然气长输管道员工 HSSE 培训系列教材

ISBN 978-7-5114-5891-9

Ⅰ．①安… Ⅱ．①孔… Ⅲ．①长输管道－天然气输送－安全培训－教材 Ⅳ．① TE832

中国版本图书馆 CIP 数据核字（2020）第 129401 号

中国石化出版社出版发行

地址：北京市东城区安定门外大街 58 号

邮编：100011 电话：(010) 57512500

发行部电话：(010) 57512575

http：//www.sinopec-press.com

E-mail：press@sinopec.com

北京柏力行彩印有限公司印刷

全国各地新华书店经销

*

787×1092 毫米 16 开本 18.75 印张 475 千字

2020 年 9 月第 1 版 2020 年 9 月第 1 次印刷

定价：128.00 元

前　言

天然气管道输送是由油气田集气管网、输气干线管网和城市配气管网三大管网构成的一个统一的、密闭的、连续的输气系统。长输管道管径大、距离长、输量大，管网系统具有持续作业、高压力输送、覆盖区域广、途径环境多样等特点，一旦管道发生损坏泄漏，不仅会影响上游天然气开采、中游天然气加工和下游用户供给等工作的正常运转，而且还会破坏环境甚至引发火灾、爆炸等重大安全事故，造成人身伤害和财产损失。因此，加强天然气长输管道的安全运行管理十分重要。

中国石化于20世纪90年代借鉴国外安全生产管理经验的有效做法，推行实施了HSE管理体系，该体系标准核心是危害识别和风险评估。危害识别是风险评估的前提和基础，风险评估是制定削减措施的关键和依据。其关键在领导、核心在管理、重点在基层、要害在岗位。因此，如何把风险管理落实到现场、落实到基层、落实到岗位，使员工能够识别危害、熟知危害、防范风险、控制风险，在日常安全生产管理工作中显得尤为重要。

为有效推进HSE管理体系，准确、全面识别天然气长输管道作业过程的危险有害因素，将各种危险有害因素可能产生的风险最大限度地控制在可接受的范围内，预防或减少各类生产安全事故的发生，进一步实现现场标准化、操作规范化、管理精细化，根据《中国石化HSSE管理体系》（2019版），结合天然气管道运营企业实际情况，按照工艺过程、作业工序风险管理要求，组织安全管理、工程技术人员和有丰富实践经验的岗位操作人员，中原油田与天然气公司编写了“天然气长输管道员工HSSE培训系列教材”。本系列教材按照管理和操作两类岗位编写，旨在帮助相关岗位人员对照岗位HSSE职责，保持风险意识，实时辨识岗位风险，规范安全操作，从施工作业和现场管理方面夯实HSSE基础管理，从常规操作过程中做好风险管控和隐患排查，从日常工作中做好事故的有效预防，以减少可能引起的人员伤害、财产损失和环境污染。本教材适用于天然气管道企业操作人员的HSSE培训。

《安全操作》共分四篇十二章。主编孔令启，副主编杨文强、孟凡忠、赵玉红。第一篇由杨文强、孟凡忠编写；第二篇第一章由王萍、王媛编写；第二篇第二章由郭明富、孟凡忠编写；第二篇第三章由赵玉红、陈琳编写；第三篇第一章由杨文强、黄兵、高旭编写；第三篇第二章由徐慧丽、魏雯星编写；第三篇第三章由杨文强、韩春霖编写；第四篇第一章由张荣梅、杨文编写；第四篇第二章由苗玉强、王红宾、荣琳编写；第四篇第三章由赵玉红、李逢川编写。全书由孟凡忠、杨文强、孙富科统稿，文字校对由徐慧丽负责完成。

本教材在编写过程中得到了中原油田安全环保处，天然气分公司重庆管道公司安全环保部、中原油田油气储运中心的大力支持，在此一并感谢。由于编者水平有限，该教材的不妥之处在所难免，恳请读者批评指正，以便今后修订完善。

目　　录

第一篇　管道概况

第二篇　基础管理篇

第三篇　技术技能篇

第四篇　风险管控篇

第一篇

管道概况

第一章　管道运输概述

管道运输是国际货物运输方式之一，是随着石油生产的发展而产生的一种特殊运输方式。目前，全球范围的油气运输管道总长度已经超过 200×10^4km，管道运输在世界能源的跨国运输中所占的比例已达到 40%，成为跨国能源运输的重要方式。油气管道主要分布在美国、欧洲、俄罗斯、中东和中亚等国家和地区，而亚洲其他地区、非洲和拉丁美洲的油气管道相对落后。截至 2017 年底，我国油气长输管线总里程累计约 13.31×10^4km，初步形成“西油东送、北油南运、西气东输、北气南下、海气登陆”的格局。油气长输管道资产主要为中国石油、中国石化、中国海油等大型国有企业所有，从历年数据看，中国石油占比约为 70%。

油气管道的建设始于 19 世纪中叶，从美国 1865 年在宾夕法尼亚州建成第一条原油输送管道至今，油气管道运输已经有 150 多年的历史。进入 20 世纪后，随着油气资源的开发和利用，油气管道得到进一步发展。二战后能源产业得到迅速发展，油气管道的建设进入了高速发展的阶段，油气管道运输成为油气运输的重要方式。

一、管道运输及特点

管道运输是指用加压设施加压流体（液体或气体）或流体与固体混合物，通过管道运输送到使用地点的一种运输方式，是统一运输网中干线运输的特殊组成部分。管道运输可省去水运或陆运的中转环节，缩短运输周期，降低运输成本，提高运输效率。不仅运输量大、连续、迅速、经济、安全、可靠、平稳以及投资少、占地少、费用低，而且可实现自动控制。除广泛用于石油、天然气的长距离运输外，还可运输矿石、煤炭、建材、化学品和粮食等。与其他运输方式相比，具有以下几点优势：

（1）运输量大。根据其管径的大小不同，可以源源不断地完成人输量的输送任务，每年运输量可达数百万吨到几千万吨，甚至超过亿吨；通过管道加压等形式还可满足某阶段的加量输送。而且，管道可在服务周期内一直被使用。

（2）占地少，环境影响小。由于管道运输的特殊性，长输管道埋藏于地下的部分占管道总长度的 95% 以上，因而对于土地的永久性占用很少，受地形地貌及气候变化的影响小，也不污染环境，有利于生态平衡。

（3）建设周期短、费用低。由于输送系统简单，管道材料及构件已经国际或国内标准化生产，设计、施工安装已经程序化，且工程施工工程量相对较少，因此建设周期短、费用低，比相同运量的铁路建设周期一般要短 1/3 以上，建设费节省 60% 左右。

（4）安全可靠、连续性强。石油、天然气等介质的易燃、易爆、易挥发、易泄漏等特性，决定了其封闭式输送的要求。管道运输的管道深埋地下，全流程密闭储运，运输上不受地面气候变化的影响，抗干扰性强，减少了运输时物料的损耗，相对安全可靠；避免了运载工具的空载回程，使介质能连续不断地进行输送，效率高。

（5）运输耗能少、成本低、效益好。理论分析和实践经验已证明，管道口径越大，运输距离越远，运输量越大，运输成本就越低。以运输原油为例，管道运输、水路运输、铁路运输的运输成本之比为 1∶1∶1.7。从理论上分析，管道运输介质是流体和浆体时，只要克服流体或浆体在管道内的摩擦阻力，即可完成运输作业，没有其他运输方式所需的运载工具的维护检修费用，所以说它耗能少、成本低、效益好。

管道运输也存在一些局限性，如灵活性差，输送介质单一，专用性强等，如能与其他运输方式结合，才能较好地满足现代化生产和生活的需要。

二、管道运输形式

运输管道常按所输送介质的不同可分为：原油管道、成品油管道、天然气管道和固体料浆管道等。

（一）原油管道

原油一般具有密度大、黏稠和易于凝固等特性。主要是自油田输给炼油厂，或输给转运原油的港口或铁路车站，或两者兼而有之，因此其运输特点是：数量大、运距长、收油点和交油点少，故特别适宜管道输送。世界上原油约有 85% 以上是管道输送的。

（二）成品油管道

成品油管道输送汽油、煤油、柴油、航空煤油和燃料油以及从油气中分离出来的液化石油气等成品油。每种成品油在商业上有多种牌号，常采用在同一条管道中按一定顺序输送多种油品的工艺，这种工艺能保证油品的质量和准确地分批运到交油点。成品油管道的任务是将炼油厂生产的大宗成品油输送到各个城镇的加油站（库）或用户。有的燃料油则直接用管道输送给大型电厂，或用铁路油槽车外运。成品油管道运输的特点是批量多，因此，管道的管径大，输油量大，经多处交油分输以后，输油量减少，管径亦随之变小，从而形成成品油管道多级变径的特点。

（三）天然气管道

天然气管道是输送气田天然气和油田伴生气的管道，包括集气管道、输气干线和供配气管道。就长距离运输而言，输气管道系指高压、大口径的输气干线，这种输气管道约占全世界管道总长的一半。

（四）固体料浆管道

固体料浆管道主要用于输送煤、铁矿石、磷矿石、铜矿石、铝矾石和石灰石等矿物，配制浆液主要用水，还有少数采用燃料油或甲醇等液体作载体。其输送方法是将固体粉碎，与适量的液体配制成可泵送的浆液，再用泵按液体管道输送工艺进行输送。到达目的地后，将固体与液体分离送给用户。

三、管道运输在我国的发展及运用

管道运输业是一种新中国成立后才出现的新型运输业，是铁路、水路、公路、航空运输业之后的第五大运输业。管道运输在现代经济发展和社会水平的不断提高中起着必不可少的促进作用，纵观中国管道运输业的建设发展历程，到 2017 年已有将近 60 年的发展历史，这近 60 年的发展中可以划分为三个建设高潮。

（一）第一次建设高潮

第一次建设高潮出现在 20 世纪 70 年代，经过新中国成立后 20 多年的勘探开发中国先后建设了大庆、胜利和中原等大型油田，随着石油开发热潮的出现中国快速铺设了连接东北、华北和华东地区油气田之间的油气输送管道。当时国家为了更好地协调促进全国油气管道发展，在 1973 年还专门成立了石油天然气管道局。

（二）第二次建设高潮

第二次管道建设高潮发生在 20 世纪 80~90 年代，由于当时新疆、吐哈、塔里木、四川等油气田相继开发，中国又修建了连接西部地区的油气天然气管道网络。

（三）第三次建设高潮

第三个建设高潮则发生在 2000 年以后，为了维护能源安全，中国实行了“广开油路”的能源战略。在中国西北地区，中国积极开展与上海合作组织成员国的能源开发合作，目前已经成功建设了第一条海外油气管道——中哈原油管道，每年中国通过这条石油管道可以输入石油数千万吨。在中哈第一条石油输送管道成功运营之后，中国又与哈萨克斯坦继续签订了油气管道二期合作，同时建设中的还有中亚天然气管道单线和双线工程。全部管道投入运营后，中亚天然气管道将实现每年输送天然气达（300~400）$\times 10^8 m^3$。

随着中国海上油气田和边疆油气田的进一步开发以及越来越多的中国油气企业走出国门，参与到国外油气资源的引进开发中，中国油气管道建设已经悄然跨入了第三个建设高潮期。截至2015年8月，中国陆上油气管道总里程达到12×10^4km。包括原油管道、成品油管道和天然气管道，其中原油管道约2.3×10^4km，成品油管道约2.1×10^4km，天然气管道约7.6×10^4km。中国油气管道网络已形成纵贯南北、横跨东西、联通海外的大格局，“西气东输、海气登陆、就近外供”的目标已经初步成为现实，其中特别是在环渤海湾、长江三角洲、珠江三角洲等经济发达地区形成了成熟的油气输送管道。另外在中国西部和北部等油气田聚集地区也形成了完备的区域油气工业输送管道网，全国“西油东运、北油南下”格局业已形成。

由于中国数十年经济的快速稳定增长和现阶段石油天然气能源的大力发展，中国将进一步加快油气管道管建设，逐步建设成连接全国的油气管道格局。预计至2020年底，我国油气长输管道里程数将达到16.9×10^4km，按国家统计局的统计口径，届时的总里程数将为2015年的1.555倍，5年内新增里程数为6.03×10^4km。

第二章　天然气管道技术现状

随着我国工业化进程的加快和能源结构优化的推进，我国油气管道建设正迎来一个大的发展机遇期。

一、国外天然气管道技术现状

世界输气管道建设始于1850年，到了20世纪50年代，管道建设进入快速发展期。此后，随着输量增大和输送距离增长，管道建设开始向长运距、大管径、高压力、网络化方向发展，陆上输气压力达到12Pa，最大管径1420mm，X80级管道已经建成。输气管道内涂层技术应用广泛。作为大型天然气供应系统的重要组成部分，地下储气库调峰技术在发达国家已较成熟。

（一）长运距、大管径和高压力管道是当代世界天然气管道发展主流

自20世纪70年代以来，世界上新开发的大型气田多远离消费中心，同时国际天然气贸易量的增加，促使全球输气管道的建设向长运距、大管径和高压力方向发展。1990年，苏联的天然气管道的平均运距达到2698km；从20世纪至今，世界大型输气管道的直径大都在1000mm以上。到1993年，俄罗斯直径1000mm以上的管道约占63%，其中最大直径1420mm管道占34.7%。西欧国家管道最大直径为1219mm，如著名的阿－意管道等。

干线输气管道的压力等级20世纪70年代为6~8MPa，80年代为8~10MPa，90年代为10~12MPa。

2000年建成的Alliance管道压力12MPa、管径914mm，长度3000km，采用富气输送工艺，被公认为代表当代水平的输气管道。

（二）输气系统网络化

随着天然气产量和贸易量的增长以及消费市场的扩大，目前全世界形成了洲际的、国际的、全国性的和许多地区性的大型供气系统。通常由若干条输气干线、多个集气管网、配气管网和地下储气库构成，可将多个气田和成千上万的用户连接起来。这样的大

型供气系统具有多气源、多通道供气的特点，保证供气的可靠性和灵活性。苏联的统一供气系统是全世界最庞大的输气系统，连接了数百个气田、数十座地下储气库及 1500 多个城市，管线总长度已超过 20×10^4km。目前欧洲的输气管网已从北海延伸到地中海，从东欧边境的中转站延伸到大西洋，阿 – 意输气管道的建成实际上已将欧洲的管网和北非连接起来了。而阿尔及利亚 – 西班牙的输气管道最终将延伸到葡萄牙、法国和德国，与欧洲输气管网连成一体。

（三）建设地下储气库是安全稳定供气的主要手段

无论是天然气发达国家，还是主要依赖进口天然气的一些西欧国家，对建造地下储气库都十分重视，将地下储气库作为调峰、平衡天然气供需、确保安全稳定供气的必要手段。截至 1998 年，全世界建成储气库 605 座，总库容 $5755 \times 10^8 m^3$、工作气量 $3077 \times 10^8 m^3$。工作气量相当于世界天然气消费量的 11%，相当于民用及商业领域消费量的 44%。如美国，2001 年美国的储气库总工作气量约为 $1700 \times 10^8 m^3$，到 2015 年，已建成地下储气库 415 座，地下储气库的库容总量约为 $2277 \times 10^8 m^3$，储气库调峰量约占全部调峰总量的 80%。

除上述特点外，天然气管道在计量技术、泄漏检测和储存技术等方面取得了一些新进展。

1. 天然气的热值计量技术

国外天然气计量技术经历了体积计量、质量计量和热值计量 3 个发展阶段，20 世纪 80 年代以后，热值计量技术的应用在西欧和北美日益普遍，已成为当今天然气计量技术的发展方向。天然气热值计量是比体积和质量计量更为科学和公平的计量方式，由于天然气成分比较稳定，按热值计价可以体现优质优价，国外普遍以热值为计价依据。

天然气热值的测定方法有两种：直接测定法和间接计算法。近几年，天然气热值的直接测量技术发展较快，特别是在自动化、连续性、精确度等方面有了很大提高。

2. 天然气管道泄漏检测技术——红外辐射探测器

美国天然气公用公司通常使用火焰电离检测技术（FID）检查干线管道和城市配气管网的泄漏，但检测车行驶速度慢（一般仅为 3～7m/h），劳动强度大，费用高，直接影响检测结果。目前，美国天然气研究所（GRI）正在进行以激光为基础的遥感检漏技术研究，该方法是利用红外光谱（IR）吸收甲烷的特性来探测天然气的泄漏。该遥感系统由红外光谱接收器和车载式检测器组成，能在远距离对气体泄漏的热柱进行大面积快速扫描，现场试验表明，检漏效率较之以前提高 50% 以上，且费用大幅度下降。

3. 天然气管道减阻剂（BRA）的研究应用

美国 Chevron 石油技术公司（Chevron Petroleum Technology Co）在墨西哥湾一条长 8km，ϕ152mm 的输气管道上进行了天然气减阻剂（DRA）的现场试验。结果表明，可提高输量 10%～15%，最高压力下降达 20%。这种减阻剂的主要化学成分是聚酰胺基，通过注入系统，定期地按一定浓度将减阻剂注入天然气管道中，减阻剂可在管道的内表面形成一种光滑的保护膜，这层薄膜能够显著降低输送摩阻，同时还有一定的防腐作用。

4. 天然气储存技术

从商业利益考虑，国外管道公司非常重视大型储气库垫底气最少化技术的研究，目前，正在研究应用一种低挥发性且廉价的气体作为“工作气体”来充当储气岩洞中的缓冲气垫。

5. 管道运行仿真技术

管线在线仿真系统的应用可有效地提高管道运行的安全性和经济性。管道计算机应用表现在三个方面：管道测绘及地理信息系统、管道操作优化管理模型和天然气运销集成控制系统。仿真技术在长输管道上的应用不仅优化了管线的设计、运行管理，而且为管输企业带来巨大的经济效益。目前，国外长输管道仿真系统主要分为 3 种类型：①用于油气管道的优化设计、方案优选；②运行操作人员的培训；③管线的在线运营管理。如美国最大的天然气管道公司之一的 Williams 管道公司，采有计算机仿真培训系统在不影响正常工作的情况下就可完成对一线工人的上岗培训，大大缩短了培训时间，节约了大量费用，比传统的培训方式效率提高 50%。世界著名的管道仿真系统软件公司——美国科学软件公司（SSI）研究开发的气体管线仿真软件 TGNET 和液体管道仿真软件 TLNET，已在世界上 45 条油气管道上应用。

6. GIS 技术在管道中的应用

随着管道工业自动化的发展，GIS（地理信息系统）在长输管道中得到了日益广泛的应用，它融合了管道原有的 SCADA 系统自动控制功能。美国、挪威、丹麦等国家的管道普遍使用 GIS 技术。目前，该技术已实现地理信息、数据采集、传输、储存和作图统一作业，可为管道的勘测、设计、施工、投产运行、管理监测、防腐等各阶段提供资料。

二、我国天然气管道技术现状

（1）采用的设计和建设标准与国际接轨。

（2）采用卫星遥感技术、GPS 系统，优化管道线路走向。

（3）采用国际上通用的 TGNET，SPS，AutoCAD 等软件，进行工艺计算、特殊工况模拟分析和设计出图。

（4）管材采用高强度、高韧性管道钢，主要有 X52、X60、X65 和 X70，国内有生产大口径螺旋缝埋弧焊钢管和直缝钢管的能力。

（5）管理自动化、通信多种方式并用。

①运营管理采用 SCADA 系统进行数据采集、在线检测、监控，进行生产管理和电子商务贸易；

②通信采用微波、卫星和租用地方邮网方式，新建管道将与国际接轨，向光缆通信发展。

（6）管道防腐。

①管道外防腐层主要采用煤焦油瓷漆、单层环氧粉末、双层环氧粉末、聚乙烯防腐层（二层 PE）和环氧粉末聚乙烯复合结构（三层 PE）；

②管道内涂层主要采用液体环氧涂料。

（7）天然气计量。我国早期建设的管道天然气计量大都采用孔板计量，而近年新建的几条输气管道采用超声波流量计。

（8）主要工艺设备。目前国内输气管道输气站主要工艺阀门大都采用气动球阀，今后新建管道将以采用气－液联动球阀为主。国内在役输气管道采用的增压机组有离心式和往复式压缩机，驱动方式有燃驱和电驱。将来我国的长距离输气管道主流机型采用离心式，在有电源保证的条件下采用变频电机驱动为发展方向。

（9）管道施工。目前我国的管道建设引进了国际上通行的 HSE 管理技术，采用了第三方监理的机制；管道专业化施工企业整体水平达到国际水平，装备有先进的施工机具，如：大吨位吊管机、全自动焊机等：掌握了管道大型穿（跨）越工程的施工技术，如水平定向穿越技术、盾构穿越技术。

（10）优化运行。目前在役输气管道利用进口或国产软件进行在线或离线不同工况模拟，以确定既能满足供气需求，又使单位输气成本最低的运行操作方案。

综合分析，我国大部分输气管道与国外发达国家和地区完善的供气管网相比有很大的差距，管道少、分布不均、未形成全国性管网。管径小，设计压力低，输量少，不能满足目前增长的市场需求。天然气富气输送技术在我国还是空白，需要掌握这项技术来提高管道输送效率，节约投资。

第三章　我国天然气管道发展展望

我国经济高速的发展需要能源保障，为天然气管道发展提供了千载难逢的机遇。

一、我国天然气管道的特点

（1）线路工程复杂。我国幅员辽阔、地形复杂，气源与用户距离较远，管道跨度较远等，为天然气管道工程提出了挑战。如西气东输管道是目前国内最长的输气管道，经过的地貌单元多：沙漠、戈壁、黄土丘陵、沼泽、山地、水网地区等；穿跨越大型河流多：穿越黄河 3 次，穿越淮河 1 次，长江 1 次，穿越江南水网；采用卫星遥感技术，测定沿线地质灾害、地震断裂带和沿线水土流失类型及特征，确定管道最佳避害线路，推荐出线路最佳走向。

（2）系统工艺整体优化难度大。天然气管道系统涉及因素多，我国设计施工管理技术比较落后，技术引进吸收还需要过程等，管道系统整体优化的经验还需提高。如西气东输管道系统，综合考虑气源接替、不同时期的输量及沿途分气情况，采用目前国际上通用的软件 TGNET 和 SPS，对管径、设计压力、压比、输气机组配置、燃驱和电驱以及是否采用内涂层等进行了优选，并对系统季节调峰、增输能力和事故失效工况进行了模拟分析和经济测算。

（3）管理自动化。近 10 年来，我国新建的天然气长输管道均全线采用 SCADA 系统进行远程监控和数据采集，并配有在线检漏监测装置；采用 MIS 系统进行生产运行管理，实现办公自动化和贸易交接的电子商务化；采用卫星通信、公网通信、会议电视、工业电视相结合的通信系统进行全线运行管理。

（4）我国新建的天然气长输管道系统建有在世界上具有较高技术难度的管道配套计量标定中心。

（5）天然气长输管道系统基本实现了多气源、多用户的要求，配套了地下储气库，系统供气安全，运营合理。

二、我国天然气管道建设现状

截至 2017 年底，我国长输天然气管道总里程达到 7.7×10^4km，其中，中国石油天然气股份有限公司（简称中国石油）所属管道占比约 69%、中国石油化工股份有限公司（简称中国石化）占比约 8%、中国海洋石油总公司（简称中国海油）占比约 7%、其他公司占比约 16%，干线管网总输气能力超过 $2800 \times 10^8 m^3/a$。

2017 年，我国新建成天然气管道主要包括中俄东线天然气管道试验段、陕京四线天然气管道（简称陕京四线）、西气东输三线天然气管道（简称西三线）中卫—靖边联络线，以及如东—海门—崇明岛、长沙—浏阳、兰州—定西等天然气管道，长度超过 2000km。

我国进口天然气管道陆续开通，国家基干管网基本形成，部分区域性天然气管网逐步完善，非常规天然气管道蓬勃发展，“西气东输、北气南下、海气登陆、就近外供”的供气格局已经形成，互联互通相关工作正在全面开展。

（一）天然气进口通道

1. 西北天然气进口通道

2014 年 5 月 31 日，中亚 C 线天然气管道（简称中亚 C 线）建成投产，该管道与已建中亚 A 线天然气管道（简称中亚 A 线）、中亚 B 线天然气管道（简称中亚 B 线）主体并行敷设，管道长度 1830km，管径 1219mm，设计输气能力 $250 \times 10^8 m^3/a$。已建中亚 A 线、中亚 B 线、中亚 C 线三条管道输气能力达 $550 \times 10^8 m^3/a$，截至 2017 年底，输气总量达 $2030 \times 10^8 m^3$。中亚 D 线天然气管道已完成工程设计工作，并于 2014 年 9 月在塔吉克斯坦举行了项目开工仪式，该管道设计输气能力为 $300 \times 10^8 m^3/a$，有望在“十四五”初建成投产。

2. 西南天然气进口通道

2013 年 7 月 28 日，中缅天然气管道开始向我国供气。该管道为我国西南地区战略能源通道，与中缅原油管道并行敷设，干线管道起点为缅甸若开邦皎漂，入境点为云南省瑞丽市，干线管道全长为 2520km，其中我国境内 1727km，管径 1016mm，设计压力 10MPa，设计输量 $120 \times 10^8 m^3/a$。该管道的建成投产对优化西南云贵地区能源结构、完善国家基干管网、加强管道之间互联互通、提高天然气应急保障能力具有重要意义。

3. 东北天然气进口通道

中俄东线天然气管道是我国东北地区第一条进口天然气管道，气源来自俄罗斯境内的恰扬金气田和科维克金气田，通过俄罗斯境内“西伯利亚力量”天然气管道输送至中俄边境。境外管道于 2014 年 9 月开工建设，2017 年底已建成 1300km。我国境内干线管道起自黑龙江省黑河市，止于西气东输一线天然气管道（简称西一线）上海市白鹤末站，全长超过 3000km，干线管道于 2017 年 12 月 13 日举行了开工仪式，计划 2019 年底开始引进俄罗斯进口天然气。

4. 东南沿海天然气进口通道

截至 2018 年 2 月，我国东南沿海已建成 17 座 LNG 接收站，储罐容量 $812 \times 10^4 m^3$，

总接收能力达 $6340 \times 10^4 t/a$，分别由中国海油、中国石油、中国石化和部分私营企业投资建设。其中，建成最早的 LNG 接收站是广东大鹏 LNG 接收站，最新建成的 LNG 接收站是中国石化天津 LNG 接收站。各接收站建设情况详见表 1–1–1。

表 1–1–1　我国沿海地区已建 LNG 接收站建设情况

运营公司	接受站名称	储罐容量 /$10^4 m^3$	接收规模 /（$10^4 t/a$）	投产时间
中国海油	广东大鹏 LNG	64	680	2006–05
	福建 LNG	64	630	2008–04
	上海 LNG	48	300	2009–12
	珠海 LNG	48	350	2013–10
	浙江 LNG	48	300	2012–08
	海南洋浦	32	300	2014–08
	天津浮式	20	220	2013–10
	粤东 LNG	48	200	2017–04
中国石油	江苏 LNG	68	650	2011–05
	唐山 LNG	64	650	2013–11
	大连 LNG	48	600	2011–11
中国石化	青岛 LNG	64	600	2014–12
	北海 LNG	64	300	2016–04
	天津 LNG	64	300	2018–02
广东九丰	东莞九丰 LNG	28	150	2012–06
上海燃气	上海五号沟	30	50	2008–11
广汇能源	启东 LNG	10	60	2008–11
合计		812	6340	

（二）国家基干天然气管网

1. 西气东输管道系统

西一线干线起自新疆维吾尔自治区（简称新疆）轮南镇，止于上海市白鹤镇，长 3839km，管径 1016mm，设计压力 10MPa，设计输量 $170 \times 10^8 m^3/a$。2003 年 10 月东段建成投产，2004 年 12 月西段建成投产。

西气东输二线天然气管道（简称西二线）包括 1 条干线、8 条支线。干线起自新疆霍尔果斯市，止于广东省广州市，长 4918km，管径 1219mm，设计压力 12MPa，设计输量 $300 \times 10^8 m^3/a$。支线长约 3760km。2012 年底全线投产。

西三线包括 1 条干线和 8 条支线。干线西起新疆霍尔果斯市，终于福建省福州市，全长 5220km，管径 1219mm，设计压力 12MPa，设计输量 $300\times10^8m^3/a$。该管道西段（霍尔果斯—中卫）、东段（吉安—福州）已建成投产。

2. 陕京天然气管道系统

陕京一线天然气管道（简称陕京一线）干线起自陕西省靖边首站，止于北京市石景山区衙门口末站，干线长约 846km，管径 660mm，设计压力 6.4MPa，设计输量 $30\times10^8m^3/a$，于 1997 年建成投产。

陕京二线天然气管道（简称陕京二线）干线起自陕西省靖边首站，止于北京市通州区通州末站，长约 980km，管径 1016mm，设计压力 10MPa，设计输量 $170\times10^8m^3/a$，于 2005 年建成投产。

陕京三线天然气管道（简称陕京三线）干线起自陕西省榆林首站，止于北京市昌平区西沙屯末站，大体并行陕京二线，长约 1000km，管径 1016mm，设计压力 10MPa，设计输量 $150\times10^8m^3/a$，于 2013 年底建成投产。

陕京四线干线起自陕西省靖边首站，止于北京市顺义区高丽营末站，长约 1098km，管径 1219mm，设计压力 12MPa，设计输量 $250\times10^8m^3/a$，于 2017 年 11 月 28 日建成投产。

3. 川气东送天然气管道系统

川气东送天然气管道是中国石化已建最长天然气管道。干线管道起自普光首站，止于上海末站，全长 1700km，管径 1016mm，设计压力 10MPa，设计输量 $120\times10^8m^3/a$，于 2010 年建成投产。

中国石油忠武天然气管道与川气东送天然气管道主体并行敷设，干线管道起自重庆市忠县，止于武汉末站，长约 719km，管径 711mm，设计压力为 7.0MPa，设计输量 $30\times10^8m^3/a$，于 2004 年建成投产。

4. 联络天然气管道

冀宁联络线天然气管道（简称冀－宁线）起自陕京二线的安平分输站，终于西气东输管道系统青山分输站，全长 886km，管径 711～1016mm，设计压力 10MPa，设计输量 $90\times10^8m^3/a$，于 2005 年底建成投产。

兰州—银川联络线天然气管道（简称兰－银线）起自涩北－西宁－兰州天然气管道河口分输压气站，经西一线中卫联络站，终于银川末站。管道长度约 401km，管径 610mm，设计压力 10MPa，设计输量 $35\times10^8m^3/a$，于 2007 年 7 月建成投产。

中卫—贵阳联络线天然气管道（简称中－贵线）起自宁夏回族自治区中卫首站，止于贵州省贵阳末站。该管道长约 1613km，管径 1016mm，设计压力 10MPa，设计输量 $150\times10^8m^3/a$，于 2013 年 10 月全线建成投产。

中卫—靖边联络线天然气管道（简称中－靖线）起自西三线中卫压气站，止于陕京天然气管道系统靖边压气站，长 376.57km，管径 1219mm，设计压力 12MPa，设计输量 $300\times10^8m^3/a$，于 2017 年 11 月建成投产。

（三）重点区域天然气管网

1. 京津冀区域天然气管网

京津冀区域天然气管网主要由陕京天然气管道系统、大港－永清天然气管道系统、永清－唐山－秦皇岛天然气管道、冀－宁线、大唐煤制气管道、北京天然气管网和在建中俄东线天然气管道组成，供气能力约 $1100\times10^8m^3/a$，可接收中亚、俄罗斯等进口天然气，也可接收新疆地区、长庆油田等国产天然气，并配套建设有 LNG 接收站、华北储气库群等储气调峰设施。京津冀地区天然气储运设施相对齐全，可实现气源多元化和资源多样化，为京津冀地区优化能源结构和改善空气质量奠定了基础。

2. 长三角区域天然气管网

长三角区域天然气管网主要包括西一线、西二线上海支干线、冀－宁线、江苏 LNG 外输管道、如东－海门－崇明岛天然气管道、角直－宝钢天然气管道、南京－芜湖天然气管道、常州－长兴天然气管道、川气东送等干线管道，总供气能力约 $600\times10^8m^3/a$，并配套建设有金坛盐穴储气库、刘庄油气藏储气库和江苏如东 LNG 接收站、启东 LNG 接收站、上海 LNG 接收站、浙江 LNG 接收站等储气调峰设施。

3. 珠三角区域天然气管网

珠三角区域天然气管网主要包括中国石油西二线南宁支干线、广－深支干线、香港支线等天然气管道，中国海油珠海－中山南海天然气管道，南海南屏分输站－珠海临港分输站天然气管道等，以及广东 LNG 外输管道、广西 LNG 外输管道等天然气管道，并配套建设有广东大鹏、珠海、粤东、九丰等 LNG 接收站。

（四）非常规天然气管道

1. 煤制天然气外输管道

伊宁－霍尔果斯煤制天然气管道是我国第一条煤制气管道，于 2013 年 8 月建成投产，可将新疆伊犁地区煤制天然气通过西二线输往东部地区。

大唐克什克腾旗煤制天然气外输管道是我国第二条煤制气外输管道。该管道由两部分组成：克什克腾旗－古北口段由大唐国际建设，长约 360km，管径 914mm，设计压力 7.8MPa，设计输量 $1200\times10^4m^3/d$；古北口－高丽营段由中国石油建设，长约 130km，管径 914～1016mm，设计压力 7.8～10MPa。管道于 2013 年 11 月建成投产。

2. 页岩气外输管道

四川长宁地区页岩气管道是我国第一条页岩气外输管道，管道起自宜宾市上罗镇集气站，止于宜宾市双河乡双河集输末站，全长 93.7km，管径 457mm，设计压力 6.3MPa，输送规模可达 $450\times10^4m^3/d$，于 2014 年 4 月建成投产。此后，第二条页岩气外输管道——威远页岩气集输干线和第三条页岩气外输管道——涪陵－王场页岩气管道分别于 2014 年 10 月、2015 年 4 月建成投产。

3. 煤层气外输管道

煤层气产地主要集中于我国山西省等华北地区，目前煤层气产量相对较低，优先满足周边地区消费，多余气量外输。我国第一条煤层气外输管道是山西沁水煤层气外输管道，管道全长 35km，管径 610mm，设计压力 6.3MPa，设计输量 $30\times10^8m^3/a$，于 2009 年 7 月建成投产。该管道在沁水压气站与西气东输管道系统相连，将煤层气输往东部地区。此后，晋城－侯马、沁水－博爱－郑州及沁水－长治等多条煤层气外输管道陆续建成投产。

4. LNG 外输管道

随着我国东南沿海地区诸多 LNG 接收站的建成投产，大连－沈阳天然气管道、唐山 LNG 外输管道、如东－江都天然气管道、天津 LNG 外输管道、深圳－东莞－广州－佛山输气管道等配套 LNG 外输管道也陆续建成，实现 LNG 与国内主干天然气管道气源互补，增加天然气安全供应和应急保障能力。

三、在建和规划重点项目

（一）新－粤－浙天然气管道

中国石化新疆煤制天然气外输管道（新－粤－浙天然气管道）包括 1 条干线和 5 条支线，管道干线起于新疆木垒首站，止于广东省韶关末站，干线全长 4159km，管径 1219mm，设计压力 12MPa，设计输量 $300\times10^8m^3$。该管道于 2015 年 9 月 30 日获中华人民共和国国家发展和改革委员会（简称国家发改委）核准，建设节奏按资源、市场落实程度由南向北、先东后西的进度分期实施。潜江－韶关段输气管道是新－粤－浙天然气管道的末端管道，也是湖南省第一条国家干线天然气管道，北起湖北省潜江市，南至广东省韶关市，途经湖北、湖南、广东 3 省 8 市，全长 856km，管径 1016mm、设计压力 10MPa，设计输量 $60\times10^8m^3/a$，已于 2017 年 9 月 26 日开工建设，计划 2020 年建成投产。

（二）中俄东线天然气管道

中俄东线天然气管道是我国管径最大、压力最高、输量最大、钢级最强、涉及单位最多、国产化程度最高的天然气管道。干线管道起自黑龙江省黑河市，止于上海市白鹤末站，全长超过 3000km，设计输量为 $380\times10^8m^3/a$，设计压力 12MPa，管径 1422mm。该工程将按北段（黑河－长岭）、中段（长岭－永清）和南段（永清－上海）分段核准、分期建设，计划 2019 年 10 月北段投产，2020 年底全线贯通。其中，黑龙江省五大连池市境内 76km 试验段工程已于 2017 年 11 月建设完成；2017 年 12 月 13 日，随着黑河—长岭段干线管道 11 个标段同时开焊，中俄东线天然气管道的建设全面加快。

（三）鄂－安－沧天然气管道

中国石化鄂尔多斯－安平－沧州煤制气管道（鄂－安－沧天然气管道）气源主要为新蒙能源煤制气、汇能集团煤制气等。管道西起陕西省神木市，东至河北省沧州市，南至中原油田文23储气库，北至雄安新区，包括1条干线和5条支线。管道全长为2293km，其中干线管道长度881km，设计输量$300\times10^8m^3/a$，设计压力12MPa，管径1219mm。该项目已于2017年7月12日获国家发改委核准，一期工程计划于2019年建成，可将天津进口LN ⑦文23储气库天然气输往雄安新区；后续工程可将内蒙古自治区（简称内蒙古）、陕西、山西等地煤制气、煤层气等资源输往华北地区。

（四）蒙西煤制气外输管道

蒙西煤制气外输管道是中国海油第一条跨省天然气长输管道，包括1条干线、2条注入支线和2条分输支线。干线管道起自内蒙古杭锦旗首站，止于河北省黄骅末站，全长约1022km，设计输量$300\times10^8m^3/a$，设计压力12MPa，管径1219mm。该项目已纳入国家《能源发展“十三五”规划》和沿线四省市自治区“十三五”规划，并于2017年4月5日获中华人民共和国生态环境部环评批复，于2017年7月17日通过中国海油投资决策程序。该项目整体获得国家发改委核准后，将先期建设河北省和天津市境内管道，将天津市进口LNG输往华北地区，为雄安新区清洁能源供应提供保障；后期建设山西省及内蒙古境内管道，将煤制气、煤层气等相关资源输往华北地区。

四、天然气管道发展趋势

2017年5月，国家发改委、国家能源局联合发布的《中长期油气管网规划》指出，对天然气进口通道要坚持“通道多元、海陆并举、均衡发展”的原则，进一步巩固和完善西北、东北、西南和海上油气进口通道，2025年基本形成“海陆并重”的通道格局；要求2020年全国天然气长输管道长度达到10.4×10^4km，2025年达到16.3×10^4km，预计2030年将超过20.0×10^4km，并形成“主干互联、区域成网”的全国天然气基础网络；要求加快东北、华北等地区地下储气库建设，到2025年实现地下储气库工作气量达到$300\times10^8m^3$，预计2030年将超过$400\times10^8m^3$。该规划指明了我国天然气管网发展方向，进一步明确了天然气管道和储气库的建设目标。未来一段时间内，我国天然气管道发展将呈现以下特点：

（一）干线管道互联互通

目前，中国石油、中国石化、中国海油等各管输企业所属管道相对独立，互联互通力度不足，企业间应急保供能力相对较差。为贯彻落实习近平总书记关于“北方地区清洁取暖”有关指示精神，国家能源局提出加强全国天然气管网、接收站、储气库等基础设施互联互通，以及提高天然气特别是北方地区冬季天然气供应保障能力的要求，并于2017 年 8 月将广东省管网鳌头分输站向西二线广州末站反输改造工程列为冬季天然气保供的国家重大工程。

2017 年 9 月起，中国石油相关单位与广东省管网公司开始对相关设施进行改造，并于 2017 年 12 月 9 日实现了从西二线向广东省管网转供，气量达 $425\times10^4m^3/d$；16 日实现了从广东省管网向西二线反输供应，气量达 $500\times10^4m^3/d$。广东省管网鳌头分输站与西二线广州末站互联，实现了中国石油管道气、中国海油海上采气、LNG 多种资源的互联互通，提高了珠三角地区天然气管网互联互通和应急保障能力。2018 年 2 月 8 日，国家发改委下发《国家发展改革委关于加快推进 2018 年天然气基础设施互联互通重点工程有关事项的通知》，要求对陕京四线增压工程、广西 LNG 接收站与中缅天然气管道联通项目、蒙西煤制气管道、鄂－安－沧天然气管道等 10 个天然气基础设施互联互通项目加快建设进度，确保各项目按期投产，强化国内天然气互联互通串换能力，提升冬季天然气应急调峰能力。

（二）管径进一步增大，压力进一步提高，钢级进一步提升

未来天然气管道设计和建设过程中，扩大管径、提高压力和提升钢级是进一步提高天然气管道输送能力的发展趋势。从陕京一线管径 660mm、设计压力 6.4MPa、管材 X60，到西一线管径 1016mm、设计压力 10MPa、管材 X70，再到西二线、西三线管径 1219mm、设计压力 12MPa、管材 X80，我国天然气管道行业在过去 20 年取得了显著的发展成就。

2015 年 10 月，在我国新疆哈密市建成了亚洲第一个管道断裂控制试验场；2015 年 12 月成功开展了管径 1422mm、管材 X80 直缝管爆破试验；2016 年 11 月成功开展了管径 1422mm、管材 X80 螺旋管爆破试验；2016 年 12 月成功开展管径 1219mm、管材 X90 钢管全尺寸爆破试验。在建的中俄东线天然气管道采用了管径 1422mm、压力 12MPa 的工艺方案（试验段已完成建设）。俄罗斯新建巴法连科－乌恰天然气管道设计压力 11.8MPa、管径 1422mm、材质 X80，输气能力达 $580\times10^8m^3/a$；美国规划的阿拉斯加－加拿大阿尔伯达的天然气管道设计压力 17.2MPa、管径 1219mm、材质 X80、输气能力达（450~590）$\times10^8m^3/a$。目前，我国正在进行超大输量天然气管道关键技术的可行性研究。

（三）关键设备和控制系统国产化

2009 年，我国启动了干线天然气管道压缩机组和大型球阀等关键设备的国产化研究工作。2013 年 5 月，我国首套 20MW 电驱压缩机组在西二线高陵压气站建成投运；2016 年 9 月，首套国产 30MW 燃驱压缩机组于西三线烟墩压气站建成投运。2014 年正式启动

了执行机构（电动、气液联动）、关键阀门（旋塞阀、止回阀、强制密封阀）、流量计（超声波、涡轮）等5大类16种管道设备国产化研发工作。

2017年5月26日，中国石油西部管道公司烟墩作业区国产阀门试验场完成了6台“国产56”Class900全焊接球阀工业性测试；2017年9月14日，完成了“国产56”Class900全焊接球阀对应国产执行机构的现场工业性试验；2017年6月15日，完成了油气管道流量计国产化工业性试验的现场验收。2014年7月，国产RTU（远程终端单元）阀室PLC（可编程控制器）控制系统在呼和浩特－包头－鄂尔多斯成品油管道首次使用。2017年10月30日，中国石油管道公司国产SCADA（数据采集与监视控制）系统即PCS（过程控制系统）通过专家验收。这些一系列天然气管道关键设备和控制系统国产化成果的取得，标志着我国油气管道关键设备国产化进程又迈出坚实一步。

（四）开启智能管道建设新征程

继2003年在冀宁联络线天然气管道项目中首次提出数字化油气管道建设目标之后，中国石油于2012年启动了油气管道全生命周期管道研究。目前，油气管道基本实现了“设计数字化、施工机械化、物采电子化、管理信息化”，完成了从传统管道向数字管道的转变。为进一步整合油气管道行业已取得的研究成果，中国石油已启动智能管道建设相关研究工作，计划在新建油气管道项目中，以中俄东线天然气管道作为试点，工程设计、施工将以“全数字化移交、全生命周期管理、全智能化运营”为目标，开启智能化管道建设新征程；并且，在已建油气管道项目中，选择中缅油气管道、中俄原油管道二线等项目按照智能化管道相关标准进行相关设施配置和功能升级。待新建、已建油气管道均实现智能化要求之后，我国油气管网将全面掀开智慧管网新篇章。

五、天然气管道建设面临的困难

（一）配套储气库建设滞后

据美国能源信息署（EIA）2016年统计数据，美国共有413座地下储气库，储气库总工作气量达$1357\times10^8m^3$，占当年天然气消费量$7786\times10^8m^3$的17.4%；俄罗斯地下储气库工作气量$950\times10^8m^3$，占当年天然气消费量$3909\times10^8m^3$的24.3%；德国和意大利工作气量分别为$248\times10^8m^3$和$187\times10^8m^3$，达到当年消费量的31.2%和29.1%；法国储气库工作气量$120\times10^8m^3$，可满足当年天然气消费的28.5%。据中国石油经济技术研究院发布的《2017年国内外油气行业发展报告》，截至2017年底，我国累计建成12座地下储气库（群），调峰能力达到$100\times10^8m^3$，调峰量约$80\times10^8m^3$（其中中国石油$77\times10^8m^3$），调峰能力占全年总消费量的4.2%，距欧美、俄罗斯等国家储气库储气比例有较大差距。

为进一步加快储气库设施的建设，建议国家相关部门明确上游供气企业、下游城市燃气企业储气设施建设主体，配套制定相关储气调峰价格政策，有效吸引多种资金，加大储气库建设力度，以提升冬季天然气调峰和应急保障能力。

（二）干线天然气管道压缩机组利用率偏低

目前我国干线天然气管道压气站压缩机组普遍按最大输量工况进行配置，各站均设备用机组，且单台机组功率还有余量，存在压缩机组利用率偏低、日常维护工作量较大、外电基本容量费等费用较高等问题。根据中国石油已建管道统计情况，压缩机组利用率平均为 37.96%，其中西一线机组利用率平均值相对较高，2006—2015 年平均值为 43.59%。

随着我国管网系统的逐步完善、机组可靠性的增加及调控管理水平的提升，建议进一步研究干线天然气管道压缩机组隔站备用的可行性以提高机组利用率，研究同一站内大小机组的优化配置以提高工况适应能力，研究同一站内电驱、燃驱的混合配置以降低外电基本容量费等相关运行费用。

（三）干线天然气管道联网后调运难度加大

随着近几年我国天然气管道的快速建设，西气东输管道系统、陕京天然气管道系统等干线管道系统已初具规模，并且已建成冀 - 宁线、中 - 贵线、兰 - 银线、中 - 靖线等多条天然气联络管道，以及西北、华北、东北、长三角、珠三角和川渝地区等多个区域性天然气管网。天然气管道调运工作也由单条管道向管道系统转变，由单个管道系统向天然气管网转变，由区域性管网向国家基干管网转变。

特别是在中国石油、中国石化、中国海油等国家油气管道互联互通工程完成之后，天然气管网调气灵活性增加的同时，全国范围内多家供气企业之间管网的调运难度也将大幅增加。随着我国天然气管网和相关基础设施的进一步完善，建议进一步加大对大型管网优化运行的研究力度，保证我国天然气管网高效、平稳、节能运行。

第二篇

基础管理篇

第一章　HSSE 法律法规

第一节　安全生产法律体系

我国的安全生产法律体系，是由宪法、国家法律、国务院法规、地方性法规，以及标准、规章、规程和规范性文件等所构成的。该体系从宏观到微观，明确了国家行政机关的职权和责任、用人单位的职责与义务、劳动者的权利和义务，为保障劳动者的人身健康权益、促进安全生产经营、保护环境清洁生产提供了有力的法律依据。

一、安全生产法律体系

（一）安全生产法律体系

安全生产法律体系，是指我国全部现行的、不同的安全生产法律规范形成的有机联系的统一整体。

（二）安全生产法律体系的特征

（1）法律规范的调整对象和阶级意志具有统一性。加强安全生产监督管理，保障人民生命财产的安全，预防和减少生产安全事故，促进经济发展，是党和国家各级人民政府的根本宗旨。国家所有的安全生产立法体现了最广大人民群众的最根本利益，都围绕着执政为民这一根本宗旨，围绕着基本人权的保护这个基本点而制定。

（2）法律规范的内容和形式具有多样性。安全生产贯穿于生产经营活动的各个行业、领域，各种社会关系非常复杂。这就需要针对不同生产经营单位的不同特点，针对各种突出的安全生产问题，制定各种内容不同、形式不同的安全生产法律规范，调整各级人民政府、各类生产经营单位，公民相互之间在安全生产领域中产生的社会关系。这个特点就决定了安全生产立法的内容和形式又是各不相同的，它们所反映和解决的问题是不同的。

（3）法律规范的相互关系具有系统性。安全生产法律体系是由母系统与若干个子系统共同组成的。从具体法律规范上看，它是单个的；从法律体系上看，各个法律规范又是母体系不可分割的组成部分。安全生产法律规范的层级、内容和形式虽然有所不同，但是它们之间存在着相互依存、相互联系、相互衔接、相互协调的辩证统一关系。

二、安全生产法律体系的基本框架

我们可以从上位法与下位法、普通法与特殊法和综合性法与单行法等三个方面来认识并构建我国安全生产法律体系的基本框架。

（一）从法的不同层级上，可以分为上位法与下位法

法的层级不同，其法律地位和效力也不同。上位法是指法律地位、法律效力高于其他相关法的立法。下位法相对于上位法而言，是指法律地位、法律效力低于相关上位法的立法。

1. 法律

法律是安全生产法律体系中的上位法，居于整个体系的最高层级，其法律地位和效力高于行政法规、地方性法规、部门规章、地方政府规章等下位法。

2. 法规

安全生产法规分为行政法规和地方性法规。

（1）行政法规。安全生产行政法规的法律地位和法律效力低于有关安全生产的法律，高于地方性安全生产法规、地方政府安全生产规章等下位法。国家现有的安全生产行政法规有《安全生产许可证条例》《危险化学品安全管理条例》等。

（2）地方性法规。地方性安全生产法规的法律地位和法律效力低于有关安全生产的法律、行政法规，高于地方政府安全生产规章。安全生产地方性法规有《四川省安全生产条例》《重庆市安全生产条例》《河南省安全生产条例》等。

3. 规章

安全生产行政规章分为部门规章和地方政府规章。

（1）部门规章。国务院有关部门依照安全生产法律、行政法规的规定或者国务院的授权制定发布的安全生产规章的法律地位和法律效力低于法律、行政法规，高于地方政府规章。安全生产部门规章有《生产经营单位安全培训规定》《劳动防护用品监督管理规定》《安全生产事故隐患排查治理暂行规定》等。

（2）地方政府规章。地方政府安全生产规章是最低层级的安全生产立法，其法律地位和法律效力低于其他上位法，不得与上位法相抵触。地方政府规章有《河南省生产安全事故隐患排查治理办法》《河南省重大事故隐患排查治理责任追究规定》《重庆市安全生产行政责任追究暂行规定》《重庆市高温天气劳动保护办法》等。

4. 安全生产标准

标准是法律的延伸，具有技术性法律规定的作用，是安全生产相关的技术性规定。通常体现为国家标准和行业标准，两者对生产经营单位的安全生产具有同样的约束力。

（1）国家标准。安全生产国家标准是指国家标准化行政主管部门依照《标准化法》制定的在全国范围内适用的安全生产技术规范。

（2）行业标准。安全生产行业标准是指国务院有关部门和直属机构依照《标准化法》制定的在安全生产领域内适用的安全生产技术规范。行业安全生产标准对同一安全生产事项的技术要求，可以高于国家安全生产标准但不得与其相抵触。

（二）从同一层级的法的效力上，可以分为普通法与特殊法

我国的安全生产立法是多年来针对不同的安全生产问题而制定的，相关法律规范对一些安全生产问题的规定有所差别。有的侧重解决一般的安全生产问题，有的侧重或者专门解决某一领域的特殊的安全生产问题。因此，在安全生产法律体系同一层级的安全生产立法中，安全生产法律规范有普通法与特殊法之分，两者相辅相成、缺一不可。

（三）从法的内容上，可以分为综合性法与单行法

安全生产问题错综复杂，相关法律规范的内容也十分丰富。从安全生产立法所确定的适用范围和具体法律规范看，可以将我国安全生产立法分为综合性法与单行法。综合性法不受法律规范层级的限制，而是将各个层级的综合性法律规范作为整体来看待，适用于安全生产的主要领域或者某一领域的主要方面。单行法的内容只涉及某一领域或者某一方面的安全生产问题。

第二节　安全生产法相关内容

《中华人民共和国安全生产法》（以下简称《安全生产法》）于2002年6月29日第九届全国人民代表大会常务委员会第二十八次会议通过，2002年11月1日起施行。2014年8月31日第十二届全国人民代表大会常务委员会第十次会议通过全国人民代表大会常务委员会关于修改《中华人民共和国安全生产法》的决定，自2014年12月1日起施行。

一、立法目的、适用范围

（一）《安全生产法》的立法目的

《安全生产法》第一条：“为了加强安全生产工作，防止和减少生产安全事故，保障

人民群众生命和财产安全，促进经济社会持续健康发展，制定本法”。这是《安全生产法》的立法宗旨，是法律所要解决的基本问题，《安全生产法》的立法指导思想、方针原则及安全生产基本法律制度都是围绕这个立法宗旨来确定的。

（二）《安全生产法》的适用范围

《安全生产法》是对所有生产经营单位的安全生产普遍适用的基本法律。《安全生产法》第二条：“在中华人民共和国领域内从事生产经营活动的单位（以下统称生产经营单位）的安全生产及其监督管理，适用本法；有关法律、行政法规对消防安全和道路交通安全、铁路交通安全、水上交通安全、民用航空安全以及核与辐射安全、特种设备安全另有规定的，适用其规定。”《安全生产法》第一百一十四条：“所有在中华人民共和国陆地、海域和领空的范围内从事生产经营活动的生产经营单位，必须依照《安全生产法》的规定进行生产经营活动，违法者必将受到法律制裁。”

二、我国安全生产工作基本方针

“方针”是指导一个领域、一个方面各项工作的总的原则。我国安全生产工作的基本方针为“安全第一，预防为主，综合治理”。这是《安全生产法》的灵魂，明确了安全生产的重要地位、主体任务和实现安全生产的根本途径。

“安全第一”，就是说，在生产经营活动中，在处理保证安全与实现生产经营活动的其他各项目标的关系上，要始终把安全特别是从业人员和其他人员的人身安全放在首要的位置，实行“安全优先”的原则。

“预防为主”，就是要求生产经营单位在任何时候都必须把预防事故作为安全生产工作的着眼点和落脚点，进行主动的、超前的管理。企业安全生产的管理，不仅是在发生事故后去组织抢救，进行事故调查，找原因、追责任、堵漏洞，更为重要的是采取有效的事前控制措施，千方百计预防事故的发生，做到防患于未然，将事故消灭在萌芽状态。

“综合治理”要求运用行政、经济、法治、科技等多种手段，充分发挥社会、职工、舆论监督各个方面的作用，抓好安全生产工作。

三、生产经营单位安全生产责任制度

《安全生产法》第四条：“生产经营单位必须遵守本法和其他有关安全生产的法律、法规，加强安全生产管理，建立、健全安全生产责任制和安全生产规章制度，改善安全生产条件，推进安全生产标准化建设，提高安全生产水平，确保安全生产。”

四、生产经营单位安全生产保障

（一）安全生产基本条件

各类生产经营单位必须具备法定的安全生产条件，这是实现安全生产的基本条件。

（二）安全生产管理机构和安全管理人员的配置

矿山、金属冶炼、建筑施工、道路运输单位和危险物品的生产、经营、储存单位，应当设置安全生产管理机构或者配备专职安全生产管理人员。其他生产经营单位，从业人员超过一百人的，应当设置安全生产管理机构或者配备专职安全生产管理人员；从业人员在一百人以下的，应当配备专职或者兼职的安全生产管理人员。

（三）安全教育和培训

（1）生产经营单位的主要负责人和安全生产管理人员必须具备与本单位所从事的生产经营活动相应的安全生产知识和管理能力。

（2）生产经营单位应当对从业人员进行安全生产教育和培训，保证从业人员具备必要的安全生产知识，熟悉有关的安全生产规章制度和安全操作规程，掌握本岗位的安全操作技能，了解事故应急处理措施，知悉自身在安全生产方面的权利和义务。未经安全生产教育和培训合格的从业人员，不得上岗作业。

（3）生产经营单位采用新工艺、新技术、新材料或者使用新设备，必须了解、掌握其安全技术特性，采取有效的安全防护措施，并对从业人员进行专门的安全生产教育和培训。

（4）生产经营单位的特种作业人员必须按照国家有关规定经专门的安全作业培训，取得特种作业操作资格证书，方可上岗作业。

（四）劳动防护用品

生产经营单位必须为从业人员提供符合国家标准或者行业标准的劳动防护用品，并监督、教育从业人员按照使用规则佩戴、使用。

五、从业人员的权利和义务

生产经营单位的从业人员，是指该单位从事生产经营活动各项工作的所有人员，包括管理人员、技术人员和各岗位的工人，也包括生产经营单位临时聘用的人员。生产经营单位的从业人员有依法获得安全生产保障的权利，并应当依法履行安全生产方面的义务。

(一) 从业人员的权利

(1) 安全保障、工伤保险、民事赔偿的权利。生产经营单位与从业人员订立的劳动合同，应当载明有关保障从业人员劳动安全、防止职业危害的事项，以及依法为从业人员办理工伤社会保险的事项。生产经营单位不得以任何形式与从业人员订立协议，免除或者减轻其对从业人员因生产安全事故伤亡依法应承担的责任。生产经营单位必须依法参加工伤社会保险，为从业人员缴纳保险费。因生产安全事故受到损害的从业人员，除依法享有工伤社会保险外，依照有关民事法律尚有获得赔偿的权利的，有权向本单位提出赔偿要求。

(2) 知情权。生产经营单位的从业人员有权了解其作业场所和工作岗位存在的危险因素、防范措施及事故应急措施，有权对本单位的安全生产工作提出建议。

(3) 批评、检举、控告权和拒绝权。从业人员有权对本单位安全生产工作中存在的问题提出批评、检举、控告；有权拒绝违章指挥和强令冒险作业。生产经营单位不得因从业人员对本单位安全生产工作提出批评、检举、控告或者拒绝违章指挥、强令冒险作业而降低其工资、福利等待遇或者解除与其订立的劳动合同。

(4) 紧急停止作业权和紧急撤离权。从业人员发现直接危及人身安全的紧急情况时，有权停止作业或者在采取可能的应急措施后撤离作业场所。生产经营单位不得因从业人员在前款紧急情况下停止作业或者采取紧急撤离措施而降低其工资、福利等待遇或者解除与其订立的劳动合同。

(二) 从业人员的义务

从业人员在享有获得安全生产保障权利的同时，也负有以自己的行为保证安全生产的义务。主要包括：

(1) 从业人员在作业过程中，应当严格遵守本单位的安全生产规章制度和操作规程，服从管理。安全生产规章制度和操作规程是从业人员从事生产经营，确保安全的具体规范和依据。从这个意义上说，遵守规章制度和操作规程，实际上就是依法进行安全生产。事实表明，从业人员违反规章制度和操作规程，是导致生产安全事故的主要原因。生产经营单位的负责人和管理人员有权依照规章制度和操作规程进行安全管理，监督检查从业人员遵章守规的情况。对这些安全生产管理措施，从业人员必须接受并服从管理。依照法律规定，生产经营单位的从业人员不服从管理，违反安全生产规章制度和操作规程的，由生产经营单位给予批评教育，依照有关规章制度给予处分；造成重大事故，构成犯罪的，依照刑法有关规定追究刑事责任。

(2) 从业人员应当正确佩戴和使用劳动防护用品。劳动防护用品是保护从业人员在劳动过程中的安全与健康的一种防御性装备，是生产经营单位为保护从业人员在生产劳动过程中的安全和健康而提供给从业人员个人使用的保护用品。不同的劳动防护用品有其特定的佩戴和使用规则、方法，只有正确佩戴和使用，方能真正起到防护作用。按照法律、法规的规定，为保障人身安全，生产经营单位必须为从业人员提供必要、安全的劳动防护用品，以避免或者减轻作业和事故中的人身伤害。

（3）从业人员应当接受安全生产教育和培训。安全生产教育和培训是为了使从业人员掌握安全生产知识，提高安全生产技能，增强事故预防及应急处理能力，自觉地贯彻执行“安全第一，预防为主，综合治理”的方针和安全生产法律、法规，遵守安全生产规章制度和操作规程。因此，《安全生产法》第二十五条规定：“生产经营单位应当对从业人员进行安全生产教育和培训，保证从业人员具备必要的安全生产知识，熟悉有关的安全生产规章制度和安全操作规程，掌握本岗位的安全操作技能，了解事故应急处理措施，知悉自身在安全生产方面的权利和义务。未经安全生产教育和培训合格的从业人员，不得上岗作业。”这对提高生产经营单位从业人员的安全意识、安全技能，预防、减少事故和人员伤亡，具有积极意义。

（4）从业人员应当及时报告事故隐患或者其他不安全因素。从业人员直接进行生产经营活动，他们是事故隐患和不安全因素的第一当事人。如果从业人员尽职尽责，及时发现并报告事故隐患和不安全因素，并及时有效地处理，完全可以避免事故的发生和降低事故的损失。发现事故隐患并及时报告是贯彻预防为主的方针，加强事前防范的重要措施。为此《安全生产法》第五十六条规定：“从业人员发现事故隐患或者其他不安全因素，应当立即向现场安全生产管理人员或者本单位负责人报告；接到报告的人员应当及时予以处理。”这就要求从业人员必须具有高度的责任心，防微杜渐，防患于未然，及时发现事故隐患和不安全因素，预防事故发生。

《安全生产法》明确规定从业人员安全生产的法定义务和责任，具有重要的意义：第一，安全生产是从业人员最基本的义务和不容推卸的责任，从业人员必须具有高度的法律意识。第二，安全生产是从业人员的天职。安全生产义务是所有从业人员进行生产经营活动必须遵守的行为规范。从业人员必须尽职尽责，严格照章办事，不得违章违规。第三，从业人员如不履行法定义务，必须承相应的法律责任。第四，安全生产义务的设定，可为事故处理及其从业人员责任追究提供明确的法律依据。

六、生产安全事故的应急救援与调查处理

受生产力发展水平的制约，我国在短期内还难以完全杜绝生产安全事故。安全生产工作的近期目标是，遏制重大、特大事故，预防和减少一般事故。因此，做好事故应急救援和调查处理工作必不可少而且非常重要。《安全生产法》确立的事故应急救援和调查处理制度，对事故发生前应急救援的准备和事故发生后调查处理的组织分别进行了规范，体现了重在预防的指导思想。

（一）地方政府应急救援工作职责

各级人民政府全面负责领导安全生产工作，在各类重大、特大事故的应急救援工作中处于组织指挥的核心地位。

（二）生产经营单位生产安全事故的应急救援

1. 高危生产经营单位的事故应急救援

法律将事故应急救援的重点放在高危生产经营单位，作出了强制性的规定。《安全生产法》第七十九条："危险物品的生产、经营、储存单位以及矿山、金属冶炼、城市轨道交通运营、建筑施工单位应当建立应急救援组织；生产经营规模较小的，可以不建立应急救援组织，但应当指定兼职的应急救援人员。危险物品的生产、经营、储存、运输单位以及矿山、金属冶炼、城市轨道交通运营、建筑施工单位应当配备必要的应急救援器材、设备和物资，并进行经常性维护、保养，保证正常运转。"

2. 重大事故的应急抢救

《安全生产法》第八十一条："负有安全生产监督管理职责的部门接到事故报告后，应当立即按照国家有关规定上报事故情况。负有安全生产监督管理职责的部门和有关地方人民政府对事故情况不得隐瞒不报、谎报或者迟报。"

第八十二条："有关地方人民政府和负有安全生产监督管理职责的部门的负责人接到生产安全事故报告后，应当按照生产安全事故应急救援预案的要求立即赶到事故现场，组织事故抢救。参与事故抢救的部门和单位应当服从统一指挥，加强协同联动，采取有效的应急救援措施，并根据事故救援的需要采取警戒、疏散等措施，防止事故扩大和次生灾害的发生，减少人员伤亡和财产损失。事故抢救过程中应当采取必要措施，避免或者减少对环境造成的危害。"

任何单位和个人都应当支持、配合事故抢救，并提供一切便利条件。

（三）生产安全事故报告和处置的规定

迅速、及时、准确地报告发生生产安全事故，是生产经营单位和各级地方人民政府及其负有安全生产监督管理职责的部门的法定义务和责任。生产经营单位主要负责人在事故报告和抢救中负有主要领导责任，必须履行及时、如实报告生产安全事故的法定义务。

（四）生产安全事故调查处理的规定

1. 事故调查处理的原则

法律确定了事故调查处理的原则，即应当按照实事求是、尊重科学的原则，及时、准确地查清事故原因，查明事故性质和责任，总结事故教训，提出整改措施，并对事故责任者提出处理意见。任何单位和个人不得阻挠和干涉对事故的依法调查处理。

2. 事故责任的追究

正确地确定事故有关人员的责任并依法追究，是总结事故教训和惩治有关责任人的重要措施。《安全生产法》第八十四条："生产经营单位发生生产安全事故，经调查确定为责任事故的，除了应当查明事故单位的责任并依法予以追究外，还应当查明对安全生产的有关事项负有审查批准和监督职责的行政部门的责任，对有失职、渎职行为的，依照本法第八十七条的规定追究法律责任。"

3. 事故统计和公布

《安全生产法》第八十六条："县级以上地方各级人民政府安全生产监督管理部门应当定期统计分析本行政区域内发生生产安全事故的情况，并定期向社会公布。"

七、安全生产法律责任及安全事故责任追究

（一）安全生产法律责任的形式

依照《安全生产法》和有关法律、行政法规的规定，对生产安全事故的责任者，要由法定的国家机关追究其法律责任。追究安全生产违法行为法律责任的形式有3种，即行政责任、民事责任和刑事责任。在现行有关安全生产的法律，行政法规中，《安全生产法》采用的法律责任形式最全，设定的处罚种类最多，实施处罚的力度（罚款幅度除外）最大。

（二）事故责任主体

事故责任主体是指对发生生产安全事故负有责任的单位或者人员。按照安全生产的生产主体和监管主体划分，事故责任主体包括发生生产安全事故的生产经营单位的责任人员和对发生生产安全事故负有监管职责的有关人民政府及其有关部门的责任人员。发生生产安全事故的生产经营单位的责任人员包括应负法律责任的生产经营单位主要负责人、主管人员、管理人员和从业人员。负有监管职责的有关人民政府及其有关部门的责任人员包括对生产安全事故负有失职、渎职和应负领导责任的各级人民政府领导人，负有安全生产监督管理职责的部门的负责人、安全生产监督管理和行政执法人员等。

（三）从业人员的安全生产违法行为：

《安全生产法》规定追究法律责任的生产经营单位有关人员的安全生产违法行为，有下列7种：

（1）生产经营单位的决策机构、主要负责人、个人经营的投资人不依照本法规定保证安全生产所必需的资金投入，致使生产经营单位不具备安全生产条件的；

（2）生产经营单位的主要负责人未履行本法规定的安全生产管理职责的；

（3）生产经营单位与从业人员订立协议，免除或者减轻其对从业人员因生产安全事故伤亡依法应承担的责任的；

（4）生产经营单位主要负责人在本单位发生重大生产安全事故时，不立即组织抢救或者在事故调查处理期间擅离职守或者逃匿的；

（5）生产经营单位主要负责人对生产安全事故隐瞒不报、谎报或者拖延不报的；

（6）生产经营单位的从业人员不服从管理，违反安全生产规章制度或者操作规程的；

（7）生产安全事故的责任人未依法承担赔偿责任，经人民法院依法采取执行措施后，仍不能对受害人给予足额赔偿的。

《安全生产法》对上述安全生产违法行为设定的法律责任分别是：处以降职、撤职、罚款、拘留的行政处罚；构成犯罪的，依法追究刑事责任。

第三节 HSSE 相关法律

HSSE 相关法律以天然气管道运营企业涉及的相关 HSSE 法律概要为内容，强调企业及相关人员的职责、义务以及违法行为的法律责任等。

一、《石油天然气管道保护法》

为了保护石油、天然气管道，保障石油、天然气输送安全，维护国家能源安全和公共安全，2010 年 6 月 25 日中华人民共和国第十一届全国人民代表大会常务委员会第十五次会议通过了《石油天然气管道保护法》，自 2010 年 10 月 1 日起施行。

该法所称的石油包括原油和成品油，所称天然气包括天然气、煤层气和煤制气，该法所称管道包括管道及管道附属设施。管道企业应当遵守《石油天然气管道保护法》和有关规划、建设、安全生产、质量监督、环境保护等法律、行政法规，执行国家技术规范的强制性要求，建立、健全本企业有关管道保护的规章制度和操作规程并组织实施，宣传管道安全与保护知识，履行管道保护义务，接受人民政府及其有关部门依法实施的监督，保障管道安全运行。

（一）管道规划及运行保护

（1）管道规划。管道的规划、建设应当符合管道保护的要求，遵循安全、环保、节约用地和经济合理的原则。

（2）管道运行中的保护。管道建设项目应当依法进行环境影响评价。管道企业应当按照国家技术规范的强制性要求在管道沿线设置管道标志。管道企业发现管道存在安全隐患，应当及时排除。对管道存在的外部安全隐患，管道企业自身排除确有困难的，应当向县级以上地方人民政府主管管道保护工作的部门报告。禁止下列危害管道安全的行为：①擅自开启、关闭管道阀门；②采用移动、切割、打孔、砸撬、拆卸等手段损坏管道；③移动、毁损、涂改管道标志；④在埋地管道上方巡查便道上行驶重型车辆；⑤在地面管道线路、架空管道线路和管桥上行走或者放置重物。

（二）法律责任

管道企业有下列行为之一的，由县级以上地方人民政府主管管道保护工作的部门责令限期改正；逾期不改正的，处 2 万元以上 10 万元以下的罚款；对直接负责的主管人员和其他直接责任人员给予处分：

（1）未依照《石油天然气管道保护法》规定对管道进行巡护、检测和维修的；

（2）对不符合安全使用条件的管道未及时更新、改造或者停止使用的；

（3）未依照《石油天然气管道保护法》规定设置、修复或者更新有关管道标志的；

（4）未依照《石油天然气管道保护法》规定将管道竣工测量图报人民政府主管管道保护工作的部门备案的；

（5）未制定本企业管道事故应急预案，或者未将本企业管道事故应急预案报人民政府主管管道保护工作的部门备案的；

（6）发生管道事故，未采取有效措施消除或者减轻事故危害的；

（7）未对停止运行、封存、报废的管道采取必要的安全防护措施的。

二、《特种设备法》

为了加强特种设备安全工作，预防特种设备事故，保障人身和财产安全，促进经济社会发展，2013 年 6 月 29 日中华人民共和国第十二届全国人民代表大会常务委员会第三次会议通过了《中华人民共和国特种设备安全法》，自 2014 年 1 月 1 日起施行。

（一）特种设备的定义和安全原则

特种设备，是指对人身和财产安全有较大危险性的锅炉、压力容器（含气瓶）、压力管道、电梯、起重机械、客运索道、大型游乐设施、场（厂）内专用机动车辆，以及法律、行政法规规定适用本法的其他特种设备。

特种设备安全工作应当坚持安全第一、预防为主、节能环保、综合治理的原则。国家对特种设备的生产、经营、使用，实施分类的、全过程的安全监督管理。

（二）单位相关规定

1. 一般规定

特种设备生产、经营、使用单位应当遵守《特种设备安全法》和其他有关法律、法规，建立、健全特种设备安全和节能责任制度，加强特种设备安全和节能管理，确保特种设备生产、经营、使用安全，符合节能要求。特种设备生产、经营、使用单位应当按照国家有关规定配备特种设备安全管理人员、检测人员和作业人员，并对其进行必要的安全教育和技能培训。特种设备安全管理人员、检测人员和作业人员应当按照国家有关规定取得相应资格，方可从事相关工作。特种设备安全管理人员、检测人员和作业人员应当严格执行安全技术规范和管理制度，保证特种设备安全。

2. 特种设备使用前的要求

特种设备出厂时，应当随附安全技术规范要求的设计文件、产品质量合格证明、安装及使用维护保养说明、监督检验证明等相关技术资料和文件，并在特种设备显著位置设置产品铭牌、安全警示标志及其说明。特种设备使用单位应当将其存入该特种设备的安全技术档案。特种设备使用单位应当使用取得许可生产并经检验合格的特种设备，禁止使用国家明令淘汰和已经报废的特种设备。特种设备使用单位应当建立岗位责任、隐患治理、应急救援等安全管理制度，制定操作规程，保证特种设备安全运行。特种设备使用单位应当制定特种设备事故应急专项预案，并定期进行应急演练。特种设备使用单位应当建立特种设备安全技术档案。

3. 特种设备使用过程中的要求

特种设备使用单位应当对其使用的特种设备进行经常性维护保养和定期自行检查，并作出记录。特种设备使用单位应当对其使用的特种设备的安全附件、安全保护装置进行定期校验、检修，并作出记录。特种设备作业人员在作业过程中发现事故隐患或者其他不安全因素，应当立即向特种设备安全管理人员和单位有关负责人报告；特种设备运行不正常时，特种设备作业人员应当按照操作规程采取有效措施保证安全。特种设备出现故障或者发生异常情况，特种设备使用单位应当对其进行全面检查，消除事故隐患，方可继续使用。特种设备进行改造、修理，按照规定需要变更使用登记的，应当办理变更登记，方可继续使用。特种设备存在严重事故隐患，无改造、修理价值，或者达到安全技术规范规定的其他报废条件的，特种设备使用单位应当依法履行报废义务，采取必要措施消除该特种设备的使用功能，并向原登记的负责特种设备安全监督管理的部门办理使用登记证书注销手续。

(三)法律责任

特种设备生产、经营、使用单位不履行法定义务、违反禁止性规定，特种设备检验、检测机构和检验、检测人员出具虚假检验检测结果、违反禁止性规定，特种设备安全监督管理部门及其工作人员不依法履行本法规定的行政许可和安全监察职权等违法行为应当承担相应的法律责任。

(1)特种设备使用单位有下列行为之一的，责令限期改正；逾期未改正的，责令停止使用有关特种设备，处 1 万元以上 10 万元以下罚款：

①使用特种设备未按照规定办理使用登记的；

②未建立特种设备安全技术档案或者安全技术档案不符合规定要求，或者未依法设置使用登记标志、定期检验标志的；

③未对其使用的特种设备进行经常性维护保养和定期自行检查，或者未对其使用的特种设备的安全附件、安全保护装置进行定期校验、检修，并作出记录的；

④未按照安全技术规范的要求及时申报并接受检验的；

⑤未按照安全技术规范的要求进行锅炉水（介）质处理的；

⑥未制定特种设备事故应急专项预案的。

（2）特种设备使用单位有下列行为之一的，责令停止使用有关特种设备，处 3 万元以上 30 万元以下罚款：

①使用未取得许可生产，未经检验或者检验不合格的特种设备，或者国家明令淘汰、已经报废的特种设备的；

②特种设备出现故障或者发生异常情况，未对其进行全面检查、消除事故隐患，继续使用的；

③特种设备存在严重事故隐患，无改造、修理价值，或者达到安全技术规范规定的其他报废条件，未依法履行报废义务，并办理使用登记证书注销手续的。

三、《中华人民共和国环境保护法》

《中华人民共和国环境保护法》于 2014 年 4 月 24 日第十二届全国人民代表大会常务委员会第八次会议修订通过，2015 年 1 月 1 日起施行。

（一）立法目的及适用范围

环境保护法是为保护和改善环境，防治污染和其他公害，保障公众健康，推进生态文明建设，促进经济社会可持续发展而制定的国家法律。本法适用于中华人民共和国领域和中华人民共和国管辖的其他海域。

本条规定的“中华人民共和国领域”，是指我国行使国家主权的空间，包括我国的领陆、领水、领空，也包括延伸意义的领域，如驻外使馆，还包括在境外的飞行器、停泊在境外的飞行器和停泊在境外的船舶。领陆是指国家疆界以内的陆地领土。领空是指领陆和领水之上的空域。

（二）环境保护的定位和原则

1. 保护环境是国家的基本国策

（1）环境是人类赖以生存和发展的基本物质条件，是带有全局性问题；

（2）保护环境具有长期性；

（3）环境保护是一项战略任务；

（4）既要绿水青山，也要金山银山。

2. 环境保护的原则

环境保护遵守保护优先、预防为主、综合治理、公众参与、损害担责的原则。保护优先是生态文明建设规律的内在要求，就是要从源头上加强生态环境保护，合理利用资源，避免生态破坏；预防为主的原则，是指在整个环境治理过程中，要将事前预防和事中、事后治理相结合，并优先采用防患于未然的方式；综合治理就是要用系统论的方法来处理环境问题；公众参与就是需要全社会的共同参与，运用法治思维和法制方式化解社会矛盾；损害担责是要求存在污染环境和破坏生态的行为人承担责任，涵盖了所有生态破坏者的责任。

（三）责任和义务

1. 企事业单位的责任和义务

企事业单位等从事生产经营活动的市场主体是最主要的排污者，应当严格遵守本法的规定，切实履行环境保护义务。生产经营者的义务主要体现在两个方面：

（1）生产经营者应当防止、减少环境污染和生态破坏；

（2）任何生产经营者对所造成的环境损害应当依法承担责任，承担责任的方式包括缴纳排污费或者环境保护税，承担民事、行政和刑事责任等。

2. 公民的责任和义务

公民应当增强环境保护意识。环境保护意识，是公民对环境和环境保护的认识水平和认识程度，是公民为保护环境而不断调整自身经济活动和社会行为，协调人与环境、人与自然相互关系的实践活动的自觉性。公民应当采取低碳、节俭的生活方式。低碳生活，是指低能量、低消耗的生活方式，如步行和骑自行车绿色出行、尽量少使用一次性物品等。节俭的生活方式包括节约用水、节约用电等。公民应当自觉履行环境保护义务。《中华人民共和国环境保护法》第三十八条：“公民应当遵守环境保护法律法规，配合实施环境保护措施，按照规定对生活废弃物进行分类放置，减少日常生活对环境造成的损害。”

（四）行政奖励

做好环保工作，不能仅靠政府和环保部门，需要调动每一个社会成员的积极性，形成人人爱护环境，人人都对环境负责的良好社会氛围。而要形成这样的氛围，需要奖罚分明，一方面对污染环境的违法行为要依法严格查处，追究相应的法律责任，提高其违法成本，使企业事业单位和其他生产经营者不敢以身试法；另一方面还要对保护环境作出突出贡献的单位和个人予以奖励。因此，《中华人民共和国环境保护法》第十一条规定：“对保护和改善环境有显著成绩的单位和个人，由人民政府给予奖励。”

（五）生态保护红线

国家在重点生态功能区、生态环境敏感区和脆弱区等区域划定生态保护红线，实行严格保护。各级人民政府对具有代表性的各种类型的自然生态系统区域，珍稀、濒危的野生动植物自然分布区域，重要的水源涵养区域，具有重大科学文化价值的地质构造、著名溶洞和化石分布区、冰川、火山、温泉等自然遗迹，以及人文遗迹、古树名木，应当采取措施予以保护，严禁破坏。

（六）突发环境事件的预警及应急机制

企业事业单位应当按照国家有关规定制定突发环境事件应急预案，报环境保护主管部门和有关部门备案。在发生或者可能发生突发环境事件时，企业事业单位应当立即采取措施处理，及时通报可能受到危害的单位和居民，并向环境保护主管部门和有关部门报告。

（七）法律责任

企业事业单位和其他生产经营者有下列行为之一，尚不构成犯罪的，除依照有关法律法规规定予以处罚外，由县级以上人民政府环境保护主管部门或者其他有关部门将案件移送公安机关，对其直接负责的主管人员和其他直接责任人员，处 10 日以上 15 日以下拘留；情节较轻的，处 5 日以上 10 日以下拘留：建设项目未依法进行环境影响评价，被责令停止建设，拒不执行的；违反法律规定，未取得排污许可证排放污染物，被责令停止排污，拒不执行的；通过暗管、渗井、渗坑、灌注或者篡改、伪造监测数据，或者不正常运行防治污染设施等逃避监管的方式违法排放污染物的；生产、使用国家明令禁止生产、使用的农药，被责令改正，拒不改正的。

因污染环境和破坏生态造成损害的，应当依照《中华人民共和国侵权责任法》的有关规定承担侵权责任。

四、《中华人民共和国职业病防治法》

《中华人民共和国职业病防治法》（以下简称《职业病防治法》）是我国的第一部关于职业病防治的法律，于 2001 年 10 月 27 日第九届全国人民代表大会常务委员会第二十四次会议审议通过，2002 年 5 月 1 日起施行。2017 年 11 月 4 日，第十二届全国人民代表大会常务委员会第三十次会议决定，作出修改补充。2018 年 12 月 29 日第十三届全国人民代表大会常务委员会第七次会议再次对《职业病防治法》作出修定并施行。

（一）立法目的及职业病范围

《职业病防治法》的立法目的是为了预防、控制和消除职业病危害，防治职业病，保护劳动者健康及其相关权益，促进经济社会发展。

《职业病防治法》第二条：“职业病是指企业、事业单位和个体经济组织等用人单位的劳动者在职业活动中，因接触粉尘、放射性物质和其他有毒、有害物质等因素而引起的疾病。职业病的分类和目录由国务院卫生行政部门会同国务院劳动保障行政部门制定、调整并公布。”

《职业病防治法》所称的职业病，并非泛指的职业病，而是由法律作出界定的职业病。由法律授权国务院的卫生行政部门和劳动保障行政部门制定职业病目录，可以更确切地反映应实际情况，根据现实的需要及时地进行调整，既有原则性，又有灵活性。

《职业病防治法》第八十五条：“职业病危害是指对从事职业活动的劳动者可能导致职业病的各种危害。”职业病危害因素包括：职业活动中存在的各种有害的化学、物理、生物因素以及在作业过程中产生的其他职业有害因素。

（二）职业病防治的基本要求

（1）预防为主、防治结合。这是职业病防治工作的基本方针，是职业卫生工作长期经验的总结。

（2）劳动者依法享有职业卫生保护的权利。这是劳动者的基本权利，也是制定职业病防治法的前提，或者说是这部法律产生的基础和最充足的理由。

（3）实行用人单位职业病防治责任制。这是在立法过程中确立的职业病防治的一项基本的制度。它的核心是用人单位对职业病防治负有法定的责任。

（4）依法参加工伤保险。这是职业病防治中保护劳动者的一项基本措施。工伤是指劳动者由于工作原因受到事故伤害和职业病伤害的总称，将职业病列入工伤的直接理由就是劳动者是在用人单位中引致的疾病和蒙受的损害。将职业病纳入工伤社会保险，不仅有利于保障职业病病人的合法权益，同时也分担了用人单位的风险，有利于生产经营的稳定。

（5）国家实行职业卫生监督制度。《职业病防治法》明确了职业卫生监督制度是由国家实行的制度，对职业卫生实施的监督管理是国家管理职能的体现。

（6）加强社会监督。《职业病防治法》第十三条：“任何单位和个人有权对违反本法的行为进行检举和控告。有关部门收到相关的检举和控告后，应当及时处理。对防治职业病成绩显著的单位和个人，给予奖励”。

（三）用人单位在职业病防治方面的职责

（1）单位应当为劳动者创造符合国家职业卫生标准和卫生要求的工作环境和条件，并采取措施保障劳动者获得职业卫生保护。

（2）建立并持续完善职业病防治责任制。

（3）依法为员工办理工伤社会保险。

（四）劳动过程中职业病的防护与管理

1. 用人单位职业病防治措施

（1）设置或者指定职业卫生管理机构或组织，配备专职或者兼职的职业卫生管理人员，负责本单位的职业病防治工作；

（2）制定职业病防治计划和实施方案；

（3）建立、健全职业卫生管理制度和操作规程；

（4）建立、健全职业卫生档案和劳动者健康监护档案；

（5）建立、健全工作场所职业病危害因素监测及评价制度；

（6）建立、健全职业病危害事故应急救援预案。

2. 职业病防护设施和防护用品

用人单位必须采用有效的职业病防护设施，并为劳动者提供个人使用的职业病防护用品。用人单位为劳动者个人提供的职业病防护用品必须符合防治职业病的要求，不符合要求的，不得使用。

3. 用人单位职业病管理

（1）职业危害公告和警示。产生职业病危害的用人单位，应当在醒目位置设置公告栏，公布有关职业病防治的规章制度、操作规程、职业病危害事故应急救援措施和工作场所职业病危害因素检测结果。对产生严重职业病危害的作业岗位，应当在其醒目位置设置警示标识和中文警示说明。警示说明应当载明产生职业病危害的种类、后果、预防以及应急救治措施等内容。对可能发生急性职业损伤的有毒、有害工作场所，用人单位应当设置报警装置，配置现场急救用品、冲洗设备、应急撤离通道和必要的泄险区。对职业病防护设备、应急救援设施和个人使用的职业病防护用品，用人单位应当进行经常性的维护、检修，定期检测其性能和效果，确保其处于正常状态，不得擅自拆除或者停止使用。

（2）职业病危害因素的监测检测、评价及治理。用人单位应当实施由专人负责的职业病危害因素日常监测，并确保监测系统处于正常运行状态。

（3）劳动合同的职业病危害内容。用人单位与劳动者订立劳动合同（含聘用合同，下同）时，应当将工作过程中可能产生的职业病危害及其后果、职业病防护措施和待遇等如实告诉劳动者，并在劳动合同中写明，不得隐瞒或者欺骗。

（4）职业卫生培训要求。用人单位的主要负责人和职业卫生管理人员应当接受职业卫生培训，遵守职业病防治法律、法规，依法组织本单位的职业病防治工作。用人单位应当对劳动者进行上岗前的职业卫生培训和在岗期间的定期职业卫生培训，普及职业卫生知识，督促劳动者遵守职业病防治法律、法规、规章和操作规程，指导劳动者正确使用职业病防护设备和个人使用的职业病防护用品。劳动者应当学习和掌握相关的职业卫生知识，增强职业病防范意识，遵守职业病防治法律、法规、规章和操作规程，正确使用、维护职业病防护设备和个人使用的职业病防护用品，发现职业病危害事故隐患应当及时报告。劳动者不履行前款规定义务的，用人单位应当对其进行教育。

（5）职业健康检查制度。对从事接触职业病危害的作业的劳动者，用人单位应当按照国务院卫生行政部门的规定组织上岗前，在岗期间和离岗时的职业健康检查，并将检查结果书面告知劳动者。职业健康检查费用由用人单位承担。用人单位不得安排未经上岗前职业健康检查的劳动者从事接触职业病危害的作业；不得安排有职业禁忌的劳动者从事其所禁忌的作业；对在职业健康检查中发现有与所从事的职业相关的健康损害的劳动者，应当调离原工作岗位，并妥善安置；对未进行离岗前职业健康检查的劳动者不得解除或者终止与其订立的劳动合同。职业健康检查应当由取得《医疗机构执业许可证》的医疗卫生机构承担。

（6）职业健康监护档案。用人单位应当为劳动者建立职业健康监护档案，并按照规定的期限妥善保存。职业健康监护档案应当包括劳动者的职业史、职业病危害接触史、职业健康检查结果和职业病诊疗等有关个人健康资料。劳动者离开用人单位时，有权索取本人职业健康监护档案复印件，用人单位应当如实、无偿提供，并在所提供的复印件上签章。

（7）对未成年工和女职工劳动保护。用人单位不得安排未成年工从事接触职业病危害的作业；不得安排孕期、哺乳期的女职工从事对本人和胎儿、婴儿有危害的作业。

（8）劳动者享有的职业卫生保护权利。劳动者享有下列职业卫生保护权利：获得职业卫生教育、培训；获得职业健康检查、职业病诊疗、康复等职业病防治服务；了解工作场所产生或者可能产生的职业病危害因素、危害后果和应当采取的职业病防护措施。要求用人单位提供符合防治职业病要求的职业病防护设施和个人使用的职业病防护用品，改善工作条件；对违反职业病防治法律、法规以及危及生命健康的行为提出批评、检举和控告；拒绝违章指挥和强令进行没有职业病防护措施的作业；参与用人单位职业卫生工作的民主管理，对职业病防治工作提出意见和建议。

（9）工会组织的权利。工会组织应当督促并协助用人单位开展职业卫生宣传教育和培训，有权对用人单位的职业病防治工作提出意见和建议，依法代表劳动者与用人单位签订劳动安全卫生专项集体合同，与用人单位就劳动者反映的有关职业病防治的问题进行协调并督促解决。

（10）职业病防治费用。用人单位按照职业病防治要求，用于预防和治理职业病危害、工作场所卫生检测、健康监护和职业卫生培训等费用，按照国家有关规定，在生产成本中据实列支。

4. 职业病诊断与职业病病人保障

（1）职业病诊断应当由取得《医疗机构执业许可证》的医疗卫生机构承担。劳动者可以在用人单位所在地、本人户籍所在地或者经常居住地依法承担职业病诊断的卫生医疗机构进行职业病诊断。职业病诊断，应当综合分析病人的职业史、职业病危害接触史和工作场所职业病危害因素情况、临床表现以及辅助检查结果等因素。

（2）职业病病人保障。职业病病人依法享受国家规定的职业病待遇。用人单位应当按照国家有关规定，安排职业病病人进行治疗、康复和定期检查。用人单位对不适宜继续从事原工作的职业病病人，应当调离岗位，并妥善安置。用人单位对从事接触职业病危害的作业的劳动者，应当给予岗位津贴。职业病病人的诊疗、康复费用，伤残以及丧失劳动能力的职业病病人的社会保障，按照国家有关工伤社会保险的规定执行。职业病病人除依法享有工伤社会保险外，依照有关民事法律尚有获得赔偿的权利的，有权向用人单位提出赔偿要求。职业病病人变动工作单位，其依法享有的待遇不变。用人单位发生分立、合并、解散、破产等情形，应当对从事接触职业病危害作业的劳动者进行健康检查，并按照国家有关规定妥善安置职业病病人。

（五）用人单位职业病防治违法行为应负的法律责任

《职业病防治法》第七十一条、第七十二条、第七十四条、第七十五条、第七十七条规定，用人单位有违反本法规定的行为，分别给予警告、责令限期改正、5 万元以上 10 万元以下的罚款、责令停止产生职业病危害的作业，或者提请有关人民政府按照国务院规定的权限给予责令关闭的行政处罚。对有直接责任的主管人员和其他直接责任人员，依法给予降级或者撤职的行政处分。

五、《中华人民共和国消防法》

1998 年 4 月 29 日第九届全国人大常委会第二次会议审议通过了《中华人民共和国消防法》（以下简称《消防法》），1998 年 9 月 1 日起施行。2008 年 10 月 28 日第十一届全国人民代表大会常务委员会第五次会议对《消防法》做了修订，2009 年 5 月 1 日起施行。

（一）立法目的及工作原则

《消防法》的立法目的是为了预防和减少火灾危害，加强应急救援工作，保护公民人身，公共财产和公民财产的安全，维护公共安全。

消防法继承和发展了我国消防法制建设成果，在总则中规定“消防工作贯彻预防为主、防消结合的方针，按照政府统一领导、部门依法监管、单位全面负责、公民积极参与的原则，实行消防安全责任制，建立健全社会化的消防工作网络”，确立了消防工作的方针、原则和责任制。

（二）单位的消防安全职责

（1）落实消防安全责任制，制定本单位的消防安全制度、消防安全操作规程，制定灭火和应急疏散预案；

（2）按照国家标准、行业标准配置消防设施、器材，设置消防安全标志，并定期组织检验、维修，确保完好有效；

（3）对建筑消防设施每年至少进行一次全面检测，确保完好有效，检测记录应当完整准确，存档备查；

（4）保障疏散通道、安全出口、消防车通道畅通，保证防火防烟分区，防火间距符合消防技术标准；

（5）组织防火检查，及时消除火灾隐患；

（6）组织进行有针对性的消防演练；

（7）法律、法规规定的其他消防安全职责。

单位的主要负责人是本单位的消防安全责任人。

（三）公民的权利和义务

公民是消防工作重要的参与者和监督者。《消防法》关于公民在消防工作中权利和义务的规定主要有：任何人都有维护消防安全、保护消防设施、预防火灾、报告火警的义务；任何成年人都有参加有组织的灭火工作的义务；任何人不得损坏、挪用或者擅自拆除、停用消防设施、器材，不得埋压、圈占、遮挡消火栓或者占用防火间距，不得占用、堵塞、封闭疏散通道、安全出口、消防车通道；任何人发现火灾都应当立即报警；任何人都应当无偿为报警提供便利，不得阻拦报警；严禁谎报火警；火灾扑灭后，相关人员应当按照公安机关消防机构的要求保护现场，接受事故调查，如实提供与火灾有关的情况。

（四）单位与个人消防安全违法行为的法律责任

单位违反《消防法》的规定，有下列行为之一的，责令改正，处5000元以上5万元以下罚款：

（1）消防设施、器材或者消防安全标志的配置、设置不符合国家标准、行业标准，或者未保持完好有效的；

（2）损坏、挪用或者擅自拆除、停用消防设施、器材的；

（3）占用、堵塞、封闭疏散通道、安全出口或者有其他妨碍安全疏散行为的；

（4）埋压、圈占、遮挡消火栓或者占用防火间距的；

（5）占用、堵塞、封闭消防车通道，妨碍消防车通行的；

（6）人员密集场所在门窗上设置影响逃生和灭火救援的障碍物的；

（7）对火灾隐患经公安机关消防机构通知后不及时采取措施消除的。

个人有前款第二项、第三项、第四项、第五项行为之一的，处警告或者500元以下罚款。有本条第一款第三项、第四项、第五项、第六项行为，经责令改正拒不改正的，强制执行，所需费用由违法行为人承担。

第四节　HSSE 相关法规

法规是法令、条例、规则和章程等法定文件的总称。本节介绍了与天然气管道公司有关的部分国家机关制定的规范性文件。

一、《危险化学品安全管理条例》

《危险化学品安全管理条例》是为加强危险化学品的安全管理，预防和减少危险化学品事故，保障人民群众生命财产安全，保护环境制定的国家法规。2002 年 1 月 26 日中华人民共和国国务院令第 344 号公布，2002 年 3 月 15 日起施行。2011 年 2 月 16 日第一次修订，2013 年 12 月 4 日《国务院关于修改部分行政法规的决定》第二次修订通过并施行。

（一）危险化学品安全管理的基本规定

1. 危险化学品范围

《危险化学品安全管理条例》第三条："本条例所称危险化学品，是指具有毒害、腐蚀、爆炸、燃烧、助燃等性质，对人体、设施、环境具有危害的剧毒化学品和其他化学品。危险化学品目录，由国务院安全生产监督管理部门会同国务院工业和信息化、公安、环境保护、卫生、质量监督检验检疫、交通运输、铁路、民用航空、农业主管部门，根据化学品危险特性的鉴别和分类标准确定、公布，并适时调整。"

2.《危险化学品安全管理条例》的适用范围

《危险化学品安全管理条例》第二条："危险化学品生产、储存、使用、经营和运输的安全管理，适用本条例。废弃危险化学品的处置，依照有关环境保护的法律、行政法规和国家有关规定执行。"

3. 危险化学品单位的安全责任

依据《危险化学品安全管理条例》的规定，危险化学品安全管理，应当坚持安全第一、预防为主、综合治理的方针，强化和落实企业的主体责任。从业人员应当接受教育和培训，考核合格后上岗作业；对有资格要求的岗位，应当配备依法取得相应资格的人员。任何单位和个人不得生产、经营、使用国家禁止生产、经营、使用的危险化学品。国家对危险化学品的使用有限制性规定的，任何单位和个人不得违反限制性规定使用危险化学品。

（二）危险化学品使用的安全管理规定

1. 使用危险化学品的单位基本安全要求

依据《危险化学品安全管理条例》的规定，使用危险化学品的单位应当遵循下列要求：使用危险化学品的单位，其使用条件（包括工艺）应当符合法律、行政法规的规定和国家标准、行业标准的要求，并根据所使用的危险化学品的种类、危险特性以及使用量和使用方式，建立、健全使用危险化学品的安全管理规章制度和安全操作规程，保证危险化学品的安全使用；使用危险化学品的单位，应当遵守《危险化学品安全管理条例》第二十条关于安全设备设施的设置的规定；使用危险化学品的单位，应当遵守《危险化学品安全管理条例》第二十七条关于生产、储存危险化学品单位的转产、停产、停业或者解散的规定；使用危险化学品的单位，应当遵守《危险化学品安全管理条例》第二十二条关于生产、储存危险化学品单位的安全评价的规定。

2. 安全使用许可证的信息共享

依据《危险化学品安全管理条例》的规定，安全生产监督管理部门应当将其颁发危险化学品安全使用许可证的情况及时向同级环境保护主管部门和公安机关通报。

（三）危险化学品登记与事故应急救援

1. 危险化学品登记管理

危险化学品登记包括以下内容：分类和标签信息；物理、化学性质；主要用途、危险特性、储存、使用、运输的安全要求；出现危险情况的应急处置措施。

2. 危险化学品事故预案

危险化学品单位应当制定本单位危险化学品事故应急预案，配备应急救援人员和必要的应急救援器材、设备，并定期组织应急救援演练。危险化学品单位应当将其危险化学品事故应急预案报所在地设区的市级人民政府安全生产监督管理部门备案。

3. 危险化学品事故应急救援

依据《危险化学品安全管理条例》的规定，发生危险化学品事故，事故单位主要负责人应当立即按照本单位危险化学品应急预案组织救援，并向当地安全生产监督管理部门和环境保护、公安、卫生主管部门报告。

二、《特种设备安全监察条例》

（一）概述

《特种设备安全监察条例》（国务院令第 373 号）是 2003 年 3 月 11 日公布的国家行政法规，2003 年 6 月 1 日起施行。2009 年 1 月 24 日国务院第 46 次常务会议修改，2009

年 5 月 1 日起施行。

特种设备的生产（含设计、制造、安装、改造、维修，下同）、使用、检验检测及其监督检查，应当遵守《特种设备安全监察条例》的规定。《特种设备安全监察条例》的压力管道，是指利用一定的压力，用于输送气体或者液体的管状设备，其范围规定为最高工作压力大于或者等于 0.1MPa（表压）的气体、液化气体、蒸汽介质或者可燃、易爆、有毒、有腐蚀性、最高工作温度高于或者等于标准沸点的液体介质，且公称直径大于 25mm 的管道。

（二）特种设备使用的有关规定

特种设备使用单位应当使用符合安全技术规范要求的特种设备。特种设备在投入使用前或者投入使用后 30 日内，特种设备使用单位应当向直辖市或者设区的市的特种设备安全监督管理部门登记。登记标志应当置于或者附着于该特种设备的显著位置。

特种设备使用单位应当对在用特种设备进行经常性日常维护保养，并定期自行检查。特种设备使用单位应当对特种设备作业人员进行特种设备安全、节能教育和培训，保证特种设备作业人员具备必要的特种设备安全、节能知识。特种设备作业人员在作业中应当严格执行特种设备的操作规程和有关的安全规章制度。特种设备作业人员在作业过程中发现事故隐患或者其他不安全因素，应当立即向现场安全管理人员和单位有关负责人报告。

（三）特种设备事故的应急与调查

特种设备安全监督管理部门应当制定特种设备应急预案。特种设备使用单位应当制定事故应急专项预案，并定期进行事故应急演练。

特别重大事故由国务院或者国务院授权有关部门组织事故调查组进行调查。重大事故由国务院特种设备安全监督管理部门会同有关部门组织事故调查组进行调查。较大事故由省、自治区、直辖市特种设备安全监督管理部门会同有关部门组织事故调查组进行调查。一般事故由设区的市的特种设备安全监督管理部门会同有关部门组织事故调查组进行调查。

三、《工伤保险条例》

为了保障因工作遭受事故伤害或者患职业病的职工获得医疗救治和经济补偿，促进工伤预防和职业康复，分散用人单位的工伤风险，2003 年 4 月 16 日国务院通过了《工伤保险条例》并于 2004 年 1 月 1 日起施行。2010 年 12 月 8 日第 136 次常务会议对该条例进行了修改，自 2011 年 1 月 1 日起施行。

（一）工伤保险的适用范围

工伤保险是法定的强制性社会保险，是通过对受害人实施医疗救治和给予必要的经济补偿以保障其经济权利的补救措施。

依据《工伤保险条例》第二条："中华人民共和国境内的企业、事业单位、社会团体、民办非企业单位、基金会、律师事务所、会计师事务所等组织和有雇工的个体工商户（以下称用人单位）应当依照本条例规定参加工伤保险，为本单位全部职工或者雇工（以下称职工）缴纳工伤保险费。"

（二）单位的义务

依照《安全生产法》和《工伤保险条例》的规定，生产经营单位和用人单位有为从业人员办理工伤保险、缴纳保险费的义务，这就确定了生产经营单位和用人单位是工伤保险的义务和责任主体。不履行这项义务，就要承担相应的法律责任。

（三）工伤保险费的缴纳

依照《工伤保险条例》的规定，用人单位应当按时缴纳工伤保险费。职工个人不缴纳工伤保险费。

（四）工伤和劳动能力鉴定的规定

1. 工伤范围

（1）在工作时间和工作场所内，因工作原因受到事故伤害的；（2）工作时间前后在工作场所内，从事与工作有关的预备性或者收尾性工作受到事故伤害的；（3）在工作时间和工作场所内，因履行工作职责受到暴力等意外伤害的；（4）患职业病的；（5）因工外出期间，由于工作原因受到伤害或者发生事故下落不明的；（6）在上下班途中，受到非本人主要责任的交通事故或者城市轨道交通、客运轮渡、火车事故伤害的；（7）法律、行政法规规定应当认定为工伤的其他情形。

2. 视同工伤

（1）在工作时间和工作岗位，突发疾病死亡或者在 48 小时之内经抢救无效死亡的；（2）在抢险救灾等维护国家利益、公共利益活动中受到伤害的；（3）职工原在军队服役，因战、因公负伤致残，已取得革命伤残军人证，到用人单位后旧伤复发的。职工有前款第（1）项、第（2）项情形的，按照本条例的有关规定享受工伤保险待遇；职工有前款第（3）项情形的，按照本条例的有关规定享受除一次性伤残补助金以外的工伤保险待遇。《工伤保险条例》规定，因故意犯罪、醉酒或者吸毒、自残或者自杀的等情形，不得认定为工伤或者视同工伤。

3. 劳动能力鉴定

职工发生工伤，经治疗伤情相对稳定后存在残疾、影响劳动能力的，应当进行劳动能力鉴定。劳动能力鉴定是指利用医学科学的办法和依据鉴定标准，对伤病劳动者的伤、病、残程度及其劳动能力进行诊断和鉴定的活动，包括对劳动功能障碍程度和生活自理障碍程度的等级鉴定。劳动功能障碍分为十个伤残等级，最重的为一级，最轻的为十级。生活自理障碍分为三个等级：生活完全不能自理、生活大部分不能自理和生活部分不能自理。

劳动能力鉴定由用人单位、工伤职工或者其近亲属向设区的市级劳动能力鉴定委员会提出申请，并提供工伤认定决定和职工工伤医疗的有关资料。

（五）工伤保险待遇的规定

1. 工伤医疗补偿

依据《工伤保险条例》的规定，职工因工作遭受事故伤害或者患职业病进行治疗，享受工伤医疗待遇。职工治疗工伤应当在签订服务协议的医疗机构就医，情况紧急时可以先到就近的医疗机构急救。治疗工伤所需费用符合工伤保险诊疗项目目录、工伤保险药品目录、工伤保险住院服务标准的，从工伤保险基金支付。职工住院治疗工伤的伙食补助费，以及经医疗机构出具证明，报经办机构同意，工伤职工到统筹地区以外就医所需的交通、食宿费用从工伤保险基金支付，基金支付的具体标准由统筹地区人民政府规定。工伤职工治疗非工伤引发的疾病，不享受工伤医疗待遇，按照基本医疗保险办法处理。工伤职工到签订服务协议的医疗机构进行工伤康复的费用，符合规定的，从工伤保险基金支付。

2. 停薪期间的福利

依据《工伤保险条例》的规定，职工因工作遭受事故伤害或者患职业病需要暂停工作接受工伤医疗的，在停工留薪期内，原工资福利待遇不变，由所在单位按月支付。停工留薪期一般不超过 12 个月。伤情严重或者情况特殊，经设区的市级劳动能力委员会确认，可适当延长，但延长不得超过 12 个月。工伤职工评定伤残等级后，停发原待遇，按照本章的有关规定享受伤残待遇。工伤职工在停工留薪期满后仍需治疗的，继续享受工伤医疗待遇。生活不能自理的工伤职工在停工留薪期需要护理的，由所在单位负责。

3. 护理费

依据《工伤保险条例》的规定，工伤职工已经评定伤残等级并经劳动能力鉴定委员会确认需要生活护理的，从工伤保险基金按月支付生活护理费。生活护理费按照生活完全不能自理、生活大部分不能自理或者生活部分不能自理 3 个不同等级支付，其标准分别为统筹地区上年度职工月平均工资的 50%、40% 或 30%。

4. 停止享受工伤保险待遇

《工伤保险条例》第四十条：“工伤职工有下列情形之一的，停止享受工伤保险待遇:（1）丧失享受待遇条件的;（2）拒不接受劳动能力鉴定的;（3）拒绝治疗的。”

（六）用人单位工伤保险违法行为应负的法律责任

依据《工伤保险条例》的规定，用人单位依照本条例规定应当参加工伤保险而未参加的，由社会保险行政部门责令限期参加，补缴应当缴纳的工伤保险费，并自欠缴之日起按日加收万分之五的滞纳金；逾期仍不缴纳的，处欠缴数额1倍以上3倍以下的罚款。

依据《工伤保险条例》的规定，用人单位违反本条例规定，拒不协助社会保险行政部门对事故进行调查核实的，由社会保险行政部门责令改正，处2000元以上2万元以下的罚款。

第五节 HSSE 标准

本节所称的HSSE标准泛指的是涉及安全生产、职业健康、公共安全、环境保护的相关国家标准和行业标准。

一、标准的概念

标准是为了在一定的范围内获得最佳秩序，经协商一致制定并由公认机构批准，共同使用的和重复使用的一种规范性文件。

标准以科学、技术和实践经验的综合成果为基础，经有关方面协商一致，由主管机关批准，以特定形式发布，作为共同遵守的准则和依据。依据《中华人民共和国标准化法》，将我国标准分为国家标准、行业标准、地方标准、企业标准4级；按标准的适用范围划分为国家标准、行业标准、地方标准和企业标准4个层次。各层次之间有一定的依从关系和内在联系，形成一个覆盖全国又层次分明的我国标准体系。

（一）国家标准

国家标准是在全国范围内统一的技术要求。国家标准的年限一般为5年，过了年限后，国家标准就要被修订或重新制定。此外，随着社会的发展，国家需要制定新的标准来满足人们生产、生活的需要。因此，标准是种动态信息。

国家标准分为强制性国标（GB）和推荐性国标（GB/T）。强制性国标是保障人体健康、人身、财产安全的标准和法律及行政法规规定强制执行的国家标准；推荐性国标是指生产、交换、使用等方面，通过经济手段或市场调节而自愿采用的国家标准。但推荐性国标一经接受并采用，或各方商定同意纳入经济合同中，就成为各方必须共同遵守的技术依据，具有法律上的约束性。

（二）行业标准

行业标准是指行业的标准化主管部门批准发布的，在行业范围内统一的标准。行业标准是对没有国家标准而又需要在全国某个行业范围内统一的技术要求所制定的标准。行业标准由国务院有关行政主管部门制定，并报国务院标准化行政主管部门备案。当同一内容的国家标准公布后，则该内容的行业标准即行废止。

根据《中华人民共和国标准化法》的规定：由我国各主管部、委（局）批准发布，在该部门范围内统一使用的标准，称为行业标准。例如：机械、电子、建筑、化工、冶金、经工、纺织、交通、能源、农业、林业、水利等等，都制定有行业标准。

（三）地方标准

为了加强地方标准的管理，根据《中华人民共和国标准化法》和《中华人民共和国标准化实施条例》有关规定，对没有国家标准和行业标准而又需要在省、自治区、直辖市范围内统一的下列要求，可以制定地方标准（含标准样品的制定作）。在公布国家标准或行业标准之后，该地方标准即行废止。

地方标准的制定范围包括：①工业产品的安全、卫生要求；②药品、兽药、食品卫生、环境保护、节约能源、种子等法律、法规规定的要求；③其他法律、法规规定的要求。因此，制定地方标准的项目就以上述范围而又没有国家标准、行业标准的项目为限，不能以一般的标准化对象都作为制定地方标准的项目。负责制定地方标准的单位是省、自治区、直辖市的标准化行政主管部门。

（四）企业标准

企业标准是对企业范围内需要协调、统一的技术要求，管理要求和工作要求所制定的标准。企业标准由企业制定，由企业法人代表或法人代表授权的主管领导批准、发布。企业标准一般以“Q”作为企业标准的开头。

《中华人民共和国标准化法》规定：企业生产的产品没有国家标准和行业标准的，应当制定企业标准，作为组织生产的依据。企业的产品标准须报当地政府标准化行政主管部门和有关行政主管部门备案。已有国家标准或者行业标准的，国家鼓励企业制定严于国家标准或者行业标准的企业标准，在企业内部适用。在经济全球化的今天，“得标准者得天下”，标准的作用已不只是企业组织生产的依据，而是企业开创市场继而占领市场的“排头兵”。

（五）国际标准

国际标准是指国际标准化组织（ISO）、国际电工委员会（IEC）和国际电信联盟（ITU）制定的标准，以及国际标准化组织确认并公布的其他国际组织制定的标准。国际标准在世界范围内统一使用。

二、安全标准

所谓安全标准，是指为保护人体健康、生命和财产的安全而制定的标准，是强制性标准，即必须执行的标准。从标准的内容来讲，安全标准可包括劳动安全标准、锅炉和压力容器安全标准、电气安全标准和消费品安全标准等。安全标准一般均为强制性标准，由国家通过法律或法令形式规定强制执行。

（一）安全标准的形式。

安全标准一般有两种形式：

（1）专门的安全标准；

（2）在产品标准或工艺标准中列出有关安全的要求和指标。

（二）安全标准的作用

1. 安全标准是安全生产法律体系的重要组成部分

从广义讲，我国的安全生产法律体系，是由宪法、国家法律、国务院法规、地方性法规，以及标准、规章、规程和规范性文件等所构成的。在这个体系中，标准处于十分重要的位置，具有技术性法律规定的作用。标准是法律的延伸。与安全生产相关的技术性规定，通常体现为国家标准和行业标准。

根据世界贸易组织协议，我国的强制性标准与国外的技术法规具有同样的法律效力。现行法律法规也就此做出了明确规定。《安全生产法》第十六条："生产经营单位应当具备本法和有关法律、行政法规和国家标准或者行业标准规定的安全生产条件"。《安全生产许可证条例》第六条："把厂房、作业场所和安全设施、设备、工艺符合安全生产法律、法规、标准和规定的要求，作为企业取得安全生产许可证应当具备的基本条件。"标准所具有的法律地位及其法律效力，决定了安全标准一旦制定和发布，就必须得到尊重，必须认真贯彻实施。任何忽视安全标准、违背安全生产标准的现象，都是对安全生产法律的破坏和违反，都必须立即纠正，情节严重的要依法予以追究。

2. 安全标准是保障企业安全生产的重要技术规范

安全生产标准化是社会化大生产的要求，是社会生产力发展水平的反映。优秀企业要出名牌，出人才，出效益，就必须严格执行国家标准、行业标准，产品进入国际市场就要执行国际标准。有条件、有实力的优秀企业自订的企业标准，甚至高于国家标准、行业标准。而不执行法定标准的企业，不仅市场竞争力无从谈起，而且违法生产经营，丧失诚信准则，甚至导致重特大事故发生。一些企业安全管理滑坡，伤亡事故多发，重要原因之一就是不遵守相应的安全生产标准。有的企业标准意识淡漠，执行标准不严；

有的企业有标不循，不按标准办事；有的企业根本没有安全标准，不知道有标准。因此，迫切需要通过加强安全生产标准化工作，规范企业及其经营管理者、从业人员的安全生产行为，实现安全生产。

三、管道运行 HSSE 标准

（一）国家标准

（1）《油气长输管道工程施工及验收规范》（GB 50369—2014）；

（2）《输气管道工程设计规范》（GB 50251—2015）；

（3）《油气输送管道线路工程抗震设计规范》（GB/T 50470—2017）；

（4）《天然气》（GB 17820—2018）；

（5）《油气管道运行规范》（GB/T 35068—2018）。

（二）行业标准

（1）《油气管道地质灾害风险管理技术规范》（SY/T 6828—2011）；

（2）《石油天然气钻井、开发、储运防火防爆安全生产技术规程》（SY 5225—2012）；

（3）《天然气管道运行规范》（SY/T 5922—2012）；

（4）《石油天然气管道系统治安风险等级和安全防范要求》（GA 1166—2014）；

（5）《油气输送管道监控与数据采集（SCADA）系统安全防护规范》（SY/T 7037—2016）；

（6）《油气管道线路标识设置技术规范》（SY/T 6064—2017）。

第二章 HSSE 管理体系

推行和实施健康、安全与环境（简称 HSE）管理体系，已经成为国际石油界广泛认同和共同遵守的规则。它集各国同行管理经验之大成，坚持以风险管理为核心，突出领导承诺、全员参与、预防为主、持续改进的科学管理思想，是石油天然气工业实现现代化管理，走向国际大市场的通行证。

第一节 HSE 管理体系

HSE 管理体系的形成和发展是石油勘探开发多年管理工作经验积累的成果，它体现了完整的一体化管理思想，是现代企业制度的重要组成部分，也是企业落实“生命至上、安全第一”重要思想的具体体现。国内各石油企业为提高竞争力、与国际惯例接轨，相继建立了 HSE 管理体系。

一、HSE 管理体系基本概念

H—健康（Health）、S—安全（Safety）、E—环境（Environment），健康、安全、安全与环境管理体系简称 HSE 管理体系。

石油石化行业具有技术含量高、生产场所分布广、生产装置规模大、生产工艺复杂、生产过程连续、易燃易爆、高温高压、腐蚀性强、风险程度高等特点，且危害因素呈现点多、线长、面广等特点，如何有效控制风险、实现安全生产和清洁生产，一直是石油石化行业优先考虑的头等大事。

HSE 管理体系以健康、安全和环境为一体，以风险管理为核心，突出强调事前预防，遵循 PDCA（计划、实施、检查、改进）动态原则，以追求“零事故、零伤害、零损失”为目标，以持续改进为手段，达到提升 HSE 管理绩效的目的。HSE 管理体系是三位一体的管理体系，且三者在实际工作过程中有着密不可分的联系，因此把健康（Health）、安全（Safety）和环境（Environment）融合为一个整体的管理体系，是现代石油化工企业的必然趋势。从目前情况看，石油石化等特定行业的一体化的 HSE 管理体系主要是：HSE 管理体系、职业安全健康管理体系（OHSAS 18000 系列标准）和环境管理体系（1SO14000 系列标准）三种体系的有机整合。

二、HSE 管理体系的形成与发展

国际石油行业的重特大事故以血的教训推动了 HSSE 管理体系的形成和持续更新。从时间节点上，HSE 管理体系的形成和发展可以简单概括为以下几个阶段。

（一）HSE 管理的开端

1985 年，壳牌公司首次在石油天然气勘探开发论坛倡导新的管理思想，提出强化系统安全管理（SMS）的构想和做法。

1986 年，在强化系统安全管理（SMS）思想基础上，形成手册。

1987 年，壳牌公司发布了环境指南（EMG），1992 年修订再版。

1989 年，壳牌公司颁发了职业健康管理意见。

（二）HSE 管理体系的开创发展期

20 世纪 80 年代后期，国际上的几次重大事故推动安全工作不断深化和发展。

1987 年，瑞士的 SANDOZ 大火。

1988 年，欧洲北海英国大陆架发生了最严重的帕玻尔·阿尔法平台事故，167 人死于该事故，这是海上作业迄今为止伤亡最大的事故。

1989 年，埃克森（Exxon）公司泄油事件引起了国际工业界的广泛关注。英国政府组织了由卡伦爵士率领的官方调查组，所形成的报告和 106 条建议强调了安全研究工作。

1991 年，壳牌公司委员会颁布了 HSE 方针指南。同年，在荷兰海牙召开了第一届石油天然气勘探开发的 HSE 国际会议，HSE 这一完整概念逐步被广泛接受。

（三）HSE 管理体系的蓬勃发展期

1992 年，壳牌公司出版安全管理体系。

1994 年，油气勘探开发的 HSE 国际会议在印度尼西亚雅加达召开，原中国石油天然气总公司参加了本次会议。同年 7 月，壳牌公司为勘探开发论坛制定了《开发和使用 HSE 管理体系意见》，9 月壳牌公司正式颁发。

1995 年，壳牌公司针对英国政府调查报告所提出的 SMS 和 SC，本着与 ISO 9000 体系相一致的原则，充实了 HSE 这三项内容，形成了完整的 HSE 管理体系（EP95-0000）。

1996 年 1 月，ISO/TC67 的 SC6 分委会发布了 ISO/CD 14690《石油和天然气工业 HSE 管理体系》，成为 HSE 管理体系在国际石油行业普遍推行的里程碑。

（四）我国 HSE 管理体系的引进和发展

1995 年，中国派代表参加了国际标准化组织 ISO/OHS 特别工作组工作。

1999 年 10 月，国家经贸委颁发了《职业安全卫生管理体系试行标准》。

2001 年 12 月，国家经贸委颁发了《职业安全卫生管理体系指导意见》和《职业安全健康管理体系审核规范》。

1997 年，中国石油天然气总公司颁布实施了石油天然气行业标准《石油天然气工业健康、安全与环境管理体系》（SY/T 6267—1997）。

2001 年，中国石油化工集团公司颁布了《安全、环境与健康（HSE）管理体系》（Q/SHS000.1.1—2001）。

2018 年，中国石化集团公司颁布了 HSSE 管理体系（要求）。

三、石油天然气工业健康、安全与环境管理体系（SY/T 6276—2014）

为了更加有效地深入推进我国石油天然气工业的健康、安全与环境管理体系工作，实现健康、安全、环境管理与国际接轨和持续发展，提高石油天然气工业健康、安全、环境管理水平，促进石油企业在国际上的竞争力，国家能源局在 SY/T 6276—2010《石油天然气工业健康、安全与环境管理体系》的基础上进行了持续性的标准修订工作。2014 年的修订，主要是基于对目前现有的石油工业 HSE 体系相关标准进行整合，形成石油天然气行业 HSE 管理体系总体原则要求的标准。修订过程中，参考了 ISO/CD14690《石油天然气工业健康、安全与环境管理体系》、API Publ 9100A《环境、健康和安全管理体系模式》，以及 GB/T 24001—2004《环境管理体系要求及使用指南》和 GB/T 28001—2011《职业健康安全管理体系要求》等有关标准的相关技术要求，充分考虑了体系要素的融合。在 SY/T 6276—2010 的框架基础上，融入了国际石油公司有关健康、安全与环境管理的最优实践做法，以及 AQ9006—2010《安全生产标准化基本规范》、AQ2037—2012《石油行业安全生产标准化导则》的相关要求，形成较实用的技术内容。

本标准旨在为组织规定有效的健康、安全与环境管理体系要素，这些要素可与其他管理要求相结合，帮助组织实现其健康、安全、环境目标。此次标准整合修订，整合融入了健康、安全与环境管理体系相关指南性标准的基本要求，包括 SY/T 6609—2004《环境、健康和安全（EHS）管理体系模式指南》、SY/T 2728—2007《滩海石油物探地震队健康、安全与环境管理规范》、SY/T 6280—2013《石油物探地震队健康、安全与环境管理规范》、SY/T 6283—1997《石油天然气钻井健康、安全与环境管理体系指南》、SY/T 6361—1998《采油采气注水矿场健康安全与环境管理体系指南》、SY/T 6362—1998《石油天然气井下作业健康、安全与环境管理体系指南》、SY/T 6048—2007《重力、磁法、电法队健康、安全与环境管理规范》等。

健康、安全与环境管理体系建立与实施，“领导和承诺”是前提条件；“健康、安全与环境方针”是总体原则；“策划”是输入；“组织结构、资源和文件”是基础；“实施和运行”是关键；“检查”是健康、安全与环境管理体系有效运行的保障；“管理评审”是推进健康、安全与环境管理体系持续改进的动力。

健康、安全与环境管理体系基于“策划—实施—检查—改进”（PDCA）的运行原理，运用“螺旋桨”模式图表示，如图 2-2-1 所示。

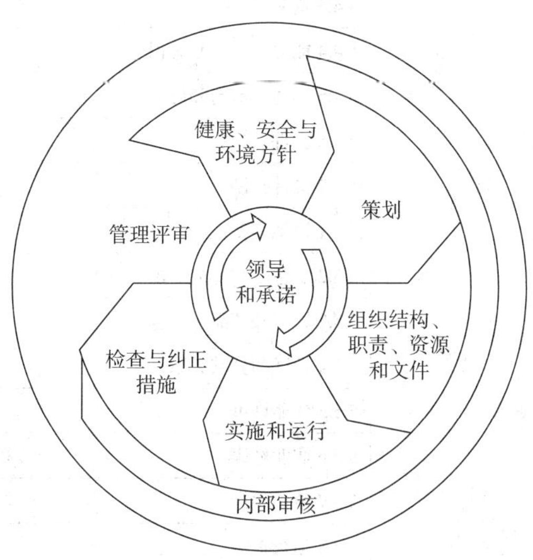

图 2-2-1　健康、安全与环境管理体系模式

图中 PDCA 的含义：

——策划：建立所需的目标和过程，以实现组织的健康、安全与环境方针所期望的结果；

——实施：对过程予以实施；

——检查：根据承诺、方针、目标、指标以及法律法规和其他要求，对过程进行监视和测量；

——改进：采取措施，以持续改进健康、安全与环境管理体系绩效。

石油天然气工业健康、安全与环境管理体系（SY/T 6276—2014）主要包括 7 个一级管理要素、23 个二级管理要素，见表 2-2-1。

表 2-2-1　健康、安全与环境管理体系要素

一级要素（7 个）	二级要素（23 个）
5.1 领导和承诺	
5.2 健康、安全与环境方针	

续表

一级要素（7 个）	二级要素（23 个）
5.3 策划	5.3.1 危害因素辨识、风险评价和控制措施的确定
	5.3.2 法律法规和其他要求
	5.3.3 目标和指标
	5.3.4 方案
5.4 组织结构、职责、资源和文件	5.4.1 组织结构和职责
	5.4.2 管理者代表
	5.4.3 资源
	5.4.4 能力、培训和意识
	5.4.5 沟通、参与和协商
	5.4.6 文件
	5.4.7 文件控制
5.5 实施和运行	5.5.1 设施完整性
	5.5.2 承包方和（或）供应方
	5.5.3 顾客和产品
	5.5.4 社区和公共关系
	5.5.5 作业许可
	5.5.6 职业健康
	5.5.7 清洁生产
	5.5.8 运行控制
	5.5.9 变更管理
	5.5.10 应急准备与响应
5.6 检查	5.6.1 绩效测量和监视
	5.6.2 合规性评价
	5.6.3 不符合、纠正措施和预防措施
	5.6.4 事故、事件管理
	5.6.5 记录控制
	5.6.6 内部审核
5.7 管理评审	

第二节　HSE 管理理念

随着石油石化行业的发展及 HSE 管理体系的建立、运行和改进，国际、国内的大型石油石化企业总结提炼出具有丰富内涵和符合企业实际的 HSE 管理理念，并被全员认同和遵守，逐渐成为全员践行健康、安全和环境的行动指南。

一、国外石油行业先进的 HSE 管理理念

（一）杜邦公司安全管理“十大”理念

（1）所有的工作伤害和职业疾病都是可以预防的。
（2）安全是每个人的责任。
（3）管理阶层要直接为预防工作伤害和职业疾病负责。
（4）安全是受雇的条件之一。
（5）员工必须接受严格的安全培训。
（6）各级主管必须进行安全检查。
（7）发现的隐患必须立即改正。
（8）工作外的安全和工作中的安全同样重要。
（9）良好的安全创造良好的业绩。
（10）员工的直接参与是关键。

（二）壳牌公司（Shell）的 HSE 管理理念

（1）所有的事故都可以预防。
（2）HSE 是应尽的责任。
（3）HSE 与其他经营目标同等重要。
（4）创造安全的工作环境。
（5）建立良好的 HSE 工作习惯。
（6）保证有效的培训。
（7）创造对 HSE 的兴趣和热情。
（8）使每个人都对 HSE 负有责任。

（三）BP 跨国石油公司的 HSE 管理理念

（1）在世界上的任何地方开展生产和经营活动，都要完全遵守所有的法律法规，达到或超过要求。

（2）提供安全的工作环境，保护人身、财产和生产经营活动不受伤害或损坏。

（3）确保所有雇员、承包商和其他有关人员的信息沟通，训练有素，积极参与并承诺投身到不断改进 HSE 的过程中。要意识到安全生产不仅要有技术可靠的装置和设备，还离不开称职的员工和活跃的 HSE 文化，没有任何活动重要到可以置安全于不顾。

（4）定期检查，确保所采取的措施行之有效。

（5）全员参加危害识别和风险评估，保障审查以及 HSE 结果报告。

（6）保持公众对其生产整体性的信心，公开报告 HSE 业绩，征求外部人士的意见，以增进 BP 公司审查活动中对有关内外部 HSE 问题的了解。

（7）要求代表 BP 公司工作的各方都要认识到他们会影响到 BP 公司的生产和声誉，因而必须按照 BP 公司的标准开展工作，确保 BP 公司自身、承包商和其他各方的管理体系充分支持 BP 公司对 HSE 业绩的承诺。

（8）每一项生产和经营活动都必须满足 HSE 各项要求，经理们要针对每项要求负责建立书面的管理体系和程序文件，确保逐步实现 BP 公司的 HSE 目标和业绩指标，并通过 HSE 保障程序确认这些管理方法行之有效。

二、中国石油行业先进的 HSE 管理理念

（一）所有事故都可以预防的管理理念

“凡事预则立，不预则废。”海因里希法则告诉我们：重特大事故：一般事故：险肇事故 =1：29：300。只有将未遂、险肇事件控制住，消除各类隐患，才能真正防止事故。

（二）领导承诺与社会责任的管理理念

组织对社会的承诺、组织对员工的承诺、领导对资源保证和法律责任的承诺，是 HSE 管理体系的核心。这种承诺和责任可以体现领导的 HSE 表率，不断强化和鼓励职工采取正确的 HSE 行为。

（三）“以人为本”的 HSE 管理理念

健康是生命之源，安全是生命之本，始终将关注员工的生命健康安全作为一切工作的出发点和落脚点。

（四）以风险管理为核心的理念

“基于风险”是 HSE 管理的核心。只有正确识别风险、评估风险，并有效排查和治理各类隐患，才能防止风险转化为事故，才能保证企业的安全生产。

（五）相关方与业主的 HSE 业绩密切相关的理念

企业在生产经营活动中与承包商、供应商、服务商等相关方密切相关，只有通过企业的 HSE 管理体系方针和政策的影响，规范相关方的 HSE 行为，实现利益分享、风险共担。

（六）动态循环、持续改进的管理理念

HSE 管理体系就是依据管理学原理，建立 PDCA 模型——计划（P）、实施（D）、检查（C）、改进（A）四个相关联的环节，以持续改进的思想指导企业系统地实现无事故、无伤害、无污染的 HSE 长远目标。因此，在实施 HSE 管理体系时一定要树立程序化、规范化管理的理念，形成一个动态循环的管理框架。

第三节 中国石化 HSSE 管理体系要求及要点

中国石化 HSE 管理体系建设分为两个阶段。第一阶段，HSE 管理体系阶段（2001 年 3 月—2018 年 9 月）；第二阶段，HSSE 管理体系阶段（2019 年 1 月以后）。

一、HSE 管理体系

为了使中国石化的安全、环境与健康管理与国际接轨，并在安全、环境与健康管理上创国际一流的业绩，中国石化于 2001 年 2 月 8 日正式发布了《中国石油化工集团公司安全、环境与健康（HSE）管理体系》（Q/SHS 0001.1—2001），并于 2001 年 3 月 1 日开始实施。

该体系主要包括：领导承诺、方针目标和责任，组织机构、职责、资源和文件管理，风险评价和隐患治理，承包商和供应商管理，装置（设施）的设计和建设，HSE 管理体系的运行和维修，变更管理和应急管理，HSE 管理体系的检查和监督，事故处理和预防，审核、评审和持续改进 10 个要素。

经过 17 年的实施，中国石化的 HSE 管理取得了较好绩效，但在管理上明显存在“两张皮”现象。主要原因：

一是中国石化作为一个庞大的企业集团，拥有油气田、石油工程、炼油化工、炼化工程、销售等上、中、下游企业，各自的生产特点、风险重点、管控要求存在较大差异。尽管分板块、分系统建立 HSE 管理体系实施指南和要点，但保持有效运行、持续改进仍有一定难度。

二是各级管理者的传统管理思维比较严重，没有认识到建立并运行 HSE 管理体系是世界石油化工企业的潮流，是实现国际接轨的需要，是创建国际一流能源化工公司的必然要求，走不出统管理的“怪圈”。

三是对 HSE 体系培训不到位，管理人员没有准确理解体系运行要求及各要素的相互关系，系统化管理方法不能有效融入日常 HSE 工作中。

四是注重体系建立，忽视体系运行。许多单位因闯市场或认证需要，建立了 HSE 管

理体系，但对体系的运行和审核不重视，内部审核、管理评审流于形式，导致体系的有效性、充分性、适宜性均不能满足要求，使 HSE 管理体系成为一种“摆设”。

二、HSSE 管理体系（要求）

2018 年，中国石化在对原 HSE 管理体系运行经验认真总结分析的基础上，基于风险的原则和系统化的管理方法，融合了职业健康（Health）、生产安全（safety）、公共安全（Security）、环境（Environment）及设备完整性、管道完整性和过程安全等管理体系的目标和要求，下发了《中国石化 HSSE 管理体系的通知》（中国石化安〔2018〕380 号）和《中国石化 HSSE 管理体系管理规定（试行）》（中国石化安〔2018〕385 号），以董事长发布令的形式发布了《中国石油化工集团有限公司 HSSE 管理体系（要求）》，全面规范了健康、生产安全、公共安全和环境管理体系（以下简称 HSSE 管理体系）的建立、运行、审核及持续改进工作，形成与时俱进的 HSSE 管理新模式，HSSE 管理已进入到全面提升、持续改进的快车道。

（一）HSSE 管理体系的主要内容

HSSE 管理体系由《中国石化 HSSE 管理体系（要求）》《中国石化 HSSE 管理体系实施要点》（以下简称“实施要点”）和 HSSE 管理制度组成。

《中国石化 HSSE 管理体系（要求）》明确了 HSSE 目标、HSSE 方针、HSSE 理念。

HSSE 目标：零伤害，零污染，零事故。

HSSE 方针：组织引领全员尽责管控风险，夯实基础。

HSSE 理念：安全第一，环保优先，身心健康，严细实恒。

中国石化 HSSE 管理体系主要包括组织引领、全员尽责，评估风险、治理隐患，管控过程、强化执行，聚焦基层、夯实基础，总结创新、持续改进 5 大部分和 30 个要素。体系的运行模式如图 2-2-2 所示。

1. 组织引领、全员尽责

该部分强调，领导是 HSSE 工作的核心推动力，各级领导应带头履行 HSSE 职责，建立健全 HSSE 组织和制度，建设卓越的 HSSE 文化，积极履行社会责任。主要包括领导引领力、HSSE 组织、HSSE 责任、HSSE 投入、社会责任 5 个要素。

（1）领导引领力。主要负责人应推动建立和有效运行 HSSE 管理体系，持续改进 HSSE 绩效；应组织制定企业 HSSE 工作目标和计划，提供人力、物力和财力等资源保障；应每季度组织召开 HSSE 委员会会议，每月召开工作例会，研究解决 HSSE 工作运行中的主要问题，决策重要事项。各级领导应带头遵守 HSSE 管理制度，组织识别风险、管控风险，参加 HSSE 检查和安全观察，公示并践行 HSSE 承诺，定点承包安全环保风险、组织治理事故隐患。

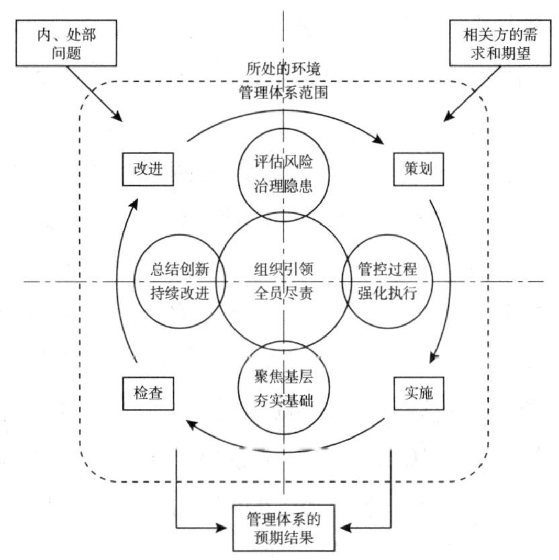

图 2–2–2　健康、安全与环境管理体系模式

（2）HSSE 组织。企业应设立 HSSE 委员会，配备安全总监，设置 HSSE 管理部门；设置环境监测机构或委托有资质的单位进行监测；负有专业安全环保管理职责的部门要设立兼职的安全环保管理岗位。基层单位应设立 HSSE 领导小组。

（3）HSSE 责任。企业应按照“谁的业务谁负责，谁的属地谁负责，谁的岗位谁负责”“党政同责”的原则，建立各部门、各单位和各岗位的 HSSE 责任制，建立 HSSE 责任落实情况的考核机制。

（4）HSSE 投入。企业应建立 HSSE 投入机制，及时解决风险管控及隐患项目治理所需资金，确保符合安全生产条件。

（5）社会责任。企业应将安全发展、绿色低碳作为履行社会责任的首要任务，建立与政府部门、公众和媒体的沟通机制，及时回应社会关注的 HSSE 问题，协助地方开展应急救援工作，参加社会公益活动。

2. 评估风险治理隐患

坚持基于风险的策略，识别大风险、消除大隐患、杜绝大事故，建立风险分级管控和隐患排查治理预防机制。从依法合规、风险识别与评估、重大危险源、隐患排查治理 4 个要素方面提出管控要求。

（1）依法合规。企业应按照法律法规和标准规范要求，依法取得安全环保行政许可，并保持其有效性。

（2）风险识别与评估。企业应在投资决策、选址、设计、建造、生产运营、停用、废弃和拆除等阶段，开展风险识别与评估，落实风险管控措施。同时，应定期识别工艺技术、设备（设施）、操作、作业、人员、劳动组织等方面的风险，定期识别生产过程、作业过程、员工健康、公共安全、交通安全、环境因素等风险，按照中国石化安全风险矩阵、环境风险评价准则确定风险等级和风险值。应分专业、分层级建立风险清单，确定控制措施，绘制风险分布图，公示重大风险。各级主要负责人应承包本单位的最大风险，其他领导承包相应风险；承包期内应实现风险降级或风险值降低，确保风险可控。

（3）重大危险源。企业应建立重大危险源管理制度，落实管控措施，开展重大危险源辨识与评估，确定重大危险源等级，建立档案资料，并按照要求报地方政府备案。

（4）隐患排查治理。应建立隐患排查治理制度，制定排查标准，组织隐患排查、评估、分级和治理，建立隐患治理档案。应重点关注：区域布置合规性，生产工艺本质安全性，设备（设施）完整性，电气与仪表系统可靠性，安全设施及其附件完好性，噪声、毒物、粉尘等超标场所，危险化学品装卸运输作业，特殊作业、高风险的非常规作业，环保设施运行稳定性，主要废气、废水排放口管理情况，危险废物储存、处置、利用合规性，重大环境风险管控情况，公共安全防范措施，劳动组织和人员行为等。

3. 管控过程、强化执行

企业应从培训管理、建设项目管理、生产运行管理、施工作业管理、危险化学品管理、设备设施管理、施工作业管理、承包商管理、变更管理、员工健康管理、污染防治与生态保护、公共安全管理、应急管理等 13 个要素方面强化生产全过程 HSSE 管理。

（1）培训管理。企业应明确安全培训管理部门，按照法律法规和岗位能力要求，制定实施管理人员、技术人员、操作人员培训矩阵和年度培训计划，建立培训考核与上岗晋级挂钩机制，建立专（兼）职培训师资队伍，提供培训场所，配备培训设施等资源。并将劳务派遣人员纳入培训范围，对承包商人员进行入厂（场）前安全教育和验证式考核；对到访和临时外来人员进行 HSSE 告知或入厂（场）教育。

（2）建设项目管理。建设项目 HSSE 设施应与主体工程同时设计、同时施工、同时投入使用（简称“三同时”），并取得相应行政许可。设计应遵循本质安全化和清洁化原则，采用危险与可操作性分析（HAZOP）、安全仪表完整性等级评估（SIL）等方法进行风险评估。

试生产与竣工验收应对试生产（使用）方案进行审查，对试生产（使用）条件进行确认，对 HSSE 设施进行竣工验收，按照要求开展环境影响后评价。

（3）生产运行管理。企业应制定操作（作业）规程，明确操作（作业）步骤、工艺参数，以及生产异常分析、报告、处置制度，不得超温、超压、超设防值运行，并根据工艺条件变化或发生事故情况，及时对操作（作业）规程进行评审与修订。应按照装置（设施）设计能力和环保设施处理能力安排生产，建立报警与联锁管理制度。未经风险评估和审批不得摘除、停用联锁，不得停用安全设施。应定期检测、标定可燃、有毒气体报警仪和在线监测设备，确保监测数据真实准确。应强化装置（设施）停工和开工管理，停工前，组织风险评估，确认安全环保条件，编制和审查停工方案；检修结束后，应进行验收，编制和审查开工方案，进行开工前安全条件确认、环保措施落实情况检查。环保装置（设施）应后停先开，并确保污染物受控及达标排放。

（4）危险化学品安全管理。企业生产、使用危险化学品时，应建立化学品台账，对危险化学品的品种、数量和存放地点进行动态管控，并对危险性不明的化学品进行危险性鉴别和评估。在储运危险化学品时，应按要求分区、分类储存危险化学品，不得随意变更储存介质，不得超量储存。罐区应重点管控报警和联锁系统、紧急切断系统、紧急泄放系统、消防和冷却喷淋系统、氮气密封系统、独立安全仪表系统、油气回收系统、安全附件及有毒和可燃气体报警设施、全压力式液化烃储罐的注水设施、防雷防静电设施、储罐切水的现场监护等。应建立危险化学品装卸与运输管理制度，管理和操作人员应具备相应资质，应核实承运商及人员的相关资质和运载车辆（船舶）、罐体等设施的检验合格证。

（5）设备设施管理。企业应推行设备完整性管理，开展设备检验、测试和预防性维修等工作。应明确特种设备的管理部门和职责，按规定对特种设备进行登记、注册、检验。应强化 HSSE 设施管理，长输管道要重点关注途经高后果区和地质灾害易发区的管道、穿跨越段管道、违章占压及打孔盗油和第三方施工管段。应建立泄漏管理制度和台账，加强泄漏源头控制，优化监测报警设置，制定高风险泄漏部位现场应急处置方案。

（6）施工作业管理。应制定安全技术措施。危险性较大的分部分项工程应编制专项施工方案，并组织审查。特殊作业、高风险的非常规作业以及生产区域内的临时作业等实行许可管理，应在作业前组织相关人员进行作业安全分析（JSA），现场落实安全管控措施，根据不同施工阶段的风险特点，对施工人员分阶段开展安全培训和安全技术交底。未经审批不得改变作业人员、范围、时间、地点和作业程序。施工过程中应确保污染物达标排放，危险废弃物依法合规处置，施工完成后做到工完料净场地清。

（7）承包商管理。应明确责任部门，负责审查确认承包商（承运商、供应商）的安全资质和专业资质；将安全生产管理协议作为合同附件，严禁项目转包、违法分包和以劳务分包的名义进行转包；应为承包商提供符合要求的作业条件，不得随意压缩工期；应依据项目进度和不同阶段的安全风险，对承包商管理人员、施工人员的安全教育和能力验证实施动态管理；应对承包商施工机具进行入场前检查，施工过程中实施动态检查和管理；应定期评估承包商 HSSE 绩效，评估结果与承包商准入和业务承揽量挂钩，推动承包商自主管理。

（8）变更管理。应严格变更管理，未经风险评估不得批准和实施。变更实施后，应评估变更效果，培训相关人员，及时修订、归档相关文件。应重点关注原料和辅料、生产工艺和关键参数、控制系统、报警和联锁、安全设施及安全附件、设备类型、设备关键部件和材质、管理制度和操作规程、施工作业方案、劳动组织和关键人员等变更。

（9）员工健康管理。应实行全员、全面健康管理，制定年度员工健康管理工作计划并组织实施，为员工提供安全健康的工作环境与劳动条件。应定期开展全员健康检查，不得安排健康条件不符合岗位要求人员和有职业禁忌证人员从事不适合的工作。应按要求做好工伤、职业病等人员的诊断鉴定、治疗、康复等工作，推行员工帮助计划

（EAP），关注员工心理健康和工作外的安全和健康。

（10）公共安全管理。企业应收集、分析公共安全信息，识别所在地及周边公共安全风险并采取防控措施。应对固定生产作业区、重点防范区、工地实施封闭化管理。应建立健全自然灾害信息预警机制，因地制宜采取综合防治措施，完善各类应急保障资源，提升防灾减灾救灾能力，最大限度降低灾害损失。实行“两特两重”公共安全升级管理。

（11）污染防治与生态保护。污染防治应遵循源头消减、过程控制、末端治理的优先顺序，建立清洁生产长效机制，按照“谁主管，谁负责”的原则，做好污染防治和生态保护工作。

①水污染防治。应对废水实施分级控制，实施清污分流、污污分治，加强水的串级使用和回用，减少废水和污染物排放量。应配套完善废水治理设施，确保废水达标排放。

②废气污染防治。应优化能源结构、采用清洁燃料和先进技术，实现燃烧废气达标排放。工艺尾气宜先回收利用，不能回收利用的经有效处理后达标排放。无组织排放废气宜采取密闭化收集、防尘抑尘等措施，确保达标排放。

③固体废物污染防治。应制定固体废弃物减量化、资源化、无害化工作目标和计划。危险废弃物的收集、储存、运输、处理和处置应依法合规。

④噪声污染防治。应采用低噪声设备或采取有效措施，防止或减轻环境噪声污染。

⑤土壤和地下水。应将土壤和地下水监测纳入环境监测计划，定期开展监测，对污染源采取管控措施，防范土壤和地下水污染。

⑥生态保护。应落实生态保护要求，避让生态保护红线区，制定生态保护和恢复治理方案，降低生态环境扰动。

⑦清洁生产。应执行有关清洁生产和节约能源等规定，将清洁生产纳入规划、计划，以及建设、生产和经营等工作中。应按照“领导负责、全员参与、全过程控制”的原则，开展清洁生产工作，持续开展清洁生产审核，实现节能降耗、减污增效。

（12）应急管理。企业应与当地政府、周边应急力量建立应急协调工作机制。从编制应急预案和现场处置方案，定期、分级开展应急演练，合理配置应急物资，做好监测预警与应急响应等工作。

（13）HSSE 信息管理。企业应收集、分析和应用 HSSE 信息，按照国家法律法规及集团公司要求管理 HSSE 文件、记录和台账。HSSE 信息主要包括：工艺、设备（设施）及布局等基础信息，风险、隐患等动态信息，报警、设备故障、异常工况等生产异常信息，事故事件信息，地方政府行政处罚信息等。

4. 聚焦基层、夯实基础

HSSE 工作的重心在基层。基层应重点健全 HSSE 组织、规范操作纪律和安全行为，强化现场 HSSE 管理，抓实 HSSE 活动，及时有效做好异常情况及事故（事件）的初期应急处置。

（1）基层 HSSE 组织建设。基层应成立由基层领导、技术人员以及班组长组成的

HSSE领导小组。主要负责人直接负责HSSE工作，专业技术人员承担专业安全管理职责。并根据风险识别评估情况，建立由基层主要负责人担任队长，管理、技术和操作人员组成的义务应急队，强化应急演练，提升初期应急处置能力。

（2）纪律和行为。基层应明确工艺、操作和劳动纪律要求，制定安全行为规范和负面清单，建立激励约束机制，严格执行现场交接班制度和巡回检查制度。

（3）现场HSSE管理。基层应划分现场责任区域，明确责任人，实施网格化管理；生产、施工现场应进行封闭化、标准化管理，按照要求设置HSSE标识和警示标志，设置视频监控系统；高风险作业，应严格许可管理，明确监护人，落实监护责任。

（4）基层安全活动。立足岗位，以实操培训考核为主，抓实、抓细员工安全培训。会前、岗前，应开展事故教训等安全分享活动。应发动全员参加“全员安全诊断”工作，开展“比学赶帮超”和示范基层单位和示范班组创建活动。

5. 总结创新、持续改进

以HSSE检查、体系审核和绩效考核为抓手，重视事故教训汲取和经验分享，不断总结HSSE管理工作经验，持续提升HSSE绩效。

（1）检查与审核。企业应制定年度HSSE检查计划，开展HSSE综合检查和专项检查，对发现的问题实施闭环管理。积极开展体系审核，重点审核体系的符合性和有效性，编制审核报告。

（2）审计。企业应按照中国石化相关规定和合资合作协议要求对合资公司开展HSSE审计，审计应重点关注合资公司HSSE管理体系的建立健全和运行，以及中国石化委派人员的HSSE履职情况等，并对长期和战略承包商进行HSSE审计。

（3）事故事件管理。企业应全面规范事故事件的报告和调查处理工作，查明事故原因，落实整改措施。事故调查和分析应重点分析技术标准、技术方案、操作规程等技术原因和制度执行、责任落实等管理原因。要依据失职追责和尽职免责的原则，严格事故责任追究。应加强生产异常、未遂事件管理，系统分析原因，发现事故苗头，及时纠偏。应建立事故事件分享机制，收集事故事件案例，对照问题，举一反三，排查整改。

（4）绩效考核。企业建立HSSE绩效考核制度，对职能部门、基层单位和员工进行HSSE绩效考核。应建立健全正向激励机制，对HSSE管理做出重要贡献的个人给予奖励。

（5）持续改进。企业HSSE委员会应每年组织管理评审，评审体系的适宜性、充分性和有效性，总结企业HSSE管理工作，研究确定下一步HSSE工作目标和措施，并制定计划、配置资源。管理评审应重点关注HSSE体系审核的结果、HSSE绩效、HSSE存在的突出问题、合规性、HSSE投入的效果、企业内外部环境变化、HSSE优秀实践等。同时，应注重HSSE管理体系运行中的日常纠偏，根据HSSE体系运行情况、检查结果、员工改进建议以及行业内外相关事故事件，采取措施改进HSSE管理。

（二）油气管道储运企业实施要点

企业应将管道完整性管理纳入 HSSE 管理体系，将管道完整性管理涉及的内容与 HSSE 管理体系相关要素有机融合、保持一致。

完整性管理主要包括：数据采集与整合、高后果区识别、风险评价、完整性评价、风险消减与维修维护、效能评价等六步循环。效能评价应同 HSSE 管理体系审核、绩效评价与考核工作合并进行，其余环节应分别建立管理文件作为 HSSE 管理体系的支持性文件。

1. 风险识别与评估

（1）生产过程安全风险。应对陆上管道线路重点区域、海底管道、油库、储气库、LNG 接收站等设备（设施）进行重点评估。重点关注：高后果区管段，高风险管段，输送高凝、高酸及高含硫化氢原油管道、酸性气体管道，第三方施工相关管段，自然灾害（台风、洪水、雷电等）区域，地质灾害（包括自然因素和人类活动因素引起的滑坡、泥石流、崩塌等）区域等。

（2）环境因素及风险。应重点关注大型储罐及涉水、穿越复杂地质区域、生态敏感区、高后果区的长输管线，对评估出的风险分级落实管控方案。

2. 隐患排查治理

应重点排查管道本体，安全距离，交叉并行［含穿跨越城镇雨（污）水管涵，热力、电力、通信管涵交叉，密闭空间等］，地质灾害，管道占压，码头、大型原油储罐、LNG 储罐、原油地下洞库、天然气地下储气库、槽车装卸等。

3. 设备设施管理

主要包括长输管道完整性管理和站库设备设施管理。

（1）长输管道完整性管理。应重点关注管道本体、附属设施及安全控制系统的定期检验、检测和监测、缺陷管理、风险消减与维修维护等。

①检验、检测。应按照国家相关法规和规范的要求，开展管道定期检验检测，确保管道检验检测的合规性。

②完整性评价。应优先选择内检测方法进行，其次可采用外检测或压力试验方法，并通过比例开挖等手段对管道本体和综合防护系统实施直接检测评价，及时掌握管道安全技术状况。

③缺陷管理。应根据完整性评价结果，对不能接受的缺陷，按照轻重缓急，优先修复高后果区、高压段等管道缺陷，保障管道安全运行，建立缺陷修复档案。

④风险消减和维修维护。应根据管道风险等级，采取针对性的技术措施和管理措施消减风险。技术措施主要包括在线监测（温度压力流量）、腐蚀控制、紧急截断、降压运行、可燃气体报警监测等；管理措施主要包括管道巡护、第三方施工管理、自然与地质灾害管理、应急管理等。

（2）站库设备设施管理。应重点关注输油泵、压缩机、储油罐、LNG 储罐等关键设备设施的在线监测及运行维护，电气、通信、控制等系统的运行维护。

4. 施工作业管理

应对特殊作业和高风险作业编制施工方案，方案中应包括风险评估及相应的管控措施，高风险作业包括：

（1）管道清管、内检测作业；

（2）沟下作业；

（3）油气管道带压开孔、封堵作业；

（4）设备、管道等试压作业；

（5）储气库生产井带压作业；

（6）码头船岸对接作业。

5. 变更管理

主要包括工艺方案变更、设备（设施）变更、外管道变更。

（1）工艺方案变更。应重点关注管输油品性质变更、输送工艺方案变更（正 / 反输工艺、常温 / 加热输送工艺、添加 / 取消降凝剂输送工艺）、管线和站库关键工艺运行控制参数变更。

（2）设备（设施）变更。应重点关注关键设备设施基本结构、性能及使用状态发生改变的变更，关键设备设施安全运行或工艺安全运行可能受到较大影响的变更。

（3）外管道变更。应重点关注管道改线、周边新建电气化铁路或高压线路设施、管道周边地质环境发生变化等对外管道技术状况造成永久变化、海底管道周边设施建设改变洋流对海底管道冲刷的影响、长期影响或存在较大风险的变更。

6. 公共安全管理

应对打孔盗油、恐怖袭击等蓄意破坏行为的公共安全风险进行评估，实行分级管理

重点防范区域（部位）包括：

（1）重要储油（气）库、输油气站场；

（2）重点跨越管道；

（3）油气调控中心；

（4）原油、成品油及 LNG 码头；

（5）原油、成品油及 LNG 装卸区；

（6）打孔盗油重灾区管道。

7. 污染防治与生态保护

（1）噪声污染防治。对输泵、压缩机等大型动设备产生的噪声，应采取有效措施，防止或减轻噪声污染。

（2）固体废物污染防治。对清罐废渣，废矿物油，事故状态下被原油、成品油等污染的土壤，其运输、处理和处置应符合国家、地方相关要求。

（3）废气污染防治。应制定本单位废气管理制度，做好工艺改进、过程控制和末端治理工作，应实现油气回收全流程闭环管理，确保废气达标排放。

（4）水污染防治。应设置配套的废水治理设施，保证废水达标排放；按照要求开展土壤地下水监测及污染防治工作。

（5）生态保护。在管道建设项目立项时，应从生态保护的角度，规避重要生态功能区、陆地和海洋生态环境敏感区等。在管道运营的全生命周期，应采取有效措施，防止植被破坏、水土流失。

8. 应急管理

应加强管道泄漏、地质灾害、人为破坏等突发事件的应急管理，优先开展高后果区、自然与地质灾害易发区、环境敏感区以及大型储油（气）库的应急管理，在风险评估基础上，对管道泄漏、火灾爆炸、溢油水体扩散、地质灾害等制定专项应急预案，加强应急装备及人员的配备与管理。

9. HSSE 信息管理

应将数据采集作为管道完整性管理决策的关键要素，应从设计阶段开始并贯穿完整性管理全过程。数据内容包括管道本体及附属设施、管道周边环境，以及管道运行数据和站场（阀室）设备设施 4 个部分，具体可包括管道中心线、阴极保护、管道设施、第三方施工、检测维护、基础地理、运行、管道风险和应急管理 9 大类应建立基于管道数据模型的数据库，用于存储、管理和维护数据。

第三章 HSSE 基础知识

安全生产是生产过程中一切经济运行和生产运作的前提条件，更成为现代社会发展的重大经济技术决策中的核心内容。全面掌握涉及安全生产的基础理论——HSSE 基础知识，了解事故发生的一般规律，才能做到统一认识，知行合一，预防事故发生。

第一节 安全生产相关概念

HSSE 分别表示涉及安全生产问题四个方面的工作，既职业健康（H）、生产安全（S）、安保（S）和环境（E）。HSSE 基础工作是企业发展的重要保障，HSSE 管理不仅是企业在生产经营中贯彻的一个重要理念，更是解决安全生产问题的途径和方法；它不仅具有安全管理一般的规律和特点，还具有特殊范畴和方法。

一、安全和安全生产

安全与危险是相对的概念，它们是人们对生产、生活中是否可能遭受健康损害和人身伤亡的综合认识。按照系统安全工程的认识论，无论是安全还是危险都是相对的。

（一）安全

安全，泛指没有危险、不出事故的状态。汉语中有“无危则安，无缺则全”；安全的英文为 safety，指健康与平安之意；梵文为 sarva，意为无伤害或完整无损；《韦氏大词典》对安全定义为“没有伤害、损伤或危险，不遭受危害或损害的威胁，或免除了危害、伤害或损失的威胁”。

生产过程中的安全，即安全生产，指的是“不发生工伤事故、职业病，设备或财产损失”。

工程上的安全性，是用概率表示的近似客观量，用以衡量安全的程度。

系统工程中的安全概念，认为世界上没有绝对安全的事物，任何事物中都包含有不安全因素，具有一定的危险性。安全是一个相对的概念，危险性是对安全性的隶属度；

当危险性低于某种程度时，人们就认为是安全的。安全工作贯穿于系统整个寿命期间。

（二）安全生产

《辞海》将“安全生产”解释为：为预防生产过程中发生人身、设备事故，形成良好劳动环境和工作秩序而采取的一系列措施和活动。《中国大百科全书》将“安全生产”解释为：旨在保护劳动者在生产过程中安全的一项方针，也是企业管理必须遵循的一项原则，要求最大限度地减少劳动者的工伤和职业病，保障劳动者在生产过程中的生命安全和身体健康。后者将安全生产解释为企业生产的一项方针、原则和要求，前者则解释为企业生产的一系列措施和活动。根据现代系统安全工程的观点，一般意义上讲，安全生产是指在社会生产活动中，通过人、机、物料、环境的和谐运作，使生产过程中潜在的各种事故风险和伤害因素始终处于有效控制状态，切实保护劳动者的生命安全和身体健康。

二、安全生产管理和 HSSE 管理

（一）安全生产管理

安全生产管理是管理的重要组成部分，是安全科学的一个分支。所谓安全生产管理，就是针对人们在生产过程中的安全问题，运用有效的资源，发挥人们的智慧，通过人们的努力，进行有关决策、计划、组织和控制等活动，实现生产过程中人与机器设备、物料、环境的和谐，达到安全生产的目标。

安全生产管理的目标是，减少和控制危害，减少和控制事故，尽量避免生产过程中由于事故所造成的人身伤害、财产损失、环境污染以及其他损失。安全生产管理包括安全生产法制管理、行政管理、监督检查、工艺技术管理、设备设施管理、作业环境和条件管理等方面。

安全管理的基本对象是企业的员工，涉及企业中的所有人员、设备设施、物料、环境、财务、信息等各个方面。安全生产管理的内容包括：安全生产管理机构和安全生产管理人员、安全生产责任制、安全生产管理规章制度、安全生产策划、安全培训教育、安全生产档案等。

（二）HSSE 管理

HSSE 管理是一种事前进行风险分析，确定其自身活动可能发生的危害和后果，从而采取有效的防范手段和控制措施防止其发生，以便减少可能引起的人员伤害、财产损失和环境污染的有效管理模式。该模式由“计划（Plan）、实施（Do）、检查（Check）和改进（Act）”四个阶段的循环组成，是实施安全、环境、安保与健康管理的组织机构、

职责、资源、程序和过程等构成的动态管理系统。它由多个要素构成，相互关联、相互作用，通过实施风险管理，从而采取有效的预防、控制和应急措施，以减少可能引起的人员伤害、财产损失和环境污染。

HSSE 管理体现了当今石化企业在大市场环境下的规范运作，突出了以人为本、预防为主、全员参与、持续改进的科学管理思想，具有高度自我约束、自我完善、自我激励的机制，是石化企业实现现代化管理、走向国际市场的通行证（其详细内容已在前章节概述，本节不再赘述）。

三、健康和健康标准

（一）健康及健康管理

健康（H）是指人身体上没有疾病，在心理上（精神上）、社会上保持一种完好的状态。员工的健康包括职业健康、身体健康和心理健康在内的全面健康。

员工健康管理主要包括健康风险识别与评估、健康危险因素监测与管理、劳动保护、工伤与疾病管理、健康保障、健康促进等内容。

企业应当开展全员健康教育与健康促进，普及职业病防治、劳动保护、健康生活方式、疾病预防、心理健康等知识，相关培训纳入教育与培训计划。安全部门应当组织对员工健康状况进行综合分析，编制年度员工健康状况评估报告，主要内容应当包括健康风险的识别与评估、健康危险因素监测、人员异常、劳动保护、健康保障与促进等情况以及异常原因分析、改进和提升员工健康状况的具体措施等。依法建立健全员工职业健康管理档案，安全部门牵头建立职业病、岗位禁忌疾病、精神障碍等疾病人员以及与接触职业性有害因素有关体检异常、属于职业禁忌等健康异常人员的台账。推广员工帮助计划（EAP），宣传、安全等部门合力推进，促进员工心理健康。

（二）健康标准

世界卫生组织制定的 10 条健康标准：

（1）充沛的精力，能从容不迫地担负日常生活和繁重的工作而不感到过分紧张和疲劳。

（2）处世乐观，态度积极，乐于承担责任，事无大小，不挑剔。

（3）善于休息，睡眠好。

（4）应变能力强，能适应外界环境中的各种变化。

（5）能够抵御一般感冒和传染病。

（6）体重适当，身体匀称，站立时头、肩位置协调。

（7）眼睛明亮，反应敏捷，眼睑不发炎。

（8）牙齿清洁，无龋齿，不疼痛，牙龈颜色正常，无出血现象。

（9）头发有光泽，无头屑。

（10）肌肉丰满，皮肤有弹性。

四、环境和环境保护

（一）环境与生态系统

1. 环境

环境是指围绕着人群空间，以及其中可以直接、间接影响人类生活和发展的各种自然因素和社会因素的总体，目前我国关于环境的权威定义是2014年版《中华人民共和国环境保护法》第二条给出的定义："是指影响人类生存和发展的各种天然的和经过人工改造的自然因素的总体，包括大气、水、海洋、土地、矿藏、森林、草原、湿地、野生生物、自然遗迹、人文遗迹、自然保护区、风景名胜区、城市和乡村等"。《健康、安全与环境管理体系》（SY/T 6276—2014）中，环境是指组织运行活动的外部存在，包括空气、水、土地、自然资源、植物、动物、人，以及他们之间的相互关系。环境影响是指全部或部分地由组织的活动、产品或服务给环境造成的任何有害或有益的变化。

2. 生态系统

生态系统是指在一定时间和空间内，由生物群落与其环境组成的一个整体，各组成要素间通过物种流动、能量流动、物质循环、信息传递和价值流动，相互联系相互制约，形成的具有自调节功能的复合体。生态系统由生命支持系统（非生物环境）、生产者、消费者和分解者四种基本成分组成。

（二）环境污染和污染源

环境污染是指有害物质对大气、水体、土壤和生物的污染，包括大气污染、水体污染、土壤污染、生物污染等物质因素引起的污染和噪声污染、热污染、放射性污染等由物理性因素引起的污染。现在人们主要关注的环境污染包括大气污染、水体污染、固体废弃物污染等。

向环境排放污染物或对环境产生有害影响的场所、设备装置，统称为污染源。污染源可以有多种划分方式：按其存在形式分，可分为固定污染源和流动污染源；按人类社会活动功能分，可分为工业污染源、农业污染源和生活污染源等；按排放时间分，可分为连续源、间断源和瞬时源。目前最常用的分类方式是按排放污染物的空间分布方式分，可分为点源、面源和线源。

1. 大气与大气污染

大气污染是指"由于人类活动和自然过程引起某种物质进入大气中，呈现出足够的浓度，达到了足够的时间并因此而危害了人体的舒适、健康和福利或危害了环境的现象”。

大气污染源是指向大气中排放污染物质的发生源，主要有燃料燃烧、工农业生产过程、交通运输等。

大气污染物主要分为颗粒污染物、气态污染物和二次污染物。颗粒污染物有尘粒、粉尘、烟尘、雾尘、煤尘等。气态污染物有含硫化合物、含氮化合物、碳氧化合物、碳氢化合物、卤素化合物等。二次污染物危害最大的是光化学烟雾。

2016 年 1 月 1 日施行的《环境空气质量标准》（GB3095—2012）将环境空气功能区分为二类：一类区为自然保护区、风景名胜区和其他需要特殊保护的区域；二类区为居住区、商业交通居民混合区、文化区、工业区和农村地区。

2. 水体与水体污染

水体是指河流、湖泊、池塘、水库、沼泽、海洋和地下水等水的集聚体。水污染是指水体因某种物质的介入，而导致其化学、物理、生物或者放射性等方面特性的改变，从而影响水的有效利用，危害人体健康或者破坏生态环境，造成水质恶化的现象。

水体污染指标包括生化需氧量、化学需氧量、总需氧量、总有机碳、悬浮物、有毒物质、大肠菌群数、pH 值等。

环境科学中一般将水体污染源分为工业污染源、城市生活污水、农村污水和灌溉水、船舶废水等。不同的污水含有不同类型的污染物质。水体污染物主要有病原体污染物，需氧物质污染物，有毒化学物质，酸性、碱性物质和盐类，放射性物质，热污染等。

3. 固体废弃物

按照《中华人民共和国固体废物污染环境防治法》的规定，固体废弃物，是指在生产建设、日常生活和其他活动中产生的污染环境的固态、半固态废弃物质。

（1）固体废弃物分类。我国将固体废弃物分为工业固体废弃物、危险废物和城市垃圾三类。工业固体废弃物，是指在工业、交通等生产活动中产生的固体废物。危险废物，是指列入国家危险废物名录或者根据国家规定的危险废物鉴别标准和鉴别方法认定的具有危险特性的废物。城市生活垃圾，是指在城市日常生活中或者为城市日常生活提供服务的活动中产生的固体废物以及法律、行政法规规定视为城市生活垃圾的固体废物。

（2）固体废弃物处理的“三化”。固体废弃物处理的技术政策可归纳为“三化”，即无害化、减量化和资源化。无害化指固体废弃物经处理后能够不损害人体健康、不污染环境；减量化指减少固体废弃物产生的数量和减小固体废弃物的容积；资源化是指从固体废物中回收有用的物质和能源。

4. 其他环境污染问题

（1）噪声污染。《中华人民共和国环境噪声污染防治法》规定，噪声是指在工业生产、建筑施工、交通运输和社会生活中所产生的干扰周围生活环境的声音。环境噪声污染，是指所产生的环境噪声超过国家规定的环境噪声排放标准，并干扰他人正常生活、工作和学习的现象。一般认为 40dB 是正常的环境声音，超过 40dB 就是有害的噪声。噪声主要有两种，一是空气动力噪声，另一种是机械噪声。在环境中，噪声的来源主要有交通噪声、工业噪声和社会噪声三类。交通噪声由交通工具运行时发出，城市环境噪声有 70% 来自汽车噪声。工业噪声主要是生产及工作过程中机械振动、摩擦、撞击以及气流扰动而产生的声音。社会噪声则是指街道和建筑物内各种生活设施、人群活动等产生的声音。

（2）电磁辐射污染。电磁辐射污染指由大功率电磁辐射能量造成的电磁波干扰和有害的电磁辐射。电磁污染源包括天然和人工两种，前者如自然界的雷电、台风、宇宙射线等；后者如无线电、电视等通信设备。

（3）放射性污染。放射性污染是指由能自发地放射出穿透性很强的射线的物质对环境造成的危害。放射性污染物通过射线危害人体和其他生物体，造成危害的射线主要有 α 射线、β 射线和 γ 射线。放射性污染源分为天然辐照源和人工辐照源，前者如地球上的天然放射源，后者如核工业排放物。

（4）热污染。热污染指由于人类活动对热环境造成的危害，包括向环境排放废热、排放温室气体、排放消耗臭氧层物质等。

（5）光污染。光污染指由于人类活动造成的过量光辐射的不良影响，主要包括可见光污染、红外光污染和紫外光污染等。

五、公共安全和企业公共安全管理

公共安全，是指社会和公民个人从事和进行正常的生活、工作、学习、娱乐和交往所需要的稳定的外部环境和秩序。所谓公共安全管理，则是指国家行政机关为了维护社会的公共安全各秩序，保障公民的合法权益，以及社会各项活动的正常进行而做出的各种行政活动的总和。公共安全事件包括：自然灾害、事故灾难、公共卫生事件、社会安全事件。自然灾害：主要包括水旱灾害，气象灾害，地震灾害，地质灾害，海洋灾害，生物灾害和森林草原火灾等。事故灾难：主要包括工矿商贸等企业的各类安全事故，交通运输事故，公共设施和设备事故，环境污染和生态破坏事件等。公共卫生事件：主要包括传染病疫情，群体性不明原因疾病，食品安全和职业危害，动物疫情，以及其他严重影响公众健康和生命安全的事件。社会安全事件：主要包括恐怖袭击事件，经济安全事件和涉外突发事件等。各类突发公共事件按照其性质、严重程度、可控性和影响范围等因素，一般分为四级：Ⅰ级（特别重大）、Ⅱ级（重大）、Ⅲ级（较大）和Ⅳ级（一般）。

企业的公共安全管理是指企业按照所在国家及地区的法律法规，通过建立健全公共安全体系、提升“三防”水平、联防联治、教育培训等一系列措施，以配合打击涉油气犯罪、预先防范暴力恐怖袭击、开展两特两重安全保卫等为主要工作内容的各种维护企业正常生产治安秩序、保障企业和员工合法权益的行为总和。三防，是指人力防范、物理防范（实体防范）、技术防范。两特两重，是指特殊时期、特殊地区，重大节日、重大活动。

2015 年 5 月 31 日，习近平总书记在中共中央政治局第二十三次集体学习时强调，党的十八大提出要加强公共安全体系建设，党的十八届三中全会围绕健全公共安全体系提出食品药品安全、安全生产、防灾减灾救灾、社会治安防控等方面体制机制改革任务，党的十八届四中全会提出了加强公共安全立法、推进公共安全法治化的要求。

2018 年 1 月 3 日，戴厚良在中国石化集团公司 HSSE 工作会议上讲话时，强调了公共安全的重要性："和以往不同，这次会议在原有 HSE 的基础上，增加了一个代表'公共安全'的'S'，这既是完善安全管理体系的需要，也是我们思想认识上的深化和公司管理实践上的提升，有利于推动中国石化实现全面的安全。"

六、危险、危险源与重大危险源

（一）危险

根据系统安全工程的观点，危险是指系统中存在导致发生不期望后果的可能性超过了人们的承受程度。从危险的概念可以看出，危险是人们对事物的具体认识，必须指明具体对象，如危险环境、危险条件、危险状态、危险物质、危险场所、危险人员、危险因素等。

一般用风险度来表示危险的程度。在安全生产管理中，风险用生产系统中事故发生的可能性与严重性的结合给出，即

$$R=f(F,\ C)$$

式中 R——风险；

F——发生事故的可能性；

C——发生事故的严重性。

从广义来说，风险可分为自然风险、社会风险、经济风险、技术风险和健康风险等五类。而对于安全生产的日常管理，可分为人、机、环境、管理等四类风险。

（二）危险源

从安全生产角度解释，危险源是指可能造成人员伤害和疾病、财产损失、作业环境破坏或其他损失的根源或状态。

根据危险源在事故发生、发展中的作用，一般把危险源划分为两大类，即第一类危险源和第二类危险源。

第一类危险源是指生产过程中存在的，可能发生意外释放的能量，包括生产过程中

各种能量源、能量载体或危险物质。第一类危险源决定了事故后果的严重程度，它具有的能量越多，发生事故后果越严重。

第二类危险源是指导致能量或危险物质约束或限制措施破坏或失效的各种因素。广义上包括物的故障、人的失误、环境不良以及管理缺陷等因素。第二类危险源决定了事故发生的可能性，它出现越频繁，发生事故的可能性越大。

在企业安全管理工作中，第一类危险源客观上已经存在并且在设计、建设时已经采取了必要的控制措施，因此，企业安全工作重点是第二类危险源的控制问题。

（三）重大危险源

为了对危险源进行分级管理，防止重大事故发生，提出了重大危险源的概念。广义上说，可能导致重大事故发生的危险源就是重大危险源。

我国新颁布的标准《危险化学品重大危险源辨识》（GB 18218—2018）和《中华人民共和国安全生产法》（以下简称《安全生产法》）对重大危险源作出了明确的规定。《安全生产法》第一百一十二条的解释是：重大危险源，是指长期地或者临时地生产、搬运、使用或者储存危险物品，且危险物品的数量等于或者超过临界量的单元（包括场所和设施）。

不同国家和地区的政府部门对重大危险源的定义，规定的临界量是不同的。无论是重大危险源的范围，还是重大危险源临界量，都是为了防止重大事故发生，在综合考虑了国家的经济实力、人们对安全与健康的承受水平和安全监督管理的需要给出的。

七、本质安全

本质安全是指通过设计等手段使生产设备或生产系统本身具有安全性，即使在误操作或发生故障的情况下也不会造成事故。具体包括两方面的内容：

（1）失误—安全功能。指操作者即使操作失误，也不会发生事故或伤害，或者说设备、设施和技术工艺本身具有自动防止人的不安全行为的功能。

（2）故障—安全功能。指设备、设施或生产工艺发生故障或损坏时，还能暂时维持正常工作或自动转变为安全状态。

上述两种安全功能应该是设备、设施和技术工艺本身固有的，即在规划设计阶段就被纳入其中，而不是事后补偿的。

本质安全是生产中“预防为主”的根本体现，也是安全生产的最高境界。实际上，由于技术、资金和人们对事故的认识等原因，目前还很难做到本质安全，只能作为追求的目标。

第二节　事故致因理论

事故发生有其自身的发展规律和特点，只有掌握了事故发生的规律，才能保证安全生产系统处于有效状态。前人站在不同的角度，对事故进行研究，给出了很多事故致因理论，对人们认识与预防事故提供了重要的借鉴。

一、事故、事故隐患

（一）事故

《现代汉语词典》对“事故”的解释是：多指生产、工作上发生的意外损失或灾祸。

在国际劳工组织制定的一些指导性文件，如《职业事故和职业病记录与通报实用规程》中，将职业事故定义为：“由工作引起或者在工作过程中发生的事件，并导致致命或非致命的职业伤害。”我国事故的分类方法有多种。

《企业职工伤亡事故分类标准》（GB 6441—1986），综合考虑起因物，引起事故的诱导性原因、致害物、伤害方式等，将企业工伤事故分为20类，分别为物体打击、车辆伤害、机械伤害、起重伤害、触电、淹溺、灼烫、火灾、高处坠落，坍塌、冒顶片帮、透水、放炮、火药爆炸、瓦斯爆炸、锅炉爆炸、容器爆炸、其他爆炸、中毒和窒息及其他伤害等。

《生产安全事故报告和调查处理条例》（国务院令第 493 号）将“生产安全事故”定义为：生产经营活动中发生的造成人身伤亡或者直接经济损失的事件。根据生产安全事故造成的人员伤亡或者直接经济损失，事故一般分为以下等级：

（1）特别重大事故，是指造成 30 人以上死亡，或者 100 人以上重伤（包括急性工业中毒，下同），或者 1 亿元以上直接经济损失的事故；

（2）重大事故，是指造成10人以上30人以下死亡，或者50人以上100人以下重伤，或者 5000 万元以上 1 亿元以下直接经济损失的事故；

（3）较大事故，是指造成 3 人以上 10 人以下死亡，或者 10 人以上 50 人以下重伤，或者 1000 万元以上 5000 万元以下直接经济损失的事故；

（4）一般事故，是指造成 3 人以下死亡，或者 10 人以下重伤，或者 1000 万元以下直接经济损失的事故。

该等级标准中所称的“以上”包括本数，所称的“以下”不包括本数。

（二）事故隐患

中华人民共和国应急管理部颁布的第 16 号令《安全生产事故隐患排查治理暂行规

定》，将“安全生产事故隐患”定义为：“生产经营单位违反安全生产法律、法规、规章、标准、规程和安全生产管理制度的规定，或者因其他因素在生产经营活动中存在可能导致事故发生的物的危险状态，人的不安全行为和管理上的缺陷。”

事故隐患分为一般事故隐患和重大事故隐患（中国石化集团公司分为一般事故隐患、较大隐患和重大事故隐患三级）。一般事故隐患是指危害和整改难度较小，发现后能够立即整改排除的隐患。重大事故隐患是指危害和整改难度较大，应当全部或者局部停产停业，并经过一定时间整改治理方能排除的隐患，或者因外部因素影响致使生产经营单位自身难以排除的隐患。

企业、政府和公众等多方综合性地开展隐患辨识、评价、消除、整改、监控等活动和措施，使生产安全系统的事故风险处于可接受水平的过程即为隐患治理。

（三）事故的基本性质

1. 因果性

工业事故的因果性是指事故由相互联系的多种因素共同作用的结果，引起事故的原因是多方面的，在伤亡事故调查分析过程中，应弄清事故发生的因果关系，找到事故发生的主要原因，才能对症下药。

2. 随机性与偶然性

事故的随机性是指事故发生的时间、地点、事故后果的严重性是偶然的。这说明事故的预防具有一定的难度。但是，事故这种随机性在一定范畴内也遵循统计规律。从事故的统计资料中可以找到事故发生的规律性。因而，事故统计分析对制定正确的预防措施有重大的意义。

3. 潜在性与必然性

表面上，事故是一种突发事件。但是事故发生之前有一段潜伏期。在事故发生前，人、机、环境系统所处的这种状态是不稳定的，也就是说系统存在着事故隐患，具有危险性。如果这时有一触发因素出现，就会导致事故的发生。在工业生产活动中，企业较长时间内未发生事故，如麻痹大意，就是忽视了事故的潜伏性，这是工业生产中的思想隐患，是应予克服的。

上述事故特性说明了一个根本的道理：现代工业生产系统是人造系统，这种客观实际给预防事故提供了基本的前提。所以说，任何事故从理论和客观上讲，都是可预防的。因此，人类应该通过各种合理的对策和努力，从根本上消除事故发生的隐患，把工业事故的发生降低到最小限度。

（四）事故理论与安全管理的关系

（1）事故问题是安全领域的核心问题，事故是安全领域中的基本单元，如没这种单元，安全便不成其为问题，便没有安全管理的必要。

（2）事故理论是建立安全管理理论的依据，是了解、掌握事故动态、发生发展机制的工具，只有知道事故因果联系，才能知道如何就安全管理作出正确的科学的决策。

（3）事故理论一般先于安全管理理论出现和发展，人们先求于知然后才求于治，先有感受然后才有对策。

（4）事故理论与安全管理理论奠定企业安全管理的基础，管理有治理的意思，而且唯有治理才是真正有效的管理手段。因此了解掌握了事故变化的规律，掌握了治理的规律，安全大事就好办了。

（5）研究事故理论也是为了治理，不可脱离实际需要。

二、几种常用的事故致因理论

（一）事故致因理论

从事故的定义和特性可知，事故是违背人的意志而发生的意外事件，而且事故具有明显的因果性和规律性。因而，要想找出事故的根本原因，进而预防和控制事故，就必须在千变万化、各种各样的事故中发现共性的东西，把它抽象出来，即把感性的认识与积累的经验升华到理论的水平，反过来指导实践，并在此基础上，制定出事故控制的最有效的方案；否则，只会是“头痛医头、脚痛医脚”，跟在各类屡禁不绝、形式各异的事故后面疲于奔命。这类阐明事故为什么会发生，是怎样发生事故的，以及如何防止事故发生的理论，被称为事故致因理论，或事故发生及预防理论。

事故致因理论是从大量典型事故的本质原因的分析中所提炼出的事故机理和事故模型。这些机理和模型反映了事故发生的规律性，能够为事故的定性定量分析，为事故的预测预防，为改进安全管理工作，从理论上提供科学的、完整的依据。

事故致因理论是指对事故发生规律的概括性认识，是经验教训积累的成果，是通过长时期的大量的伤亡损害事件所提出来的结晶，其代价是十分高昂的。事故致因理论研究是安全科学技术理论研究的一部分，包括两方面的内容，一是对事故致因理论的研究，另一是对预防和控制事故的理论的研究。

事故致因理论的发展经历了三个阶段：以事故频发倾向论和海因里希因果连续论为代表的早期事故致因理论；以能量意外释放论为主要代表的事故致因理论；现代的系统安全理论。

（二）事故频发倾向理论

1919 年，英国的格林伍德（GreenWood）和伍兹（Woods）把许多伤亡事故发生次数按照泊松分布、偏倚分布和非均分布等进行统计分析后发现，当发生事故的概率不存在个体差异时，一定时间内事故发生的次数服从泊松分布。一些工人由于精神或心理方面的问题，如果在生产操作过程中发生过一次事故，当再继续操作时，就有重复发生第二次、第三次事故的倾向，事故发生的次数服从偏倚分布。当工厂中存在许多特别容易发生事故的人员时，发生事故次数的人数服从非均等分布。

在此研究基础上，1939 年法默（Farmer）和查姆勃（Chamber）等人提出了事故频发倾向理论。事故频发倾向是指个别容易发生事故的稳定的个人内在倾向。事故频发倾向者的存在是工业事故发生的主要原因，即少数具有事故频发倾向的工人是事故频发倾向者，他们的存在是工业事故发生的原因。如果企业中减少了事故频发倾向者，就可以减少工业事故。

许多研究结果表明，事故频发倾向者并不存在。例如，在某一段时间里发生事故次数多的人，在以后的时间里由于劳动条件的改善，往往不再发生事故或发生事故次数大为减少，并非某人永远是事故频发倾向者。通过数十年的实验与研究，很难找出事故频发者稳定的个人特征。换言之，许多人发生事故是由于他们行为的某种瞬时特征所引起的。

许多研究又表明，把事故发生次数多的工人调离以后企业如不改善劳动条件，事故发生率并没有降低。例如，韦勒（Waller）对司机的调查，伯纳基（Bernacki）对铁路调车员的调查，都证实了调离或解雇发生事故多的工人以后，企业并没有减少伤亡事故的发生率。

除了对人员适用某个工种的考选外，事故频发倾向理论已被排除在事故致因理论当代论坛之外，只能说明前段的研究历史而已。

（三）事故因果连锁理论

1. 海因里希事故因果连锁理论

1931 年美国 W H Heinrich 提出，事故的发生不是一个孤立的事件，而是一系列互为因果原因事件相继发生的结果。

海因里希把工业伤害事故的发生、发展过程描述为具有一定因果关系的事件的连锁，即：人员伤亡的发生是事故的结果，事故的发生是由于人的不安全行为和物的不安全状态；人的不安全行为或物的不安全状态是由于人的缺点造成的；人的缺点是由于不良环境诱发的，或者是由先天的遗传因素造成的。

海因里希最初提出的事故因果连锁过程包括如下五个因素（图 2-3-1）：

（1）遗传及社会环境（M）。可能造成鲁莽、固执、贪婪及其他性格上的缺点的遗传因素，妨碍教育、助长性格上的缺点发展的社会环境，是造成性格上的缺点的原因。

（2）人的缺点（P）。鲁莽、过激、神经质、暴躁、轻率、缺乏安全操作知识等先天或后天的缺点，是产生不安全行动或造成物的危险状态的直接原因。

（3）人的不安全行为为或物的不安全状态（H）。诸如在起重机的吊荷不停留、不发信号就启动机器，工作时间打闹或拆除安全防护装置等不安全行为，没有防护齿轮、扶手，照明不良等机械、物的不安全状态，是事故的直接原因。

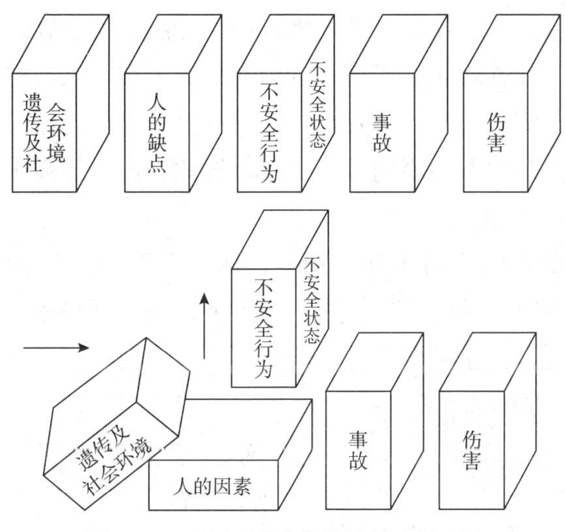

图 2-3-1 海因里希事故因果连锁理论

（4）事故（D）。这里把事故定义为，由于物体、物质、人或放射线的作用或反作用，使人员受到伤害或能受到伤害的，出乎意料失去控制的事件。

（5）伤害（A）。直接由于事故而产生的人身伤害。

人们用多米诺骨牌来形象地描述这种事故因果连锁关系，在多米诺骨牌系列中，一颗骨牌被碰倒了，则将发生连锁反应，其余的几颗骨牌相继被碰倒。如果移去连锁中的一颗骨牌，则连锁被破坏，事故发生过程被终止。海因里希认为，企业安全工作的中心就是防止人的不安全行为和消除物的不安全状态，中断事故连锁的进程而避免事故的发生。当然通过改善社会环境，使人具有更为良好的安全意识，加强培训使人具有较好的安全技能，或者加强应急抢救措施，也都能在不同程度上移去事故连锁中的某一块骨牌或增加该骨牌的稳定性，使事故得到预防和控制。

当然海因里希的理论也有明显的不足，他对事故致因连锁理论描述过于简单化、绝对化，也过多地考虑了人的因素。但尽管如此，由于其形象化和其在事故致因研究中的先导作用，使其有着重要的历史地位。后来博德（Frank Bird）、亚当斯（Edward Adams）等人都在此基础上进行了进一步的修改和完善，使因果连锁的思想得以进一步发扬光大，收到了较好的效果。

2. 现代事故因果连锁论

现代安全观念认为，发生在生产现场的人的不安全行为或物的不安全状态作为事故的直接原因必须加以追究。但是，它们只是一种表面现象，是其背后的间接原因的征兆，是根本原因——管理失误的反映。

在该事故因果连锁中，人的不安全行为或物的不安全状态的发生是由于个人原因及工作条件方面原因造成的。在安全工作中只有找出这些间接原因，采取恰当措施消除它们，才能防止不安全行为或不安全状态的出现，以便有效地防止事故的发生。

管理失误是该事故因果连锁中最重要的原因因素。安全管理是企业管理的一部分。

在计划、组织、指导、协调和控制等管理机能中，控制是安全管理的核心。它从对间接原因因素的控制入手，通过对人的不安全行为和物的不安全状态的控制，达到防止伤亡事故发生的目的。所谓管理失误，主要是指在控制机能方面的缺欠，使得最终能够导致事故的个人原因及工作条件方面原因得以存在。按此理论，加强企业管理和安全管理是防止伤亡事故的重要途径。

人们对管理失误的原因进行了深入研究，认为管理失误反映企业管理体系方面的问题。它涉及如何有组织地进行管理工作，确定怎样的管理目标，以及如何计划、实现确定目标等方面的问题。企业应该建立并不断完善反映现代安全观念的管理体系，如健康、安全与环境管理体系模式（图 2–3–2）。

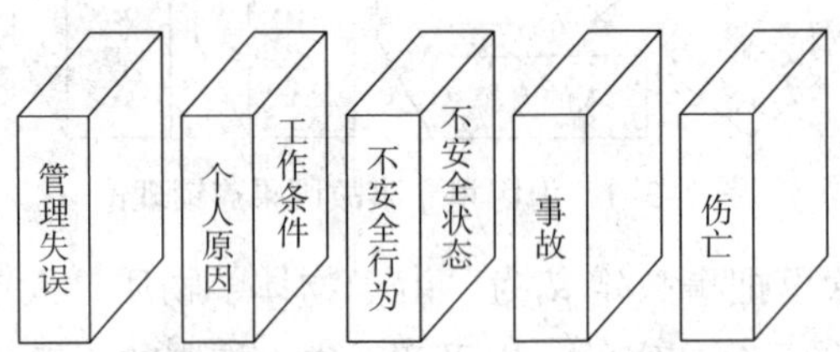

图 2–3–2　健康、安全与环境管理体系模式

（四）能量意外释放理论

1961 年，吉布森（Gibson）提出了事故是一种不正常的或不希望的能量释放，各种形式的能量是构成伤害的直接原因。因此，应该通过控制能量或控制作为能量达及人体媒介的能量载体来预防伤害事故。1966 年，在吉布森研究的基础上，哈登（Harden）完善了能量意外释放理论，提出“人受伤害的原因只能是某种能量的转移”，能量按其形式分可分为动能、势能、热能、电能、化学能、原子能、辐射能（包括：离子辐射和非离子辐射）、声能和生物能等。人受到伤害都可归结为上述一种或若干种能量的不正常或不期望的转移。在能量转移论中，把能量引起的伤害分为两大类。

第一类伤害是由于施加了超过局部或全身性的损伤阈值的能量而产生的。人体各部分对每一种能量都有一个损伤阈值。当施加于人体的能量超过该阈值时，就会对人体造成损伤。大多数伤害均属于此类伤害。例如，在工业生产中，一般都以 36V 为安全电压。这就是说，在正常情况下，当人与电源接触时，由于 36V 在人体所承受的阈值之内，就不会造成任何伤害或伤害极其轻微；而由于 220V 电压大大超过人体的阈值，与其接触，轻则灼伤或某些功能暂时性损伤，重则造成终身伤残甚至死亡。

第二类伤害则是由于影响局部或全身性能量交换引起的。譬如因机械因素或化学因素引起的窒息（如溺水、一氧化碳中毒等）。

能量转移论的另一个重要概念是：在一定条件下，某种形式的能量能否造成伤害及事故，主要取决于人所接触的能量的大小、接触时间的长短、接触的频率、力量的集中程度、受伤害部位及屏障设置的早晚等。

用能量转移的观点分析事故致因的基本方法是：首先确认某个系统内的所有能量源，然后确定可能遭受该能量伤害的人员及伤害的可能严重程度；进而确定控制该类能量不正常转移的方法。

用能量转移的观点分析事故致因的方法，可应用于各种类型的包含、利用、储存任何形式能量的系统，也可以与其他的分析方法综合使用，用来分析、控制系统中能量的利用、储存或流动。但该方法不适用于研究、发现和分析不与能量相关的事故致因，如人失误等。

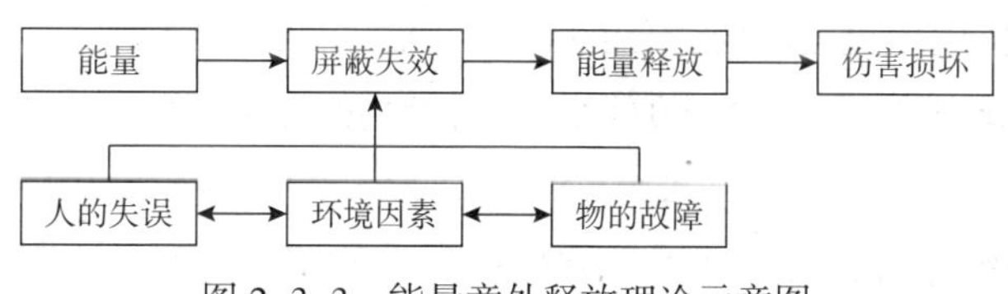

图 2-3-3 能量意外释放理论示意图

能量转移论与其他的事故致因理论相比，具有两个主要优点；一是把各种能量对人体的伤害归结为伤亡事故的直接原因，从而决定了以对能量源及能量输送装置加以控制作为防止或减少伤害发生的最佳手段这一原则；二是依照该理论建立的对伤亡事故的统计分类，是一种可以全面概括、阐明伤亡事故类型和性质的统计分类方法。能量转移论的不足之处是：由于机械能（动能和势能）是工业伤害的主要能量形式，因而使得按能量转移的观点对伤亡事故进行统计分类的方法尽管具有理论上的优越性，在实际应用上却存在困难。它的实际应用尚有待于对机械能的分类作更为深入细致的研究，以便对机械能造成的伤害进行分类。

（五）系统安全理论

在 20 世纪 50 年代 ~ 60 年代美国研制洲际导弹的过程中，系统安全理论应运而生。

系统安全理论包括很多区别于传统安全理论的创新概念：

（1）在事故致因理论方面，改变了人们只注重操作人员的不安全行为，而忽略硬件故障在事故致因中作用的传统观念，开始考虑如何通过改善物的系统可靠性来提高复杂系统的安全性，从而避免事故。

（2）没有任何一种事物是绝对安全的，任何事物中都潜伏着危险因素。通常所说的安全或危险只不过是一种主观的判断。

（3）不可能根除一切危险源，可以减少现有危险源的危险性。要减少总的危险性而不是只消除几种选定的风险。

（4）由于人的认识能力有限，有时不能完全认识危险源及其风险，即使认识了现有的危险源，随着生产技术的发展，新技术、新工艺、新材料和新能源的出现，又会产生新的危险源。安全工作的目标就是控制危险源，努力把事故发生概率降到最低，即使万一发生事故，也可以把伤害和损失控制在较轻的程度上。

三、由事故致因理论得到的结论

（1）事故的发生是偶然的、随机的现象，但又有其必然的统计规律性。

（2）产生事故的原因是多层次的，不能简单地归咎为“违章”，要透过现象看本质，彻底认识事故发生的机理，真正找到防止事故的有效对策。

（3）事故致因的多种因素的组合，可归结为人和物两大系列的运动。要研究人、物都受到哪些因素的作用，以及人物之间的互相匹配方面的问题。

（4）人和物的运动都是在一定的环境（自然环境和社会环境）中进行的，要分析研究环境的影响。

（5）人、物、环境都是受管理因素支配的。人的不安全行为和物的不安全状态是造成事故的直接原因，管理不科学和领导失误才是本质原因。防止发生事故归根结底应从改进管理做起。

第三节　安全生产管理基本原理

安全生产管理作为管理的重要组成部分，遵循管理的普遍规律，既服从管理的基本原理与原则，又有其特殊的原理与原则。安全生产管理原理是从生产管理的共性出发，对生产管理中安全工作的实质内容进行科学分析、综合、抽象与概括所得出的安全生产管理规律；安全生产原则是指在生产管理原理的基础上，指导安全生产活动的通用规则。

一、安全生产管理原理与原则

（一）系统原理

1. 系统原理的含义

系统原理是现代管理学的一个最基本原理。它是指人们在从事管理工作时运用系统理论、观点和方法，对管理活动进行充分的系统分析，以达到管理的优化目标，即用系统论的观点、理论和方法来认识和处理管理中出现的问题。

所谓系统是由相互作用和相互依赖的若干部分组成的有机整体。任何管理对象都可以作为一个系统。系统可以分为若干个子系统，子系统可以分为若干个要素，即系统是由要素组成的。按照系统的观点，管理系统具有 6 个特征，即集合性、相关性、目的性、整体性、层次性和适应性。

安全生产管理系统是生产管理的一个子系统，包括各级安全管理人员、安全防护设备与设施、安全管理规章制度、安全生产操作规范和规程以及安全生产管理信息等。安全贯穿于生产活动的方方面面，安全生产管理是全方位、全天候且涉及全体人员的管理。

2. 运用系统原理的原则

（1）动态相关性原则。动态相关性原则告诉我们，构成管理系统的各要素是运动和发展的，它们相互联系又相互制约。显然，如果管理系统的各要素都处于静止状态，就不会发生事故。

（2）整分合原则。高效的现代安全生产管理必须在整体规划下明确分工，在分工基础上有效综合，这就是整分合原则。运用该原则，要求企业管理者在制定整体目标和进行宏观决策时，必须将安全生产纳入其中，在考虑资金、人员和体系时，都必须将安全生产作为一项重要内容考虑。

（3）反馈原则。反馈是控制过程中对控制机构的反作用。成功、高效的管理，离不开灵活、准确、快速的反馈。企业生产的内部条件和外部环境在不断变化，所以必须及时捕获、反馈各种安全生产信息，以便及时采取行动。

（4）封闭原则。在任何一个管理系统内部，管理手段、管理过程等必须构成一个连续封闭的回路，才能形成有效的管理活动，这就是封闭原则。封闭原则告诉我们，在企业安全生产中，各管理机构之间、各种管理制度和方法之间，必须具有紧密的联系，形成相互制约的回路，才能有效。

（二）人本原理

1. 人本原理的含义

在管理中必须把人的因素放在首位，体现以人为本的指导思想，这就是人本原理。以人为本有两层含义：一是一切管理活动都是以人为本展开的，人既是管理的主体，又是管理的客体，每个人都处在一定的管理层面上，离开人就无所谓管理；二是管理活动中，作为管理对象的要素和管理系统各环节，都需要人掌管、运作、推动和实施。

2. 运用人本原理的原则

（1）动力原则。推动管理活动的基本力量是人，管理必须有能够激发人的工作能力的动力，这就是动力原则。对于管理系统，有 3 种动力，即物质动力、精神动力和信息动力。

（2）能级原则。现代管理认为，单位和个人都具有一定的能量，并且可以按照能量的人小顺序排列，形成管理的能级，就像原子中电子的能级一样。在管理系统中，建立一套合理能级，根据单位和个人能量的大小安排其工作，发挥不同能级的能量，保证结构的稳定性和管理的有效性，这就是能级原则。

（3）激励原则。管理中的激励就是利用某种外部诱因的刺激，调动人的积极性和创造性。以科学的手段，激发人的内在潜力，使其充分发挥积极性、主动性和创造性，这就是激励原则。人的工作动力来源于内在动力、外部压力和工作吸引力。

（三）预防原理

1. 预防原理的含义

安全生产管理工作应该做到预防为主，通过有效的管理和技术手段，减少和防止人的不安全行为和物的不安全状态，这就是预防原理。在可能发生人身伤害、设备或设施损坏和环境破坏的场合，事先采取措施，防止事故发生。

2. 运用预防原理的原则

（1）偶然损失原则。事故后果以及后果的严重程度，都是随机的、难以预测的。反复发生的同类事故，并不一定产生完全相同的后果，这就是事故损失的偶然性。偶然损失原则告诉我们，无论事故损失的大小，都必须做好预防工作。

（2）因果关系原则。事故的发生是许多因素互为因果连续发生的最终结果，只要诱发事故的因素存在，发生事故是必然的，只是时间或迟或早而已，这就是因果关系原则。

（3）3E 原则。造成人的不安全行为和物的不安全状态的原因可归结为 4 个方面：技术原因、教育原因、身体和态度原因以及管理原因。针对这 4 方面的原因，可以采取 3 种防止对策，即工程技术（Engineering）对策、教育（Education）对策和法制（Enforcement）对策，即所谓 3E 原则。

（4）本质安全化原则。本质安全化原则是指从一开始和从本质上实现安全化，从根本上消除事故发生的可能性，从而达到预防事故发生的目的。本质安全化原则不仅可以应用于设备、设施，还可以应用于建设项目。

（四）强制原理

1. 强制原理的含义

采取强制管理的手段控制人的意愿和行为，使个人的活动、行为等受到安全生产管理要求的约束，从而实现有效的安全生产管理，这就是强制原理。所谓强制就是绝对服从，不必经被管理者同意便可采取控制行动。

2. 运用强制原理的原则

（1）安全第一原则。安全第一就是要求在进行生产和其他工作时把安全工作放在一切工作的首要位置。当生产和其他工作与安全发生矛盾时，要以安全为主，生产和其他工作要服从于安全，这就是安全第一原则。

（2）监督原则。监督原则是指在安全工作中，为了使安全生产法律法规得到落实，必须明确安全生产监督职责，对企业生产中的守法和执法情况进行监督。

二、现代企业安全管理的理念

安全不是追求没有危险——把风险程度降为零，而是追求使企业的安全满足安全要求。即在符合法律规定和政府监管、社会认可的前提下，实现“合理的尽可能低”（ALARP）的风险可接受性标准，学术界前沿已经开始使用 Hazard Reduction（风险减少）代替 Safety。

（一）社会责任理念

企业安全生产是经济社会发展的基础、前提和保障，是构建社会主义和谐社会的重要内容。安全发展是科学发展观的重要组成部分。

安全生产，人命关天。当今社会，人民群众对安全生产工作越来越重视。安全事故一旦发生，势必引起国际社会的高度关注，甚至成为社会不稳定因素。安全生产关系到企业的形象，更关系到国家和社会的形象。中国石化的安全生产工作不只是个人的责任、企业的责任，更是社会的责任。

（二）安全生产危机理念。

石油石化“高温高压、易燃易爆、有毒有害、连续作业、链长面广”的行业特点，决定了安全生产始终是我们的头等大事，任何一项设备隐患、制度缺陷、工作疏忽或个人违章，都可能造成重大事故，决定了我们必须永远把安全摆在首位，一时一刻不能放松。任何一个小的事故，都有可能会毁掉一个企业。

（三）“谁主管、谁负责”的责任理念

在落实安全生产责任方面，坚持“谁主管、谁负责”的原则，实施“全员、全过程、全方位、全天候”的安全过程监督管理。企业主要负责人是本单位安全生产工作第一责任人，对安全生产工作负总责。每个班子成员对主管业务板块的安全负责，“谁主管哪块具体业务，谁就应该对这个板块的安全工作负责”。职能部门层面也是如此。

安全工作是一项系统工程，需要各方面、各部门齐抓共管，从本部门分管业务的角度落实安全工作，使安全工作“横向到边、纵向到底”。安全绝不只是安全部门的自己责任。安全部门是监督、管理、协调部门，不是责任部门，安全部门更多地承担的是安全管理的责任，不是事故的直接责任部门。因此，各级领导干部一定要有清醒的认识，要通过不懈努力，切实使我们每一名班子成员、每一名管理干部真正认识到自己岗位的安全责任，形成“人人对安全负责”、共担安全责任的良好氛围。就是要倡导一种“责任在我”的企业文化，每 个人都有责任把安全工作抓好。

（四）“以人为本”的理念

人是安全生产的实践主体，是安全生产系统中最关键的一环。安全生产必须坚持以人为本。安全生产必须“为了人、尊重人、依靠人”作为根本目的。以人为本首先要以人的生命健康为本，关爱生命比什么都重要！从这个意义上说，安全生产的出发点、落

脚点就是要确保人的生命安全和身心健康。中国石化历年的上报安全事故，主要也是因为违章作业、违章指挥造成的。特别是近三年以来的事故，百分之百是“三违”，大部分是人的因素，绝大部分是因为没有执行制度和执行制度不严格造成的，而制度得不到很好执行的主要原因还在于部分干部职工的责任心不到位。所以，要坚持“预防为主、防治结合、分类管理、综合治理”的方针，坚持“以人为本，健康至上”的原则，严格执行国家有关法律法规、标准制度，稳步推进职业健康工作迈上新台阶，实现“安全体面工作，健康舒适生活”的目标。

（五）事故预防理念

从事故分类来看，事故分为自然灾害和人为事故两类。自然灾害泛指由自然灾害造成的事故，如地震、洪水、滑坡、龙卷风等引起的事故。受人类对大自然认识不足的限制，目前这类事故还不能完全避免。而人为事故则是指由人为因素而造成的事故，这类事故既然是人为因素引起的，原则上就能预防。

从石油化工企业历年上报事故来看，绝大多数都是人为因素造成的。人为因素包括两方面，一是直接作业人员的违章，二是管理方面存在漏洞。如果我们加强了对一线作业人员的技能培训，消除了管理漏洞，事故是可以避免的。

（六）应急管理的理念

应急管理是安全工作的重要组成部分，是提高应对突发事件，以及应对突发事件、事故造成的灾难的能力的一个重要方面。突发事件（事故）处理得好就可能将损失减低到最低程度，处置不好就有可能导致灾难性的次生事故。

（七）事故责任追究理念

从事故中吸取教训是安全生产工作的一个重要方面。要坚持“小事故当大事故对待、未遂事故按已发事故要求”的原则，不断加强对安全事故（事件）的调查处理工作。在管理理念上，“任何安全事故都是可以避免的”。出了事故并不可怕，可怕的是出了事故找不出真正原因，这就更谈不上有针对性地吸取事故教训，避免导致类似事故重复发生。在事故调查处理上，强调“事故原因要水落石出、吸取教训要刻骨铭心、事故处理要切肤之痛、事故整改要举一反三”。“任何事故的发生，背后都有管理上的原因”，要认真分析事故暴露出来的管理漏洞、制度缺陷，进而制定有针对性的防范措施，堵塞管理漏洞，这样才能真正吸取事故教训，才能避免类似事故重复发生。在未遂事故的管理上，处理是一个方面，奖励是另外一个方面。凡是对未遂事故处理非常得当的那些人要重奖。

第三篇

技术技能篇

第一章　生产安全技术

第一节　防火防爆

石油天然气勘探开发、处理、储运过程中，介质的易燃易爆，导致生产环境一般具有易燃易爆、高温高压、易产生有毒有害的物质等特点，工艺装置和储运设备设施大型化、工艺参数复杂，极易发生火灾和爆炸事故。

一、燃烧与火灾

（一）燃烧

燃烧是可燃物与助燃物相互作用，同时伴有发光、放热效应的激烈的化学反应。燃烧反应在本质上属于氧化－还原反应。

燃烧反应的三个特征就是有新的物质生成、发光、发热，这三个特征是区分燃烧与非燃烧现象的依据。

燃烧反应的发生必须具备的三个条件，既具有可燃物、助燃物、点火源，通常称此三条件为燃烧三要素。只有具备了这三要素，且三者相互结合，相互作用，并在一定条件下，燃烧才能发生。缺少三要素中的任何一个要素，燃烧就不能发生。

（二）燃烧的过程和形式

1. 燃烧过程

可燃物质的聚集状态不同，其受热后所发生的燃烧过程也不同。除结构简单的可燃气体（如氢气）外，大多数可燃物质的燃烧并非是物质本身在燃烧，而是物质受热分解出的气体或液体蒸气在气相中的燃烧。

由可燃物质燃烧过程可以看出，可燃气体最容易燃烧，其燃烧所需要的热量只用于本身的氧化分解，并使其达到自燃点而燃烧。可燃液体首先蒸发成蒸气，其蒸气进行氧化分解后达到自燃点而燃烧。在固体燃烧中，如果是简单物质硫、磷等，受热质首先熔化，蒸发成蒸气进行燃烧，没有分解过程。如果是复杂物质，在受热时首先分解为气态或液态产物，其气态和液态产物的蒸气进行氧化分解着火燃烧。有的可燃固体如焦炭等，不能分解为气态物质，在燃烧时则呈炽热状态，没有火焰产生。

可燃物质的燃烧过程包括吸热、放热的化学过程和传热的物理过程。在燃烧发生的整个过程中，热量通过热传导、热辐射和热对流三种方式进行传播。在凝聚相中，主要是吸热过程，而在气相燃烧中则是放热过程。大多数情况下，凝聚相中发生的过程是靠气相燃烧放出的热量来实现的，在所有反应区域内，若放热量大于吸热量，燃烧持续进行，反之燃烧则中断。

2. 燃烧形式

根据可燃物质的聚集状态不同，燃烧可分为 4 种形式。

（1）扩散燃烧。可燃气体（氢、甲烷、乙炔以及苯、酒精、汽油蒸气等）从管道、容器的裂缝流向空气时，可燃气体分子与空气分子互相扩散、混合，混合浓度达到爆炸极限范围内的可燃气体遇到火源即着火并能形成稳定火焰的燃烧，称为扩散燃烧。

（2）混合燃烧。可燃气体和助燃气体在管道、容器和空间扩散混合，混合气体的浓度在爆炸范围内，遇到火源即发生燃烧，称为混合燃烧。煤气、液化石油气泄漏后遇到明火发生的燃烧爆炸即是混合燃烧，失去控制的混合燃烧往往能造成重大的经济损失和人员伤亡。

（3）蒸发燃烧。可燃液体在火源和热源的作用下，蒸发出的蒸气发生氧化分解而进行的燃烧，称为蒸发燃烧。

（4）分解燃烧。可燃物质在燃烧过程中首先遇热分解出可燃性气体，分解出的可燃性气体再与氧进行的燃烧，称为分解燃烧。

3. 燃烧的其他形式及参数

（1）闪燃。可燃物表面或可燃液体上方在很短时间内重复出现火焰一闪即灭的现象。闪燃往往是持续燃烧的先兆。

（2）阴燃。没有火焰和可见光的燃烧。

（3）爆燃。伴随爆炸的燃烧波，以亚音速传播。

（4）自燃。是指可燃物在空气中没有外来火源的作用下，靠自热或外热而发生燃烧的现象。根据热源的不同，物质自燃分为自热自燃和受热自燃两种。

（5）闪点。在规定条件下，材料或制品加热到释放出的气体瞬间着火并出现火焰的最低温度。闪点是衡量物质火灾危险性的重要参数。一般情况下闪点越低，火灾危险性越大。

（6）燃点。在规定的条件下，可燃物质产生自燃的最低温度。燃点对可燃固体和闪点较高的液体具有重要意义，在控制燃烧时，需将可燃物的温度降至其燃点以下。一般情况下燃点越低，火灾危险性越大。

（7）自燃点。在规定条件下，不用任何辅助引燃能源而达到引燃的最低温度。液体和固体可燃物受热分解并析出来的可燃气体挥发物越多，其自燃点越低。固体可燃物粉碎得越细，其自燃点越低。一般情况下，密度越大，闪点越高而自燃点越低。比如，下列油品的密度：汽油＜煤油＜轻柴油＜重柴油＜蜡油＜渣油，而其闪点依次升高，自燃点则依次降低。

（8）引燃能、最小点火能。引燃能是指释放能够触发初始燃烧化学反应的能量，也叫最小点火能，影响其反应发生的因素包括温度、释放的能量、热量和加热时间。

（9）着火延滞期（诱导期）。对着火延滞期时间一般有下列 2 种描述：着火延滞期时间指可燃性物质和助燃气体的混合物在高温下从开始暴露到起火的时间；混合气着火前自动加热的时间称为诱导期，在燃烧过程中又称为着火延滞期或着火落后期，单位用 ms 表示。

（三）火灾及分类

1. 火灾

《消防词汇第一部分：通用术语》（GB/T 5907.1—2014）将火灾定义为：在时间和空间上失去控制的燃烧。

2. 火灾的分类

《火灾分类》（GB/T 4968—2008）按物质的燃烧特性将火灾分为 6 类：

A 类火灾，指固体物质火灾，这种物质通常具有有机物质，一般在燃烧时能产生灼热灰烬，如木材、棉、毛、纸张火灾等。

B 类火灾，指液体火灾和可熔化的固体物质火灾，如汽油、煤油、柴油、原油、甲醇、乙醇、沥青、石蜡火灾等。

C 类火灾，指气体火灾，如煤气、天然气、甲烷、乙烷、丙烷、氢气火灾等。

D 类火灾，指金属火灾，如钾、钠、镁、铝镁合金火灾等。

E 类火灾，指带电设备火灾。带电设备或电气线路发生火灾后，通常用干粉或二氧化碳扑救，不可用水或泡沫等能够导电的灭火剂扑救。

F 类火灾，指烹饪器具内烹饪物火灾，如动植物油脂等。

（四）火灾发展规律

典型火灾事故的发展可分为初起期（冒烟、阴燃）、发展期（轰燃就发生在这一阶段）、最盛期（通风控制火灾）、减弱期和熄灭期。

初起期是火灾开始发生的阶段，这一阶段可燃物的热解过程至关重要，主要特征是冒烟、阴燃。

发展期是火势由小到大发展的阶段，一般采用 T 平方特征火灾模型来简化描述该阶段非稳态火灾热释放速率随时间的变化，即假定火灾热释放速率与时间的平方成正比，轰燃就发生在这一阶段。

最盛期的火灾燃烧方式是通风控制火灾，火势的大小由建筑物的通风情况决定。

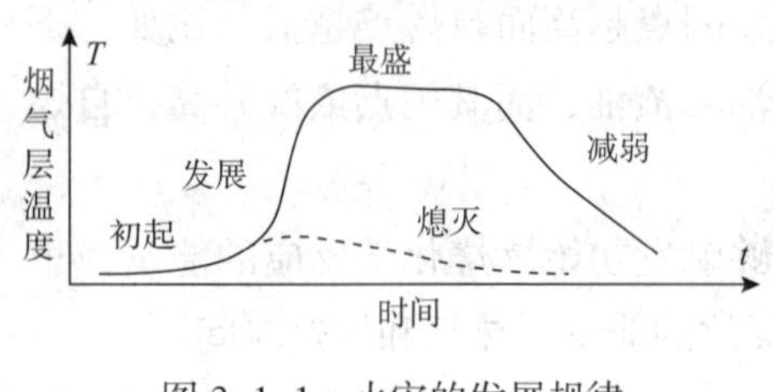

图 3-1-1　火灾的发展规律

熄灭期是火灾由最盛期开始消减直至熄灭的阶段，熄灭的原因可以是燃料不足、灭火系统的作用等。

由于建筑物内可燃物、通风等条件的不同，建筑火灾有可能达不到最盛期，而是缓慢发展后就熄灭了。典型的火灾发展过程如图 3-1-1 所示。

二、爆炸

（一）爆炸及分类

1. 爆炸

爆炸是物质系统的一种极为迅速的物理或化学能量释放或转化过程，是系统蕴藏或瞬间形成的大量能量在有限的体积和极短的时间内，骤然释放或转化的现象。在这种释放和转化的过程中，系统的能量转化为机械功、光和热辐射等。

爆炸最主要的特征是爆炸点及其周围压力急剧升高。爆炸可以由不同的原因引起，但不管是何种原因引起的爆炸，归根结底必须有一定的能量。

爆炸过程表现为两个阶段：在第一阶段中，物质的（或系统的）潜在能以一定的方式转化为强烈的压缩能；第二阶段，压缩物质急剧膨胀，对外做功，从而引起周围介质的变化和破坏。不管由何种能源引起的爆炸，它们都同时具备两个特征，即能源具有极大的密度和极大的能量释放速度。

2. 爆炸的分类

（1）按照能量的来源，爆炸可分为三类：物理爆炸、化学爆炸和核爆炸。

①物理爆炸是物质状态参数迅速发生变化，在瞬间放出大量能量并对外做功的现象。如气体或液化气体钢瓶、锅炉和压力容器超压爆炸等。

②化学爆炸是物质由一种化学结构迅速转变为另一种化学结构，在瞬间放出大量能量并对外做功的现象。如可燃气体、蒸气或粉尘与空气形成的爆炸性混合物质的爆炸。

③核爆炸的能量相当于数万吨到数千万吨 TNT（黑色炸药）的爆炸的能量，可形成数百万到数千万度的高温，爆炸中心产生数百万兆帕的高压。

（2）按照爆炸反应相的不同，爆炸可分为气相爆炸、液相爆炸、固相爆炸三类。

①气相爆炸。包括可燃性气体和助燃性气体混合物的爆炸；气体的分解爆炸；喷雾爆炸（液体被喷成雾状物在剧烈燃烧时引起的爆炸）；飞扬悬浮于空气中的可燃粉尘引起的爆炸等。

气相爆炸举例见表 3-1-1。

表 3-1-1 气相爆炸举例

类别	爆炸机理	举例
混合气体爆炸	可燃性气体和助燃气体以适当的浓度混合，由于燃烧波或爆炸的传播而引起的爆炸	空气和氢气、丙烷、乙醚等混合气的爆炸
气体的分解爆炸	单一气体由于分解反应产生大量的反应热引起的爆炸	乙炔、乙烯、氯乙烯等在分解时引起的爆炸
粉尘爆炸	空气中飞散的易燃性粉尘，由于剧烈燃烧引起的爆炸	空气中飞散的铝粉、镁粉、亚麻、玉米淀粉等引起的爆炸
喷雾爆炸	空气中易燃液体被喷成雾状物，在剧烈燃烧时引起的爆炸	油压机喷出的油雾、喷漆作业引起的爆炸

②液相爆炸。包括聚合爆炸、蒸发爆炸以及由不同液体混合所引起的爆炸。例如硝酸和油脂，液氧和煤粉等混合时引起的爆炸；熔融的矿渣与水接触或钢水包与水接触时，由于过热发生快速蒸发引起的蒸汽爆炸等。

③固相爆炸。包括爆炸性化合物及其他爆炸性物质的爆炸（如乙炔铜的爆炸）；导线因电流过载，由于过热，金属迅速气化而引起的爆炸等。

无论是固体或液体爆炸物，还是气体爆炸混合物，都可以在一定的条件下进行燃烧，但当条件变化时，它们又可转化为爆炸。一般说来，火灾与爆炸两类事故往往连续发生。大的爆炸之后常伴随有巨大的火灾。

（二）爆炸的破坏作用

1. 冲击波

爆炸形成的高温、高压、高能量密度的气体产物，以极高的速度向周围膨胀，强烈压缩周围的静止空气，使其压力、密度和温度突跃升高，像活塞运动一样推向前进，产生波状气压向四周扩散冲击。这种冲击波能造成附近建筑物的破坏，其破坏程度与冲击波能量的大小有关，与建筑物的坚固程度及其与产生冲击波的中心距离有关。

2. 碎片冲击

爆炸的机械破坏效应会使容器、设备、装置以及建筑材料等的碎片，在相当大的范围内飞散而造成伤害。碎片的飞散距离一般可达数十道到数百米。

3. 震荡作用

爆炸发生时，特别是较猛烈的爆炸往往会引起短暂的地震波。在爆炸波及的范围内，地震波会造成建筑物的震荡、开裂、松散倒塌等危害。

4. 次生事故

发生爆炸时，如果车间、库房里存放有可燃物，会造成火灾；高空作业人员受冲击波或震荡作用，会造成高处坠落事故；粉尘作业场所轻微的爆炸冲击波会使积存在地面上的粉尘扬起，造成更大范围的二次爆炸等。

三、防火防爆

（一）火灾爆炸预防基本原则

1. 防火基本原则

（1）以不燃溶剂代替可燃溶剂。

（2）密闭和负压操作。

（3）通风除尘。

（4）惰性气体保护。

（5）采用耐火建筑材料。

（6）严格控制火源。

（7）阻止火焰的蔓延。

（8）抑制火灾可能发展的规模。

（9）组织训练消防队伍和配备相应消防器材。

2. 防爆基本原则

（1）防止爆炸性混合物的形成。

（2）严格控制火源。

（3）及时泄出燃爆开始时的压力。

（4）切断爆炸传播途径。

（5）减弱爆炸压力和冲击波对人员、设备和建筑的损坏。

（6）检测报警。

（二）点火源及控制

生产过程中，消除点火源是防火防爆的最基本措施。常见点火源有明火、热辐射、高温表面、摩擦和撞击、绝热压缩、电气设备及线路的过热和火花、静电放电、雷击和日光照射，以及化学反应热、化工原料的分解自燃等。

1. 明火

明火是指敞开的火焰、火星和火花等，如生产过程中的加热用火、维修焊接用火及其他火源是导致火灾爆炸最常见的原因。

（1）加热用火的控制。加热易燃物料时，要尽量避免采用明火设备，而宜采用热水或其他介质间接加热。明火加热设备的布置，应远离可能泄漏易燃气体或蒸气的工艺设备和储罐区，并应布置在其上风向或侧风向。对于有飞溅火花的加热装置，应布置在上述设备的侧风向。如果存在一个以上的明火设备，应将其集中于装置的边缘。如必须采用明火，设备应密闭且附近不得存放可燃物质。熬炼物料时，不得盛装过满，应留出一定的空间。工作结束时，应及时清理不得留下火种。

（2）维修焊割用火的控制。焊接切割时，飞散的火花及金属熔融碎粒的温度高达1500~2000℃，高空作业时飞散距离可达20m远。此类用火除用于正常停工、检修外，还往往被用来处理生产过程中临时堵漏，或在生产现场增加必要的设施，所以这类作业多为临时性的，容易成为起火原因。

（3）其他明火。存在火灾和爆炸危险的场所，如油气场站、厂房、仓库、油库等地，不得使用蜡烛、火柴或普通灯具照明；汽车、拖拉机一般不允许进入。在有爆炸危险的车间和仓库内，禁止吸烟和携带火柴、打火机等，为此，应在醒目的地方张贴警示标记以引起注意。明火与有火灾爆炸危险的厂房和仓库相邻时，应保证足够的安全距离。

2. 摩擦和撞击

摩擦和撞击往往是可燃气体、蒸气和粉尘、爆炸物品等着火爆炸的根源之一。例如机器轴承的摩擦发热、铁器和机件的撞击、钢铁工具的相互撞击、砂轮的摩擦等都能引起火灾；甚至铁桶容器裂开时，亦能产生火花，引起逸出的可燃气体或蒸气着火。

在易燃易爆场合应避免这种现象的发生，如工人应禁止穿钉鞋，不得使用铁器制品。搬运储存可燃物体和易燃液体的金属容器时，应当用专门的运输工具，禁止在地面上滚动、拖拉或抛掷，并防止容器的互相撞击，以免产生火花引起燃烧或容器爆裂造成事故。吊装可燃易爆物料用的起重设备和工具，应经常检查，防止吊绳等断裂下坠发生危险。如果机器设备不能用不发生火花的各种金属制造，应当使其在真空中或惰性气体中操作。机器的轴承等转动部分，应该有良好的润滑，并经常清除附着的可燃物污垢。敲打工具应用铍铜合金或包铜的钢制作。输送可燃气体或易燃液体的管道应做耐压试验和气密性检查，以防管道破裂、接口松脱而跑漏物料，引起着火。

3. 电气设备

电气设备或线路出现危险温度、电火花和电弧时，就成为引起可燃气体、蒸气和粉尘着火、爆炸的一个主要着火源。电气设备发生危险温度是由于在运行过程中设备和线路的短路、接触电阻过大、超负荷或通风散热不良等造成的。电火花可分为工作火花和事故火花两类，前者是电气设备（如直流电焊机）正常工作时产生的火花，后者是电气设备和线路发生故障或错误作业出现的火花。电火花一般具有较高的温度，特别是电弧的温度可达5000~6000℃，不仅能引起可燃物质燃烧，还能使金属熔化飞溅，构成危险的火源。

4. 静电放电

生产工艺过程中产生的静电电压可达到几万伏以上，可造成电击事故，引起爆炸，造成严重的危害或灾害。为防止静电放电火花引起的燃烧爆炸，可根据生产过程中的具体情况采取相应的防静电措施。如控制流速；保持良好接地；采用静电消散技术；人体静电防护以及其他技术。增大厂房或设备内空气的湿度，也是防止静电的基本措施之一。当相对湿度在65%~70%以上时，能防止静电的积累。对于不会因空气湿度而影响产品质量的生产，可用喷水或喷水蒸气的方法增加空气湿度。

5. 化学能和太阳能

有些物质在常温下能与空气发生氧化反应放出热量而引起自燃，应特别注意防热、通风。直射的太阳光通过凸透镜、圆形玻璃瓶、有气泡的玻璃等会聚焦形成高温焦点，能够点燃易燃易爆物质。有爆炸危险的厂房和库房必须采取遮阳措施，窗户采用磨砂玻璃，以避免形成点火源。

（三）爆炸的控制

在生产过程中，应根据可燃易燃物质的燃烧爆炸特性，以及生产工艺和设备等的条件，采取有效的措施，预防在设备和系统里或在其周围形成爆炸性混合物，防止可燃气向空气中泄漏，或防止空气进入可燃气体中；控制、监视混合气体各组分浓度；装设报警装置和设施。主要措施有设备密闭、厂房通风、惰性介质保护、以不燃溶剂代替可燃溶剂、危险物品隔离储存等。

1. 惰性气体保护

由于爆炸的形成需要有可燃物质、氧气以及一定的点火能量，用惰性气体取代空气，避免空气中的氧气进入系统，就消除了引发爆炸的一大因素，从而使爆炸过程不能形成。在生产中，采用的惰性气体（或阻燃性气体）主要有氮气、二氧化碳、水蒸气、烟道气等。

2. 系统密闭和正压操作

设备密闭不良是发生火灾和爆炸事故的主要原因之一。装盛可燃易爆介质的设备和管道系统，如果气密性不好，就会由于介质的流动性和扩散性，造成跑、冒、滴、漏现象，逸出的可燃易爆物质，在设备和管路周围空间形成爆炸性混合物。同样的道理，当设备或系统处于负压状态时，空气就会渗入，使设备或系统内部形成爆炸性混合物。容易发生可燃易燃物质泄漏的部位主要有设备的转轴与壳体或墙体的密封处，设备的各种孔（人孔、手孔、清扫孔）盖及封头盖与主体的连接处，以及设备与管道、管件的各个连接处等。

3. 厂房（作业环境）通风

要使设备达到绝对密闭是很难办到的，总会有一些可燃气体、蒸气或粉尘从设备系统中泄漏出来，而且生产过程中某些工艺（如喷漆）会大量释放可燃性物质。因此，必须用通风的方法使可燃气体、蒸气或粉尘的浓度不致达到危险的程度，一般应控制在爆炸下限 1/5 以下。如果挥发物既有爆炸性又对人体有害，其浓度应同时控制到满足《工业企业设计卫生标准》的要求。

4. 以不燃溶剂代替可燃溶剂

以不燃或难燃的材料代替可燃或易燃材料，是防火与防爆的根本性措施。因此，在满足生产工艺要求的条件下，应当尽可能地用不燃溶剂或火灾危险性小的物质代替易燃溶剂或火灾危险性较大的物质，这样可防止形成爆炸性混合物，为生产创造更为安全的条件。常用的不燃溶剂主要有甲烷和乙烷的氯衍生物，如四氯化碳、三氯甲烷和三氯乙烷等。不燃溶剂饱和蒸气压越大，蒸发速度越快，闪点越低，则火灾危险性越大；沸点较高（例如沸点在110℃以上）的液体，在常温（18~20℃）时所挥发出来的蒸气是不会达到爆炸危险浓度的。

5. 危险物品的储存

性质相互抵触的危险化学物品如果储存不当，往往会酿成严重的事故。

各种危险化学品的性质不同，储存条件也不相同。为防止不同性质物品在储存中相互接触而引起火灾和爆炸事故，禁止一起储存的物品见表 3-1-2。

表 3-1-2　禁止一起储存的物质

组别	物品名称	禁止储存的物品	备注
1	爆炸物品：苦味酸、TNT、硝化棉、硝化甘油、硝铵炸药、雷汞等	不准与任何其他类物质共储，必须单独隔离储存	起爆药、雷管与炸药必须隔离储存
2	易燃液体：汽油、苯、二硫化碳、丙酮、乙醚、甲苯、酒精、硝基漆、煤油	不准与其他种类物品共同储存	如数量甚少，允许与固体易燃物品隔开后存放
3	易燃气体：乙炔、氢、氯化甲烷、硫化氢、氨等	除惰性气体外，不准和其他种类的物品共储	
	惰性气体：氢、二氧化碳、二氧化硫、氟利昂等	除易燃气体、助燃气体、氧化剂和有毒物品外，不准和其他种类物品共储	
	助燃气体：氧、氟、氯等	除惰性气体和有毒物品外，不准和其他种类物品共储	氯兼有毒害性
4	遇水或空气能自燃物品：钾、钠、电石、磷化钙、锌粉、铝粉、黄磷等	不准与其他种类物品共储	钾、钠须浸入石油中，黄磷浸入水中，均单独储存
5	易燃固体：赛璐珞、电影胶片、赤磷、萘、樟脑、硫黄、火柴等	不准与其他种类物品共储	赛璐珞、胶片、火柴均须单独储存
6	氧化剂：能形成爆炸混合物物品、氯酸钾、氯酸钠、硝酸钾、硝酸钠、硝酸钡、次硝酸钙、亚硝酸钠、过氧化钠、过氧化氢（30%）	除惰性气体外，不准与其他种类物品共储	过氧化物遇水有发热爆炸危险，应单独储存
	能引起燃烧的物品：溴、硝酸、铬酸、高锰酸钾、重硝酸钾	不准与其他种类物品共储	与氧化剂隔离储存
7	有毒物品：光气、三氧化二砷、氯化钾、氯化钠等	除惰性气体外，不准与其他种类物品共储	

6. 防止容器或室内爆炸

（1）抗爆容器。在符合一定结构要求的前提下，即使容器和设备没有附加的防护措施，也能承受一定的爆炸压力。若选择这种结构形式的设备在剧烈爆炸下没有被炸碎，而只产生部分变形，那么设备的操作人员就可以安然无恙，这也就达到了最重要的防护目的。

（2）爆炸卸压。通过固定开口及时进行泄压，则容器内部就不会产生高爆炸压力，因而也就不必使用能抗这种高压的结构。把没有燃烧的混合物和燃烧的气体排放到大气里去，就可把爆炸压力限制在容器材料强度所能承受的某一数值。卸压装置可分为一次性（如爆破膜）和重复使用的装置（如安全阀）。

（3）房间泄压。它主要是用来保护容器和装置的，能使被保护设备不被炸毁和使用人员不受伤害。它可用卸压措施来保护房间，但不能保护房间里的人。这种情况下，房间内的设施必须是遥控的，并在运行期间严禁人员进入房间。一般可以通过窗户、外墙和建筑物的房顶来进行卸压。

7. 爆炸抑制

爆炸抑制系统由能检测初始爆炸的传感器和压力式的灭火剂罐组成，灭火剂罐通过传感装置动作，在尽可能短的时间内，把灭火剂均匀地喷射到应保护的容器里，于是爆炸燃烧被扑灭，控制住爆炸的发生。爆炸燃烧能自行进行检测，并在停电后的一定时间里仍能继续进行工作。

四、防火防爆安全装置

防火防爆安全装置，可分为阻火隔爆装置与防爆泄压装置两大类。

（一）阻火及隔爆装置

阻火隔爆是通过某些隔离措施防止外部火焰窜入存有可燃爆炸物料的系统、设备、容器及管道内，或者阻止火焰在系统、设备、容器及管道之间蔓延。按照作用机理，可分为机械隔爆和化学抑爆两类。机械隔爆是依靠某些固体或液体物质阻隔火焰的传播；化学抑爆主要是通过释放某些化学物质来抑制火焰的传播。

机械阻火隔爆装置主要有工业阻火器、主动式隔爆装置和被动式隔爆装置等。其中工业阻火器装于管道中，形式最多，应用也最为广泛。

1. 工业阻火器

工业阻火器分为机械阻火器、液封和料封阻火器。工业阻火器常用于阻止爆炸初期火焰的蔓延。一些具有复合结构的机械阻火器也可阻止爆轰火焰的传播。

2. 主动式隔爆装置

主动式（监控式）隔爆装置由一灵敏的传感器探测爆炸信号，经放大后输出给执行机构，控制隔爆装置喷洒抑爆剂或关闭阀门，从而阻隔爆炸火焰的传播。

3. 被动式隔爆装置

被动式隔爆装置是由爆炸波来推动隔爆装置的阀门或闸门来阻隔火焰。

被动式隔爆装置主要有自动断路阀、管道换向隔爆等形式。

主动式、被动式隔爆装置是靠装置某一元件的动作来阻隔火焰，这与工业阻火器靠本身的物理特性来阻火是不同的。工业阻火器在工业生产过程中时刻都在起作用，对流体介质的阻力较大，而主、被动式隔爆装置只是在爆炸发生时才起作用，因此它们在不动作时对流体介质的阻力小，有些隔爆装置甚至不会产生任何压力损失。另外，工业阻火器对于纯气体介质才是有效的，对气体中含有杂质（如粉尘、易凝物等）的输送管道，应当选用主、被动式隔爆装置为宜。

4. 其他阻火隔爆装置

（1）单向阀。单向阀又称止逆阀，止回阀。它的作用是仅允许液体（气体或液体）向一个方向流动，遇到倒流时即自行关闭，从而避免在燃气或燃油系统中发生液体倒流，或高压窜入低压造成容器管道的爆裂，或发生回火时火焰倒吸和蔓延等事故。在生产上，通常在系统中流体的进口和出口之间，与燃气或燃油管道及设备相连接的辅助管线上，高压与低压系统之间的低压系统上，或压缩机与油泵的出口管线上安置单向阀。生产中用的单向阀有升降式、摇板式、球式等几种。

（2）阻火阀门。阻火阀门是为了阻止火焰沿通风管道或生产管道蔓延而设置的阻火装置。在正常情况下，阻火闸门受环状或者条状的易熔金属的控制，处于开启状态。一旦着火，温度升高，易熔金属即会熔化，此时闸门失去控制，受重力作用自动关闭，将火阻断在闸门一边。易熔金属元件通常由铋、铅、锡、汞等金属按一定比例组成的低熔点金属制成。由于赛璐珞、尼龙、塑料等有机材料在高温时也容易燃烧或者失去强度，所以也有用这类材料代替易熔合金来控制阻火阀门。

（3）火星熄灭器（防火罩、防火帽）。由烟道或车辆尾气排放管飞出的火星也可能引起火灾。因此，通常在可能产生火星设备的排放系统，如加热炉的烟道，汽车、拖拉机的尾气排放管上等，安装火星熄灭器，用以防止飞出的火星引燃可燃物料。

5. 化学抑制防爆（简称化学抑爆、抑制防爆）装置

化学抑爆是在火焰传播显著加速的初期通过喷洒抑爆剂来抑制爆炸的作用范围及猛烈程度的一种防爆技术。它可用于在装有气相氧化剂中可能发生爆燃的气体、油雾或粉尘的任何密闭设备。常用的抑爆剂有化学粉末、水、卤代烷和混合抑爆剂等。

（二）防爆泄压装置

生产系统内一旦发生爆炸或压力骤增时，可通过防爆泄压设施将超高压力释放出去，以减少巨大压力对设备、系统的破坏或者减少事故损失。防爆泄压装置主要有安全阀、爆破片、防爆门等。

1. 安全阀

安全阀的作用是为了防止设备和容器内压力过高而爆炸，包括防止物理性爆炸和化学性爆炸。当容器和设备内的压力升高超过安全规定的限度时，安全阀即自动开启，泄出部分介质，降低压力至安全范围内再自动关闭，从而实现设备和容器内压力的自动控制，防止设备和容器的破裂爆炸。安全阀在泄出气体或蒸气时，产生动力声响，还可起

到报警的作用。

安全阀按其结构和作用原理可分为杠杆式、弹簧式和脉冲式等。按气体排放方式分为全封闭式、半封闭式和敞开式三种。安全阀的分类、作用原理、结构特点及适用范围，见表 3–1–3。

表 3–1–3 安全阀的分类、作用原理、结构特点及适用范围

<table>
<tr><th>分类方式</th><th>类别</th><th>作用原理</th><th>结构特点及使用范围</th></tr>
<tr><td rowspan="12">按整体结构及加载方式</td><td rowspan="6">杠杆式</td><td rowspan="6">利用加载机构（重锤和杠杆）来平衡介质作用载阀瓣上的力</td><td>加载机构中重锤质量和位置的变化可以获得较大的开启或关闭力，调整容易且较准确</td></tr>
<tr><td>所加载不因阀瓣的升高而增加</td></tr>
<tr><td>加载机构对振动敏感，常因振动产生泄漏</td></tr>
<tr><td>结构简单但笨重，限于中、低压系统</td></tr>
<tr><td>适于温度较高的系统</td></tr>
<tr><td>不适于持续运行的系统</td></tr>
<tr><td rowspan="5">弹簧式</td><td rowspan="5">利用压缩弹簧力来平衡介质作用在载阀瓣上的力</td><td>通过调整螺母来调整弹簧压缩量，从而按需来校正安全阀的开启压力</td></tr>
<tr><td>弹簧力随阀的开启高度而变化，不利于阀的迅速开启</td></tr>
<tr><td>结构紧凑，灵敏度较高，安装位置无严格限制，应用广泛</td></tr>
<tr><td>对振动的敏感性小，可用于移动式的压力容器</td></tr>
<tr><td>长期高温会影响弹簧力，不适用于高温系统</td></tr>
<tr><td>脉冲式</td><td>通过辅阀上的加载机构（杠杆式或弹簧式）动作产生的脉冲作用带动主阀动作</td><td>结构复杂，适用于安全泄放量很大的系统或用于高压系统</td></tr>
<tr><td rowspan="3">按气体排放方式</td><td>全封闭式</td><td></td><td>排出的气体全部通过排放管排放，介质不外泄，主要用于储存有毒或易燃气体的系统</td></tr>
<tr><td>半封闭式</td><td></td><td>排出的气体部分通过排气管排放，其他部分从阀盖或阀杆之间的空隙漏出，用于存有对环境无害气体的系统</td></tr>
<tr><td>敞开式</td><td></td><td>没有安装排气管的连接结构，排出的气体从安全阀出口直接排到大气中。多用于存有压缩空气、水蒸气的系统</td></tr>
</table>

2. 爆破片（又称防爆膜、防爆片）

爆破片是一种断裂型的安全泄压装置，当设备、容器及系统因某种原因压力超标时，爆破片即被破坏，使过高的压力泄放出来，以防止设备、容器及系统受到破坏。爆破片与安全阀的作用基本相同，但安全阀可根据压力自行开关，如一次因压力过高开启泄放后，待压力正常即自行关闭；而爆破片的使用则是一次性的，如果被破坏，需要重新安装。

爆破片的另一个作用是，如果压力容器的介质不洁净、易于结晶或聚合，这些杂

质或结晶体有可能堵塞安全阀，使得阀门不能按规定的压力开启，失去了安全阀泄压作用，在此情况下就只得用爆破片作为泄压装置。此外，对于工作介质为剧毒气体或可燃气体（蒸气）里含有剧毒气体的压力容器，其泄压装置也应采用爆破片而不宜用安全阀，以免污染环境。因为对于安全阀来说，微量的泄漏是难免的。

爆破片爆破压力的选定，一般为设备、容器及系统最高工作压力的1.15~1.3倍。压力波动幅度较大的系统，其比值还可增大。但是任何情况下，爆破片的爆破压力均应低于系统的设计压力。

3. 防爆门（窗）

防爆门（窗）一般设置在使用油、气或燃烧煤粉的燃烧室外壁上，在燃烧室发生爆燃或爆炸时用于泄压，以防设备遭到破坏。泄压面积与厂房体积的比值（m^2/m^3）宜采用0.05~0.22。爆炸介质威力较强或爆炸压力上升速度较快的厂房应尽量加大比值。为防止燃烧火焰喷出时将人烧伤或者翻开的门（窗）盖将人打伤，防爆门（窗）应设置在人不常到的地方，高度最好不低于2m。

第二节　电气安全

在生产现场，存在着大量的电气安全风险，电气事故导致人身伤亡、爆炸、火灾事故的等严重后果，故“安全用电，人人有责”。

一、电气安全基础知识

（一）电气事故类型

根据电能的不同作用形式，电气事故分为触电事故、静电危害事故、雷电灾害事故、电磁场危害和电气系统故障危害事故等。

1. 触电事故

触电事故是由于电流流过人体所造成的伤害，触电事故可分为电击和电伤。电击是指电流通过人体，刺激机体组织，使肌肉非自主地发生痉挛性收缩而造成的伤害，严重时会破坏人的心脏、肺部、神经系统的正常工作，形成危及生命的伤害。电伤是电流的热效应、化学效应、机械效应等对人体所造成的伤害。它表现为局部伤害。电伤包括电烧伤、电烙印、皮肤金属化、机械损伤、电光眼等多种伤害。

按照人体触及带电体的方式和电流通过人体的途径不同，还可将触电方式分为直接触电、间接触电和跨步电压触电。

（1）直接触电。人体直接触及或过分靠近带电导体发生的触电现象称直接触电，可分为单相触电、两相触电。①单相触电。是指人体接触到地面或其他接地导体的同时，人体另一部位触及某一相带电体所引起的电击。根据统计资料，单相触电事故占全部触电事故的 70% 以上。这种触电的危害程度与三相电网中的中性点的工作方式有关。②两相触电。如图 3-1-2 两相触电所示，如果人体的不同部位同时分别接触一个电源的两根不同电位的裸露导线，电线上的电流就会通过人体从一根电流导线到另一根电线形成回路，使人触电，这种触电方式通常被称为两线触电，也称为两相触电。此时，人体处于线电压的作用下，所以，两相触电比单相触电危险性更大。

（2）间接触电。当电气设备的绝缘在运行中发生故障而损坏时，使电气设备本来在正常工作状态下不带电的外露金属部件（外壳、构架、护罩等）呈现危险的对地电压，当人体触及这些金属部件时，就构成间接触电，亦称为接触电压触电。

（3）跨步电压触电。如图 3-1-3 所示，当人体在具有电位分布的区域内行走时，人的两脚（一般相距以 0.8m 计算）分别处于不同电位点，使两脚间承受电位差的作用，这一电压称为跨步电压。跨步电压的大小与电位分布区域内的位置有关，在越靠近接地体处，跨步电压越大，触电危险性也越大。

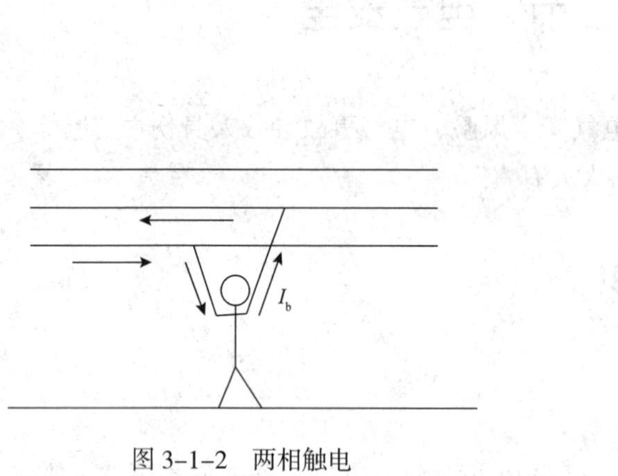

图 3-1-2　两相触电

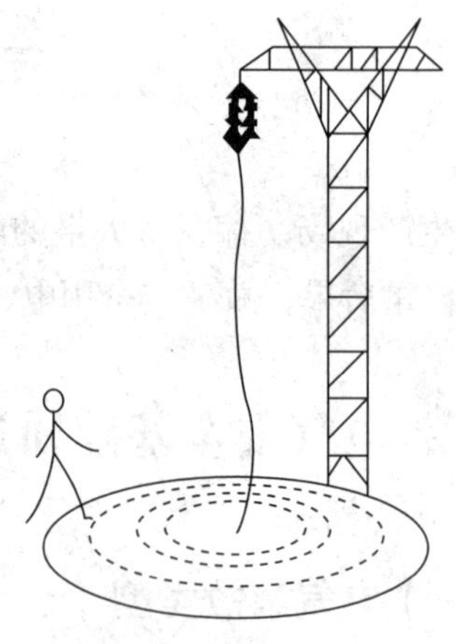

图 3-1-3　跨步电压触电

2. 静电危害事故

静电危害事故是由静电电荷或静电场能量引起的。由于静电能量不大，不会直接使人致命。但是，其电压可能高达数十千伏乃至数百千伏，发生放电，产生放电火花。

3. 雷电灾害事故

雷电是大气中的一种放电现象，雷电放电具有电流大、电压高的特点。其能量释放出来可能形成极大的破坏力。其破坏作用主要有以下几个方面：①直击雷放电、二次放电、雷电流的热量会引起火灾和爆炸；②雷电的直接击中、金属导体的二次放电、跨步电压的作用及火灾与爆炸的间接作用，均会造成人员的伤亡；③强大的雷电流、高电压可导致电气设备击穿或烧毁；④发电机、变压器、电力线路等遭受雷击，可导致大规模停电事故；⑤雷击可直接毁坏建筑物、构筑物。

4. 射频电磁场危害事故

射频危害是由电磁场的能量造成的。射频电磁场的危害主要有：①在射频电磁场作用下，人体因吸收辐射能量会受到不同程度的伤害。过量的辐射可引起中枢神经系统的机能障碍，出现神经衰弱症候群等临床症状；可造成植物神经功能紊乱，出现心率或血压异常；可引起眼睛损伤，造成晶体浑浊，严重时导致白内障；可造成皮肤表层灼伤或深度灼伤等。②在高强度的射频电磁场作用下，可能产生感应放电，会造成电引爆器件发生意外引爆。

5. 电气系统故障危害事故

电气系统故障危害是由于电能在输送、分配、转换过程中失去控制而产生的。断线、短路、异常接地、漏电、误合闸、误掉闸、电气设备或电气元件损坏、电子设备受电磁干扰而发生误动作等都属于电路故障。电气系统故障可能引起火灾和爆炸、异常带电、异常停电。

（二）影响电流对人体的危害程度的因素

电流对人体的危害程度与通过人体的电流强度、通电持续时间、电流的频率、电流通过人体的部位（途径）以及触电者的身体状况等多种因素有关。

1. 电流强度

通过人体的电流越大，人体的生理反应越强烈，对人体的伤害就越大。按照人体对电流的生理反应强弱和电流对人体的伤害程度，可将电流大致分为感知电流、摆脱电流和致命电流。对于工频交流电来说，1mA 左右的电流刚刚能引起人体的感觉，通常称之为感知电流；电流逐渐增大时人体会有麻感、针刺感、压迫感，电流超过 10mA 左右时，由于神经反射和肌肉收缩，触电者将不能自行摆脱带电体，因此一般认为 10mA 的工频电流为摆脱电流，达到摆脱电流虽然不会使人致命，但触电者会感到痛苦、恐慌和难以忍受，血压升高、呼吸急促，时间过长则可能昏迷、窒息甚至死亡；电流达到 50mA 且持续时间超过人体心脏搏动周期时，则可能发生心室颤动，导致心脏停止跳动而死亡。

2. 电流通过人体的持续时间

触电致死的生理现象是心室颤动。电流通过人体的持续时间越长，越容易引起心室颤动，触电的后果也越严重。这一方面是由于通电时间越长，能量积累越多，较小的电流通过人体就可以引起心室颤动；另一方面是由于心脏在收缩与舒张的时间间隙（约 0.1s）内对电流最为敏感，通电时间一长，重合这段时间间隙的可能性就越大，心室颤动的可能性也就越大。此外，通电时间一长，电流的热效应和化学效应将会使人体出汗和组织电解，从而使人体电阻逐渐降低，流过人体的电流逐渐增大，使触电伤害更加严重。

3. 电流频率

人体对不同频率电流的生理敏感性是不同的，因而不同种类的电流对人体的伤害程度也就有区别。工频电流对人体的伤害最为严重（男性平均摆脱电流为 10mA）；直流电流对人体的伤害则较轻（男性平均摆脱电流为 16mA）；高频电流对人体的伤害程度远不及工频交流电严重，但电压过高的高频电流仍会使人触电致死；冲击电流是作用时间极短（以微秒计）的电流（如雷电放电电流和静电放电电流）。冲击电流对人体的伤害程度与冲击放电能量有关。由于冲击电流作用的时间极短暂，数十毫安才能被人体感知。

4. 电流通过人体的途径

电流取任何途径通过人体都可以致人死亡。电流通过心脏、中枢神经（脑部和脊髓）、呼吸系统是最危险的。因此，从左手到前胸是最危险的电流路径，这时心脏、肺部、脊髓等重要器官都处于电路内，很容易引起心室颤动和中枢神经失调而死亡；从右手到脚的途径的危险性要小些，但会因痉挛而摔伤；从右手至左手的危险性又比右手到脚要小些；危险性最小的电流途径是从脚至脚，但触电者可能因痉挛而摔倒，导致电流通过全身或二次事故。

5. 人体的健康状况

试验研究表明，触电危险性与人体状况有关。触电者的性别、年龄、健康状况、精神状态和人体电阻都会对触电后果发生影响。患有心脏病、结核病、内分泌器官疾病的人，由于自身的抵抗力低下，会使触电后果更为严重。处在精神状态不良、心情忧郁或酒醉中的人，触电的危险性也较大。相反，一个身心健康，经常从事体育锻炼的人，触电的后果相对来说会轻一些。妇女、老年人以及体重较轻的人耐受电流刺激的能力也相对要弱一些，他们触电的后果也比青壮年男子更为严重。

二、触电防护技术

触电防护技术主要包括绝缘、屏护、安全距离、安全电压、接地或接零保护及漏电保护等。

（一）绝缘

绝缘是最基本、最普通的防护措施之一。

绝缘是指用绝缘材料把带电体封闭起来，实现带电体相互之间、带电体与其他物体之间的电气隔离，使电流按指定路径通过，确保电气设备和线路正常工作，防止人身触电。若绝缘下降或绝缘损坏，可以使设备漏电而使人触电，还可造成线路短路，引发电气火灾。

常用的绝缘材料有玻璃、云母、木材、塑料、橡胶、胶木、布、纸、漆、六氟化硫等。绝缘保护性能的优劣决定于材料的绝缘性能。绝缘性能主要用绝缘电阻、耐压强度、泄漏电流和介质损耗等指标来衡量。

为确保电气设备及人员的安全，电气设备及线路的绝缘性能符合要求，通常采取的措施有：①不使用质量不合格的电气产品；②避免电气设备的绝缘机械损伤、受潮、脏污；③按照规程和规范安装电气设备和线路；④按照工作环境和使用环境正确选用电气设备；⑤按照技术参数使用电气设备，避免过电压和过负荷运行；⑥正确选用绝缘材料，如修理更换电机绕组时，不随意降低绝缘材料的耐热等级；⑦按照规定对电器设备进行绝缘预防性试验，对有缺陷的设备及时处理；⑧改善绝缘结构，例如对手持电动工具采用双重绝缘。

（二）屏护

屏护是采用屏护装置控制不安全因素，即采用遮拦、护罩、护盖、箱闸等把带电体同外界隔绝开来。屏护的作用：防止工作人员以外碰触或过分接近带电体；可作为检修部位与带电体的距离小于安全距离时的隔离措施；保护电气设备不受机械损伤，主要用于电气设备不便于绝缘或绝缘不足以保证安全的场合。屏护可以分为屏蔽和障碍（或称阻挡物），后者只能防止人体无意识触及或接近带电体，而不能防止有意识移开、绕过或翻越该障碍触及或接近带电体。

（三）安全间距

间距又称安全距离，指为防止发生触电或短路而规定的带电体之间、带电体与地面及其他设施之间、工作人员与带电体之间所必须保持的最小距离或最小空气间隙。安全距离的大小决定于电压的高低、设备的类型、安装的方式等因素。

在架空线路附近进行起吊作业时，不论在任何情况下，起重臂、钢丝绳或重物等与架空输电线路的最小距离不小于表 3–1–4 规定。

表 3–1–4　起重机与架空线路边线的最小安全距离

输电线路电压 /kV	<1	10	35	110	220	330	500
沿垂直方向 /m	1.0	3.0	4.0	5.0	6.0	7.0	8.5
沿水平方向 /m	1.0	2.0	3.5	4.0	6.0	7.0	8.5

（四）特低电压

据欧姆定律，电压越高，电流也就越大。因此，可以把可能加在人体的电压限制在某一范围之内，使得在这种电压下，通过人体的电流不超过允许的范围，这一电压就叫作特低电压，也叫作安全特低电压（旧称安全电压）。对于工作人员需要经常接触的电气设备，潮湿环境和特别潮湿环境或触电危险性较大的场所，当绝缘等保护措施不足以保证人身安全，又无特殊安全装置和其他安全措施时，为确保工作人员的安全，必须采用特低电压。

我国国家标准规定了相对应的工频特低电压系列，有效值的额定值有 42V、36V、

24V、12V 和 6V。特低电压的选用应根据使用环境、人员和使用方式等因素确定。特别危险环境中使用的手持电动工具应采用 42V 特低电压；在有电击危险的环境中使用的手持照明灯和局部照明灯应采用 36V 或 24V 特低电压；在金属容器内、特别潮湿处等特别危险环境中使用的手持照明灯应采用 12V 特低电压；水下作业等场所应采用 6V 特低电压。

（五）电气隔离

电气隔离是采用电压比为 1：1，即一次边、二次边电压相等的隔离变压器实现工作回路与其他电气回路电器上的隔离。当使用安全电压有困难情况下，可采取安全隔离措施来提高用电安全性。

（六）漏电保护

漏电保护是利用漏电保护装置来防止电气事故的一种安全技术措施。当发生漏电或触电时，它能够自动切断电源或发出信号，主要用于低压单相触电保护，也可以用于由于漏电引发的电气火灾，还可以检测和切断各种单相接地故障。漏电保护装置的功能是提供间接接触电击保护，而额定漏电动作电流不大于 30mA 的漏电保护装置，在其他保护措施失效时，也可作为直接接触电击的补充保护，但不能作为基本的保护措施。也不能作为对相间、相与 N 线间形成的直接接触电击事故的保护。

实践证明，漏电保护器和其他技术措施配合使用，触电事故大幅度降低，在提高安全用电水平方面，漏电保护器起到十分重要的作用。

三、保护接地和保护接零

保护接地或保护接零是防止间接触电基本的技术措施。主要预防电气设备或线路绝缘损坏时，可能导致的人员间接接触触电以及漏电引发电气火灾事故。

（一）保护接地

当电气设备或线路绝缘损坏时，使电气设备或装置的金属外壳带电而危及人身的安全。为避免触电事故的发生，将电气设备不带电的金属外壳与大地做电气连接。这种保护称为接地保护，接地保护是安全防护技术的主要措施之一。

保护接地适用于不接地电网，凡由于绝缘损坏或其他原因有可能带上危险电压的正常不带电金属部分都应接地。

图 3-1-4 所示的配电网俗称三相四线配电网。这种配电网引出三条相线（L_1、L_2、L_3 线）和一条中性线（N 线，工作零线）。在这种低压中性点直接接地的配电网中，如电气设备金属外壳未采取任何安全措施，则当外壳故障带电时，故障电流将沿低阻值的低

压工作接地（配电系统接地）构成回路。由于工作接地的接地电阻很小，设备外壳将带有接近相电压的故障对地电压，电击的危险性很大。因此，必须采取间接接触电击防护措施。

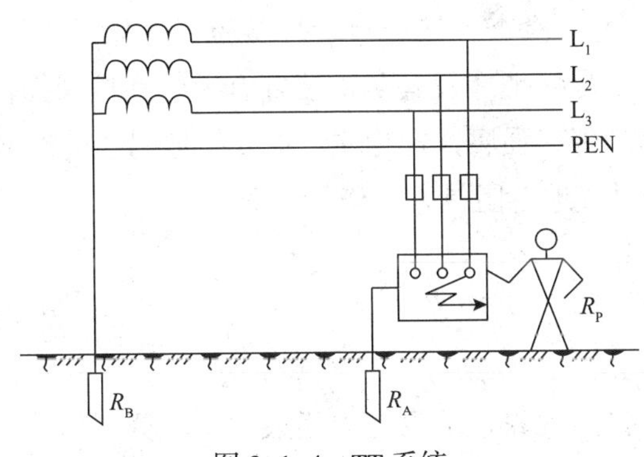

图 3-1-4　TT 系统

（二）保护接零

在大部分供电系统都是采用中性点直接接地系统即接地电网，接地电网中若电气设备某相碰壳则使外壳对地电压达到相电压，当人体触及设备外壳时比不接地电网的触电危险性更大。若采用保护接地，设备漏电时，因电流流过设备接地电阻、系统的工作接地电阻形成回路。此时设备外壳电压比不接地有所降低，但不能降低在安全范围内，仍有触电危险。因此采用保护接地不足以保证安全，故接地电网中的设备一般不采取保护接地，而应采用保护接零。

保护接零适用于中性点接地的三相四线制供电系统。保护接零应用范围与保护接地的范围基本相同。零线和接零线的连接必须牢固可靠，保证接触良好。接零线应接于设备的专用接地螺丝上，必要时可加弹簧垫圈或焊接。接零线最好不使用铝线。为避免意外的损坏，接零线应装设在不易碰触损伤或脱落的地方，对接零线应该经常检查，发现破损、断裂、松动、脱落等隐患应及时排除。

重复接地是指零线上除工作接地以外的其他点的再次接地，重复接地是提高 TN 系统安全性的重要措施。

（三）接地装置

无论是保护接零，还是保护接地，接地装置都是电气系统保护装置的根本保证，在安装和运行中必须按照有关要求进行。接地装置包括接地体与接地线，接地体可分为自然接地体和人工接地体两种。

凡埋在地下与大地可靠连接的金属管道和设备、金属井管、水工构筑物的金属桩均可作为自然接地体。但通过或储存易燃易爆介质的管道或容器不得作为自然接地体，直流电力回路中也不允许利用自然接地体。

人工接地体一般为垂直敷设（多岩石地区可水平敷设），可采用钢管、角钢、圆钢等材料。接地线一般采用镀锌扁钢或圆钢等质，裸铝导线不得直接埋于地下作为接地体或接地线。

接地装置应定期检查。检查各接线点、焊接点、补偿装置、跨接线等部位是否松动、脱焊、锈蚀；接地线与接地体及其防护装置有无受到机械损伤或化学腐蚀，涂漆有无脱落；接地体的周围是否有强腐蚀性物质；挖开接地引线的地面土层以下 0.5m，检查接地线的腐蚀情况；测量接地电阻是否合格。

四、防雷保护

雷电是一种常见的自然现象，不仅能击毙人、畜，劈裂树木、电杆，破坏建（构）筑物，还能引起火灾和爆炸事故。

（一）雷电的危害性

1. 电效应

在雷电放电时，能产生高达数万伏的冲击电压，足以烧毁电力系统的发电机、变压器、断路器等电气设备或将输电线路绝缘击穿而发生短路，导致可燃、易燃易爆物品着火和爆炸。

2. 热效应

当几十至几千安的强大雷电流通过导体时，在极短时间内转换大量的热能。雷击点的发热能量为 500～2000J，这一能量可熔化 50～200mm^3 的钢，故在雷电通道中产生的高温，往往会酿成火灾。

3. 机械效应

由于雷电的热效应，还将使雷电通道中木材纤维缝隙和其他结构中间的缝隙里的空气剧烈膨胀，同时使水分及其他物质分解为气体。因而在被雷击物体内部出现强大的机械压力，致使被击物体遭受严重破坏或造成爆炸。

4. 静电感应

当金属物处于雷云和大地电场中时，金属物上会生出大量的电荷。雷云放电后，云和大地间的电场虽然消失，但金属物上所感应积聚的电荷却来不及逸散，因而产生很高的对地电压。这种对地电压，称为静电感应电压。静电感应电压往往高达几万伏，可以击穿数十厘米的空气间隙，发生火花放电，因此，对于存放可燃性物品及易燃、易爆物品的仓库是很危险的。

5. 电磁感应

雷电具有很高的电压和很大的电流，同时又是在极短暂的时间内发生的。因此在它周围的空间里，将产生强大的交变磁场，不仅会使处在这一电磁场的导体感应出较大的电动势，并且还会在构成闭合回路的金属物中感应电流，这时如果回路中有的地方接触电阻较大，就会局部发热或发生火花放电，这对于存放易燃、易爆物品的建筑物是非常危险的。

6. 雷电侵入波

雷电在架空线路、金属管道上会产生冲击电压，使雷电波沿线路或管道迅速传播。若侵入建筑物内，可造成配电装置和电气线路绝缘层击穿，产生短路，或使建筑物内易燃、易爆物品燃烧和爆炸。

7. 防雷装置上的高电压对建筑物的反击作用

当防雷装置受雷击时，在接闪器、引下线和接地体上都具有很高的电压。如果防雷装置与建筑物内、外的电气设备、电气线路或其他金属管道的相隔距离很近，它们之间就会产生放电，这种现象称为反击。反击可能引起电气设备绝缘破坏，金属管道烧穿，甚至造成易燃、易爆物品着火和爆炸。

8. 雷电对人的危害

雷击电流迅速通过人体，可立即使呼吸中枢麻痹，心室纤颤或心脏骤停，以致使脑组织及一些主要脏器受到严重损害，出现休克或突然死亡，雷击时产生的电火花，还可使人遭到不同程度的烧伤。

（二）防雷措施

根据不同保护对象，对直击雷、雷电感应、雷电侵入波均应采取适当的安全措施。

1. 直击雷保护措施

（1）避雷针。避雷针用来保护工业与民用高层建筑以及发电厂、变电所的室外配电装置、输电线路个别区段。避雷针实际上是引雷针，它将雷电引向自己，从而保护其他设备免遭雷击。

（2）避雷线。避雷线也叫架空地线，它是沿线路架设在杆塔顶端，并具有良好接地的金属导线。避雷线是输电线路的主要防雷保护措施。

（3）避雷带、避雷网。是在建筑上沿屋角、屋脊、檐角和屋檐等易受雷击部位敷设的金属网格，主要用于保护高大的民用建筑。

2. 雷电感应的防护措施

雷电感应也能产生很高的冲击电压，引起爆炸和火灾事故。为了防止雷电感应产生的高压，应将建筑物内的金属设备、金属管道、结构钢筋予以接地。根据建筑物的不同屋顶，采取相应的防止雷电感应的措施，对金属屋顶，应将屋顶妥善接地，对钢筋混凝土屋顶，应将屋顶钢筋焊成 6~12m 网格，连成通路接地；对于非金属屋顶，应在屋顶上加装边长 6~12m 的金属网格，予以接地。屋顶或其金属网格的接地不得少于 2 处，且其间距不得超过 18~30m。

为防止感应，平行管道相距不到 100mm 时，每 20~30m 用金属线跨接，交叉管道相距不到 100mm 时，也应用金属线跨接；管道与金属设备或金属结构之间距离小于 100mm

时，也应用金属线跨接。此外，管道接头（法兰）弯头等接触不可靠的地方，也应用金属线跨接。

3. 雷电侵入波的防火措施

雷电侵入波造成的雷害事故很多，特别是电气系统，这种事故占雷害事故的比例较大，所以也要采取防护措施。

（1）阀型避雷器。它是保护发、变电设备的最主要的基本元件，主要由放电间隙和非线性电阻两部分构成。当高幅值的雷电波侵入被保护装置时，避雷器间隙先行放电，从而限制了绝缘设备上的过电压值，起到保护作用。

（2）保护间隙。它是一种简单而有效的过电压保护元件，它是由带电与接地的两个电极，中间间隔一定数值的间隙距离构成的。将它并联接在被保护的设备旁。当雷电波袭来时，间隙先行击穿，把雷电流引入大地，从而避免了被保护设备因高幅值的过电压而击毁。

（3）管形避雷器。它实质上是一个具有熄弧能力的保护间隙。当雷电波侵入放电接地时，它能将工频电弧很快吹灭，而不必靠断路器动作断弧，保证了供电的连续性。

4. 可燃液体储罐的防雷措施

油罐本身有着良好的屏蔽性能，遭受雷击时，只要油罐顶板有足够的厚度，不致击穿罐顶，并用自身保护是可以满足要求的。所以，我国规定可燃气体、液化烃、可燃液体的钢罐，必须设防雷接地，但装有阻火器的甲 B 类、乙类可燃液体地上固定顶罐当顶板厚度等于或大于 4mm 时，可不设避雷针，且丙类液体储罐也可不设避雷装置，但必须设防感应雷接地。浮顶油罐可不设防雷装置，但应将浮顶与罐体用两根截面不小于 $25mm^2$ 的软线作电气连接。

5. 人身防雷措施

雷暴时，雷云直接对人体放电，雷电流流入地下产生的对地电压以及二次放电都可能对人体造成电击。在雷雨天，非工作需要，应尽量不在户外或野外逗留；必须在户外或野外逗留或工作时，最好穿塑料等不浸水的雨衣；如有条件，可进入宽大金属构架或有防雷设施的建筑物、汽车或船只内；如依靠有建筑物或高大树木屏蔽的街道躲避，应离开墙壁和树干 8m 以外。雷暴时，应尽量离开小山、小丘或隆起的道路，离开海滨、湖滨、河边、池旁，离开铁丝网、金属晒衣绳以及旗杆、烟囱、宝塔、独树、没有防雷保护的小建筑物或其他设施。在户内应注意防止雷电侵入波的危害，应离开照明线（包括动力线）、电话线、广播线、收音机和电视机电源线、引入室内的收音机和电视机天线及与其相连的各种导体 1.5m 以上，以防止这些线路或导体对人体第二次放电。雷雨时，还应关闭门窗，防止球形雷进入户内造成影响。

（三）防雷装置的检查

为了使防雷装置具有可靠的保护效果，不仅要有合理的设计和正确的施工，还要建立必要的维护保养制度，进行定期和特殊情况下的检查。

（1）对于重要设施，应在每年雷雨季以前做定期检查，对于一般性设施，应每二、三年在雷雨季以前做定期检查，如有特殊情况，还要做临时性的检查。

（2）检查是否由于维修建筑物或建筑物本身变形，使防雷装置的保护情况发生变化。

（3）检查各处明装导体有无因锈蚀或机械损伤而折断的情况。如发现锈蚀在30%以上必须及时更换。

（4）检查接闪器有无因遭受雷击后而发生熔化或折断，避雷器瓷套有无裂纹、碰伤的情况，并应定期进行预防性试验。

（5）检查接地线在距地面2m至地下0.3m处一般保护处理有无被破坏的情况。

（6）检查接地装置周围的土壤有无沉陷现象。

（7）测量全部接地装置的接地电阻，如发现接地电阻有很大变化时，应对接地系统进行全面检查。必要时可补打接地极。

（8）检查有无因施工挖土、敷设其他管道或种植树木而挖断接地装置的情况。

第三节　职业健康与个体防护

长输管道一般输送油、气等易燃、易爆危险介质，其本身具有一定的毒性，接触或吸入会引起窒息或中毒；在输送过程中存在压缩机、离心泵等运转机械设备，产生噪声，引起噪声危害；露天作业及低温工况操作，存在高温、低温危害因素。这些职业有害因素将对作业人员构成健康危害。因此，预防和控制职业危害，改善劳动者的作业环境，为员工配备合格的劳动防护用品，提高劳动者的健康意识，防止发生职业病，是广大员工的基本需求。

一、职业病及职业危害

（一）职业病危害因素

职业病危害因素是指对从事职业活动的劳动者可能导致职业病的各种危害因素。主要包括职业活动中存在的各种有害的化学、物理、生物等因素以及在作业过程中产生的其他职业有害因素。按其来源可分为三类：生产工艺过程中产生的有害因素，劳动过程中的有害因素，以及生产环境中的有害因素。

1. 生产工艺过程中产生的有害因素

（1）化学因素。①有害物质，如铅、汞、苯、一氧化碳、有机磷农药等。②生产性粉尘，如矽尘、石棉尘、煤尘、有机粉尘等。

（2）物理因素。①噪声、振动。②非电离辐射，如紫外线、红外线、射频辐射、激光等。③异常气象条件，如高温、高湿、低温。④异常气压，如高气压、低气压。⑤电离辐射，包括反射性同位素（如 ^{137}Cs、^{131}I、^{235}U、^{60}Co 等）、放射线（如 X 射线等）。

（3）生物因素。如附着在皮毛上的炭疽杆菌、医务工作者可能接触的生物传染性病原体等。

2. 劳动过程中的有害因素

（1）劳动组织和制度不合理，劳动作息制度不合理等。

（2）职业性精神（心理）紧张。

（3）劳动强度过大或生产定额不当，如安排的作业与劳动者生理状况不相适应等。

（4）个别器官或系统过度紧张，如视力紧张等。

（5）长时间不良体位或使用不合理的工具等。

3. 生产环境中的有害因素

（1）自然环境中的因素，如炎热季节的太阳辐射。

（2）厂房建筑或布局不合理，如采光照明不足，通风不良，有毒与无毒、高毒与低毒作业安排在同一车间内等。

（3）作业环境空气污染，如氯碱厂泄漏氯气，处于下风侧的无毒生产岗位的工人，吸入了氯气。

在实际生产过程中，往往同时存在多种有害因素对劳动者的健康产生联合作用。

（二）职业病

1. 职业病的定义及分类

当职业性有害因素作用于人体的强度与时间超过一定限度时，人体不能代偿其所造成的功能性或器质性病理改变，从而出现相应的临床征象，影响劳动能力，这类疾病通称职业病。医学上所称的职业病泛指职业性有害因素所引起的疾病，而在立法意义上，职业病却有其特定的范围，即指政府所规定的法定职业病。凡属法定职业病的患者，在治疗和休息期间及在确定为伤残或治疗无效而死亡时，均应按劳动保险条例有关规定给予劳保待遇。

我国法定职业病主要有尘肺病、职业性放射性疾病、职业中毒、物理因素所致职业病、职业性传染病、职业性皮肤病、职业性眼病、职业性耳鼻喉口腔疾病、职业性肿瘤和其他职业病共 10 类，共计 132 种。

2. 职业病的特点

（1）病因明确，病因即职业性有害因素，在控制病因或作用条件后，可消除或减少发病。

（2）所接触的病因大多是可检测的，需达到一定的强度（浓度或剂量）才能致病，一般存在接触水平（剂量）– 效应（反应）关系。

（3）在接触同一因素的人群中常有一定的发病率，很少只出现个别病人。

（4）大多数职业病如能早期诊断、处理，康复效果较好，但有些职业病（例如矽肺），目前尚无特效疗法，只能对症综合处理，故发现愈晚，疗效愈差。

（5）除职业性传染病外，治疗个体无助于控制人群发病。

3. 职业病的预防

从病因上说，职业病是完全可以预防的，故必须强调“预防为主、防治结合”，着重抓好三级预防。在三级预防中，重点是第一、二级的预防。

第一级预防，从根本上消除或最大可能地减少对职业性有害因素的接触。采取措施改进生产工艺、生产过程及治理作业环境的职业性危害因素，使劳动条件达到国家标准，创造对劳动者的健康没有危害的生产劳动条件，这是杜绝职业病与职业危害的上策。

第二级预防，当第一级预防未能完全达到要求，职业性有害因素开始损及劳动者的健康时，应尽早发现，采取补救措施。一方面要根据国家卫生标准，经常对生产劳动环境进行必要的检查、检测；另一方面要按照规定，对接触职业危害因素的职工进行定期身体检查，以便及早发现问题和病情，迅速采取补救措施。

第三级预防，对已发展成职业性疾病或工伤的患者，做出正确诊断，及时处理。对确诊者，要立即调离有害作业岗位，及早治疗，防止病情发展、恶化，促进康复。

二、常见职业危害预防与控制

（一）生产性噪声危害及控制

生产过程中产生的声音频率和强度没有规律，听起来使人感到厌烦，称为生产性噪声。生产性噪声的分类很多，按其来源可分为：机械性噪声、流体动力性噪声、电磁性噪声等。噪声对人体的危害，根据作用的系统不同可分为听觉系统（特异性）危害和听觉外（非特异性）系统危害。

1. 噪声危害程度分级

我国《工业企业噪声卫生标准》规定了生产车间和作业场所的噪声标准，如表3–1–5所示。

表 3–1–5　生产车间和作业场所的噪声标准

每个工作日接触噪声时间 /h	新建、扩建、改建企业允许值 /dB（A）	现有企业暂时达不到标准时的允许值 /dB（A）
8	85	90
4	88	93
2	91	96
1	94	99
	最高不得超过 115	

2. 噪声危害的控制

（1）消除、控制噪声源。采用无声或低声设备代替高噪声的设备，合理配置声源，避免高、低噪声源的混合配置，这是噪声危害控制的根本措施。

（2）控制噪声的传播。采用吸声、隔声、消声、减振材料和装置，阻止噪声的传播。

（3）个人防护。对生产现场的噪声控制不理想或特殊情况下高噪声作业，个人防护用品是保护听觉器官的有效措施。如防护耳塞、防护耳罩、头盔等，其隔声效果可高达20~40dB。

（4）健康监护。对上岗前的职工进行体格检查，检出职业禁忌证，如听觉系统疾患、中枢神经系统疾患、心血管系统疾患等。对在岗职工进行定期的体检，以早期发现听力损伤。

（二）中暑及预防

1. 中暑及分级

中暑是高温环境下发生的急性职业病。环境温度过高、湿度过大、风速小、劳动强度过大、劳动时间过长是中暑的主要致病因素。过度劳累、睡眠不足、体弱、肥胖、尚未产生热适应都易诱发中暑。按照《防暑降温措施暂行办法》将中暑诊断分为三级。

（1）先兆中暑。在高温作业场所劳动一定时间后，出现大量出汗、口渴、头昏、耳鸣、胸闷、心悸、恶心、全身疲乏、四肢无力、注意力不集中等症状，体温正常或略有升高。

（2）轻症中暑。除上述先兆中暑的症状外，尚有下列症候群之一而被迫停止劳动者，列为轻症中暑：体温超过38℃，有面色潮红、皮肤灼热等现象；有呼吸、循环衰竭的早期症状。

（3）重症中暑。除上述症状外，不能继续劳动，在工作中出现昏迷或痉挛，皮肤干燥无汗，体温在40℃以上。

2. 应急处置

先兆中暑和轻症中暑者，应迅速离开高温作业环境，到通风良好的阴凉处安静休息。补充含盐清凉饮料，必要时给予仁丹、解暑片、藿香正气水。对热痉挛者，及时口服含盐清凉饮料，必要时给予葡萄糖生理盐水静脉点滴。对重症中暑者，应迅速送入医院进行抢救。

3. 防暑降温措施

（1）技术措施。合理工艺设计，疏散、隔离热源，通风降温等。

（2）卫生保健措施。合理饮水、饮食，一般每人每天供水3~5L、盐20g，以高蛋白、高维生素、易消化膳食为主。加强个人防护（白色帆布工作服、草帽等）、医疗预防（上岗前查体、入暑前查体）。凡有心血管疾病、持久高血压、溃疡病、活动性肺结核、肝肾疾病、甲亢等患者，均不宜从事高温作业。

（3）组织措施。严格执行高温作业卫生标准，合理安排作息，进行高温作业前热适应锻炼。

（三）振动危害及控制

1. 振动及危害

在平衡位置附近所作的来回往复运动称为机械振动。长输管道系统本身是能量载体，且使用泵、压缩机等机械设备，运行过程中将产生振动。作业人员在现场操作势必接触振动，从而造成振动危害。

长期接触低频、振幅大的振动，可以发生振动病，亦称职业性雷诺氏征，国内已将振动病列为职业病。患者自觉症状为手麻、发僵、疼痛、四肢无力、关节痛及神经衰弱综合征，寒冷可促进发作，体检时发现皮肤温度降低，白指、白手、骨及关节改变等。

影响振动不良作用的因素有频率、加速度、振幅、环境气温及个体条件等。

2. 振动防护措施

除维修维护等操作外，长输管道相关的振动作业较少。但是为防止振动对人的影响，企业应制定合理的劳动制度，适当安排工间休息，尽可能实行轮换工作制，不连续使用振动工具。经常保养和维修机器，使之处于正常工作状态。合理使用劳动保护用品，加强个人防护。工作时佩戴双层衬垫无指手套或防振弹性手套，既可减振，又可以达到手部保暖的目的。

实行作业前体检，凡患有中枢神经系统疾病、明显的植物神经功能失调、各种血管病变、心绞痛、高血压、心肌炎等疾病者不宜从事振动作业。作业人员应定期体检，以便早期发现振动病变，对于反复发作并逐渐加重的人员应调离振动作业。

（四）电磁辐射

电磁辐射包括电离辐射和非电离辐射。

1. 电离辐射及危害

电离辐射是指电磁辐射波谱的量子能量水平 >12eV，可引起机体生物大分子电离作用的辐射。接触机会主要在核工业系统、射线发生器的生产和使用、放射核素的加工生产和使用等。一定剂量的电离辐射作用于人体所引起的全身放射性损伤就是放射病。急性放射病是指短时间内一次或多次受到大量照射所引起的全身性病变，多见于事故性照射和核爆炸。慢性放射病是指较长时间受到超限制剂量照射所引起的全身性损伤，多发生于防护条件差的外照射工作场所，或不重视核素操作卫生防护的人员。

2. 射频辐射及危害

射频辐射又称无线电波，包括高频电磁场和微波。是电磁辐射波谱中量子能量水平最小，波长（1mm~3km）最长的频段。因为高频和微波的波谱相近，微波的量子能量水平比高频高，所以对人体的影响既有相同的作用，又有其独特的作用。高频和微波可造成神经系统有类神经症和植物神经功能紊乱，如头痛、头昏、乏力、白天嗜睡、夜间失眠、多梦、记忆力减退、手足多汗、易脱发等；心血管系统的植物神经功能紊乱，表现为心动过缓、血压下降。心悸、心前区疼痛和压迫感。心电图检查可有窦性心律不齐、心动过缓、右束支传导阻滞等功能变化。微波还可引起眼睛和血液系统的改变。

3. 防护措施

对高频和微波发射塔、通信基站建设项目应开展预防性卫生监督；对辐射源进行场源良导体屏蔽；对接触高频和微波的职工应进行健康教育，提高自我防护的意识，穿工作服、戴防护眼镜，加强健康监护等。

（五）红外及紫外辐射危害

红外及辐射的接触机会主要包括太阳光下的露天作业，开放的火焰、熔融状态的金属和玻璃、烘烤等作业。其对机体的危害主要是红外线或紫外线的致热作用对皮肤和眼睛的损伤作用。

1. 皮肤损伤

较大强度的红外线或紫外线可致皮肤局部温度升高，血管扩张，出现红斑反应，反复照射出现色素沉着。过量照射，除急性皮肤烧伤外，还可进入皮下组织，使血液及深部组织加热。

2. 眼睛损伤

红外线或紫外线可伤及眼角膜、虹膜、晶体、视网膜。长期暴露于低能量的红外线，常见的是慢性充血性睑缘炎；而短波红外线能被角膜吸收产生角膜的热损伤，并能透过角膜伤及虹膜；如果工龄够长，还可出现晶状体混浊，表现为白内障，主诉是自觉视力减退；$<1\mu m$的红外线和可见光可达到视网膜，主要损伤黄斑区，多见于弧光灯、电焊、乙炔焊操作者。

三、个体防护

个体防护是在生产条件无法消除各种危险和职业病危害因素情况下，为保障从业人员的安全与健康所设置的最后一道防线。个体劳动防护用品是指从业人员在劳动中为防御物理、化学、生物等外界因素伤害所穿戴、配备以及涂抹、使用的各种物品的总称。

（一）个体防护用品的分类

依据《劳动防护用品分类与代码》（LD/T 75—1995），以人体防护部位划分劳动防护用品类别。

1. 头部防护用品

头部防护用品是为防御头不受外来物体打击和其他因素危害而配备的个人防护装备。主要有一般防护帽、防尘帽、防水帽、安全帽、防静电帽、防高温帽、防电磁辐射帽、防昆虫帽、其他防护帽 9 类产品。

2. 呼吸防护用品

呼吸防护用品是指为防御有害气体、蒸气、粉尘、烟、雾等经过呼吸道或使用供氧、清洁空气，保证尘、毒污染或缺氧环境中从业人员正常呼吸的防护用具。

3. 眼面部防护用品

眼面部防护用品是指预防烟雾、尘粒、金属火花和飞屑、热量、电磁辐射、化学飞溅等伤害眼睛或面部的个人防护用品。根据防护功能，可分为防尘、防水、防冲击、防高温、防电磁辐射、防射线、防化学飞溅、防风砂、炉窑护目镜和面罩以及防冲击面罩。

4. 听觉器官防护用品

听觉器官防护用品是指能够防止过量的声能浸入外耳道，使人避免噪声的过度刺激，减少听力损伤，预防由噪声对人身引起不良影响的个体劳动防护用品。听觉防护用品主要有耳塞、耳罩和防噪声头盔三大类。

5. 手部防护用品

具有保护手和手臂的功能，供作业人员劳动时戴用的手套称为手部防护用品，通常称为防护手套。按照防护功能分为 12 类，即一般防护手套、防水手套、防寒手套、防毒手套、防静电手套、防高温手套、防 X 射线手套、防酸碱手套、防油手套、防振动手套、防切割手套、绝缘手套，每类手套按照材料又可以分为很多种。

6. 足部防护用品

足部防护用品是防止生产过程中有害物质和能量损伤从业人员足部的防护用具，通常称劳动防护鞋。按照劳动防护功能分为防尘鞋、防水鞋、防寒鞋、保护足趾鞋、防静电鞋、防高温鞋、防酸碱鞋、防油鞋、防烫鞋、防滑鞋、防刺穿鞋、电绝缘鞋、防震鞋等 13 类。每类防护鞋按照材质不同又可分为很多种。

7. 躯干防护用品

躯干防护用品就是通常讲的防护服。根据功能，防护服分为一般防护服、防水服、防寒服、防砸背心、防毒服、阻燃服、防静电服、防高温服、防电磁辐射服、防酸碱服、防油服、水上救生衣、防昆虫服、防风沙服等 14 类。每类按照材质不同又可以分为很多种。

8. 护肤用品

护肤用品用于防止皮肤（主要是面、手部等外露部分）免受化学、物理等因素的危害。按防护功能不同可分为防毒、防腐、防射线、防油漆及其他类。

9. 防坠落用品

防坠落用品是通过绳带，将高处作业者的身体系接于固定物体上，或作业场所的边沿下方布网，以防不慎坠落，这类防护用品主要有安全带、安全网两种。

（二）个体防护用品的配备与使用

1. 个体防护用品的配备

（1）用人单位应根据工作场所中的职业危害因素及其危害程度，按照法律、法规、标准的规定，为从业人员免费提供符合国家规定的护品。不得以货币或其他物品替代应当配备的护品。

（2）用人单位应到定点经营单位或生产企业购买特种劳动防护用品。护品必须具有“三证”，即生产许可证、产品合格证和安全鉴定证。购买的护品须经本单位安全管理部门验收，并应按照护品的使用要求，在使用前对其防护功能进行必要的检查。

（3）用人单位应教育从业人员，按照护品的使用规则和防护要求，正确使用护品。使职工做到“三会”，即会检查护品的可靠性；会正确维护保养护品，会监督检查。

（4）用人单位应按照产品说明书的要求，及时更换、报废过期和失效的护品。

（5）用人单位应建立健全护品的购买、验收、保管、发放、使用、更换、报废等管理制度和使用档案，并切实贯彻执行管理制度和进行必要的监督检查。

2. 个体防护用品的使用

（1）个体防护用品使用前应首先做一次外观检查。检查的目的是认定用品对有害因素防护效能的程度；用品外观有无缺陷或损坏；各部件组装是否严密，启动是否灵活等。

（2）个体防护用品的使用必须在其性能范围内，不得超期限使用；不得使用未经国家制定、未经监测部门认可（国家标准）和检测还达不到标准的产品；不能随便代替，更不能以次充好。

（3）严格按照《使用说明书》正确使用个体防护用品。

此外，通过适当的指导、适应性试用和培训手段保证从业人员正确使用劳动防护用品。具体如下：

①使用技能培训。内容包括：为什么必须使用个体防护用品；什么时候什么地点或条件下需要使用；怎样正确使用；如何保管和保养。

②适应性试用。有的个体防护用品需要一定时间适应性试用，在此期间管理人员要跟踪调查，多听取使用者的意见，以便配备更适用的劳动防护用品。

③日常监督检查。职业卫生管理人员要定期对不同作业场所进行监督检查，识别不安全的条件，纠正不按规定使用个体防护用品的行为，对其进行指导，对不听指导的，进行批评教育甚至处罚。

3. 个体防护用品的使用期限和报废。

（1）使用期限。个体防护用品的使用期限与作业场所环境、个体防护用品使用频率、个体防护用品自身性质等多方面因素有关。一般来说，使用期限应考虑以下三个方面的影响：

①腐蚀程度。根据不同作业对个体防护用品的磨损可划分为重腐蚀作业、中腐蚀作业和轻腐蚀作业。腐蚀程度反映作业环境和工种使用情况。

②损耗情况。根据防护功能降低的程度可分为易受损耗、中等受损耗和强制性报废。受损耗情况反映防护用品防护性能情况。

③耐用性能。根据使用周期可分为耐用、中等耐用和不耐用。耐用性能反映个体防护用品材质状况，如用耐高温阻燃纤维织物制成的阻燃防护服，要比用阻燃剂处理的阻燃织物制成的阻燃防护服耐用。

（2）报废。《个体防护装备选用规范》（GB/T 11651—2008）规定，个体防护用品出现下列情况之一，即予报废：

①所选用的个体防护用品技术指标不符合国家相关标准或行业标准。

②所选用的个体防护用品与所从事的作业类型不匹配。

③个体防护用品产品标识不符合产品要求或国家法律法规的要求。

④个体防护用品在使用或保管储存期内遭到破损或超过有效使用期。

⑤所选用的个体防护用品经定期检验和抽查不合格。

⑥当发生使用说明中规定的其他报废条件时。

第四节　特种设备安全

为了防止和减少特种设备事故，我国对特种设备设计、制造、安装、改造、维修、使用、检验检测等7个环节实行全过程管理，对特种设备实行行政许可和安全监察制度。

一、概述

特种设备，是指对人身和财产安全有较大危险性的锅炉、压力容器（含气瓶）、压力管道、电梯、起重机械、客运索道、大型游乐设施、场（厂）内专用机动车辆，以及法律、行政法规规定适用本法的其他特种设备。国家对特种设备实行目录管理。特种设备目录由国务院负责特种设备安全监督管理的部门制定，报国务院批准后执行（本节只对管道运行企业涉及的承压类设备进行讨论）。

（一）关于使用单位的许可要求

国家对特种设备的生产、经营、使用，实施分类的、全过程的安全监督管理。

特种设备使用单位应当在特种设备投入使用前或者投入使用后30日内，向设区的市的特种设备安全监督管理部门办理登记，取得特种设备登记标志。

锅炉、压力容器、电梯、起重机械、客运索道、大型游乐设施以及场（厂）内专用机动车辆的作业人员及其相关管理人员，应当按照国家有关规定经特种设备安全监督管理部门考核合格，取得国家统一格式的相应的资格证书，方可从事相应的作业或者管理工作。

特种设备生产、使用单位的主要负责人应当对本单位特种设备的安全和节能全面负责。企业特种设备安全管理人员应当经特种设备安全监督管理部门考核合格取得相应的资格证书后，方可从事管理工作。

从事特种设备作业的人员，必须经特种设备安全监督管理部门考核合格，取得相应的资格证书后，方可从事相应的作业。

（二）对使用单位管理要求

（1）办理注册登记。特种设备在投入使用前或者投入使用后 30 日内，特种设备使用单位应当向直辖市或者设区的市的特种设备安全监督管理部门登记。登记标志应当置于或者附着于该特种设备的显著位置。

（2）建立特种设备安全技术档案。应当包括以下内容：

①特种设备的设计文件、制造单位、产品质量合格证明、使用维护说明等文件以及安装技术文件和资料；

②特种设备的定期检验和定期自行检查的记录；

③特种设备的日常使用状况记录；

④特种设备及其安全附件、安全保护装置、测量调控装置及有关附属仪器仪表的日常维护保养记录；

⑤特种设备运行故障和事故记录；

⑥高耗能特种设备的能效测试报告、能耗状况记录以及节能改造技术资料。

（3）定期检验。特种设备使用单位应当按照安全技术规范的定期检验要求，在安全检验合格有效期届满前 1 个月向特种设备检验检测机构提出定期检验要求。未经定期检验或者检验不合格的特种设备，不得继续使用。

（4）建立安全管理制度，主要包括：

①特种设备岗位安全责任制；

②特种设备使用管理制度（包括特种设备档案管理制度，注册登记、报废制度，定期检验制度等）；

③特种设备作业人员教育培训制度；

④事故应急救援；

⑤事故报告与处理制度；

⑥特种设备的操作规程。

（5）特种设备使用单位应当保证必要的安全和节能投入。

（6）特种设备使用单位应当对在用特种设备进行经常性日常维护保养，并定期自行检查。特种设备使用单位对在用特种设备应当至少每月进行 1 次自行检查，并作出记录。发现异常情况的，应当及时处理。

（7）特种设备存在严重事故隐患，无改造、维修价值，或者超过安全技术规范规定使用年限，特种设备使用单位应当及时予以报废，并应当向原登记的特种设备安全监督管理部门办理注销。

（8）特种设备使用单位应当对特种设备作业人员进行特种设备安全、节能教育和培训，保证特种设备作业人员具备必要的特种设备安全、节能知识。

（9）特种设备使用单位使用向取得生产许可的单位购买特种设备。

二、锅炉

（一）锅炉及锅炉的参数

《特种设备安全法》所定义的锅炉，是指利用各种燃料、电或者其他能源，将所盛装的液体加热到一定的参数，并通过对外输出介质的形式提供热能的设备，其范围规定为设计正常水位容积大于或者等于 30L，且额定蒸汽压力大于或者等于 0.1MPa（表压）的承压蒸汽锅炉；出口水压大于或者等于 0.1MPa（表压），且额定功率大于或者等于 0.1MW 的承压热水锅炉；额定功率大于或者等于 0.1MW 的有机热载体锅炉。

锅炉工作特性的基本参数，主要有锅炉产生蒸汽的数量（额定蒸发量）和质量（相对压力和温度）两个方面的指标。

（1）压力：指垂直均匀作用在单位面积上的力。计量单位：帕斯卡（Pa），用在锅炉上，因 Pa 太小，以兆帕来计量（MPa）。

锅炉压力均是表压力（用压力表测得）。压力单位还有 kgf/cm^2（工程单位），bar（进口锅炉）等。

（2）温度：指输出介质的温度，单位℃。

热水、有机热载体炉有（出 / 进）口液体温度；蒸汽锅炉有饱和与过热蒸汽温度，前者为锅筒出口压力时之温度，后者为过热器（再热器）出口气温度。

（3）容量（出力）：指锅炉在规定压力和温度情况下输出介质的量。蒸汽锅炉称为蒸发量，单位为 t/h 或 kg/h。

热水锅炉输出热量称为热功率。而 J/s 就是瓦（W），考虑锅炉上用 W 表示太小，所以用兆瓦（MW）表示。热水锅炉容量单位还有万大卡 /h（工程单位）和马力（HP 或 BHP）（进口锅炉）。60 万大卡 /h ＝ 0.7MW ；1BHP（HP）≈ 15.6kg 汽 /h ≈ 0.01MW。

（二）锅炉的安全附件与保护装置

压力表、水位表、安全阀统称为锅炉三大安全附件。

1. 压力表

用来测量和表示锅筒或集箱内压力的大小。

（1）每台锅炉除必须装有锅筒蒸汽空间直接相连接的压力表外，还应在给水调节阀前、可分式省煤器出口、过热器的出口与主气阀之间、燃油锅炉油泵进、出口等都应装设压力表。

（2）压力表的装置、校验和维护，应符合国家计量的规定。压力表装用前应做校验，装用后宜每半年校验一次，在工作压力处画红线并加铅封。

（3）压力表有下列情况之一时，应当停止使用：①有限止钉的压力表在无压力时，指针转动后不能回到限止钉处；没有限止钉的压力表在无压力时，指针离零位的数值超过压力表规定的允许误差；②表面玻璃破碎或者表盘刻度模糊不清；③封印损坏或者超过校验期；④表内泄漏或者指针跳动；⑤其他影响压力表准确指示的缺陷。

2. 水位表

主要显示锅炉内水位的高低。水位表（或者水表柱）和锅筒（壳）之间的汽水连接管上应当装有阀门，锅炉运行时，阀门应当处于全开位置。

3. 安全阀

主要作用一是当锅炉压力达到整定压力时，安全阀即自动开启，排出蒸汽，发出警报，使司炉人员能及时采取措施；二是安全阀开启后能排出足够的蒸汽，使锅炉压力下降，当压力降至回座压力时，安全阀即能自动关闭。其安全要求包括：

（1）每台锅炉至少应当装设两个安全阀（包括过热器安全阀但不包括省煤器安全阀和再热器安全阀）。但额定蒸发量小于或等于 0.5t/h 的锅炉，额定蒸发量小于 4t/h 且装有可靠的超压联锁保护装置的锅炉，可以只装一个安全阀：可分式省煤器出口处、再热器出口处，及直流锅炉的外置式启动分离器上，都应当装设安全阀。

（2）对于新装锅炉的安全阀及检修后的安全阀，都应校验其整定压力和回座压力并记入锅炉技术档案。

（3）在用锅炉的安全阀每年至少应校验一次。

（4）安全阀校验后，应加锁或铅封。严禁用加重物、移动重锤、将阀瓣卡死等手段任意提高安全阀整定压力或使安全阀失效。锅炉运行中安全阀严禁解列。

（5）为防止安全阀的阀瓣和阀座粘住，应定期对安全阀做手动的排放试验。

4. 其他保护装置

当锅炉某些参量达到一定极限值而未被运行人员发现排除时能自动发出信号、切断燃烧保护锅炉安全的装置。常用的有：高低水位报警和低水位联锁保护；蒸汽超压报警和联锁保护；热水锅炉超温超压报警和联锁保护；煤粉、油、气炉自动点火程序和熄火保护等。

（三）锅炉事故与处理

常见的锅炉事故有锅内缺水、锅内满水、锅炉超压、爆管事故、炉膛爆炸事故、尾部烟道二次燃烧事故等。

1. 锅内缺水

锅内缺水是指锅炉在运行时，锅内水位低于最低安全水位而发生危及锅炉安全运行的事故。造成锅内缺水的主要原因有锅炉工判断不清缺水和满水、盲目排污；冲洗或修理水位表时，误将气、水旋塞关闭，造成假水位；给水系统故障，管路或阀门关闭等。锅内缺水的主要处理办法有：对于水位表的水连管低于最高火界的锅炉，应紧急停炉，降低炉膛温度，关闭主气阀和给水阀。

2. 锅内满水

锅内满水是指在锅炉运行时，锅内水位高于最高安全水位而发生危及锅炉安全运行的现象。对于电站锅炉，将会引起蒸汽品质恶化，给过热器或汽轮机带来严重危害。造成锅内满水的主要原因有：司炉工不监视水位，盲目上水；水位表失灵，形成假水位；给水自动调节失灵等。锅内满水的主要处理办法有：当看不到水位线时，打开水位表放水旋塞，当出现水位线时为轻微满水，看不到水位只出现上升的汽包时为严重满水；当出现严重满水时，应紧急停炉。

3. 锅炉超压

锅炉在运行中，锅内压力超过最高许可工作压力而危及锅炉安全运行的现象，称为锅炉超压，是锅炉爆炸事故直接原因。造成锅炉超压的主要原因有：用水蒸气单位突然停止用水蒸气；当负荷骤减时没有相应减弱燃烧；安全阀失灵不能开启；压力表损坏；超压报警失灵，超压保护装置失效等。锅炉超压的主要处理办法有：迅速减弱燃烧，手动开启安全阀或放空阀；加大给水，加强排污，降低锅水温度，降低锅炉压力；如安全阀失灵，应紧急停炉等。

4. 爆管事故

爆管事故是指在运行中水冷壁管、对流管、过热器管等发生破裂的事故。造成爆管事故的主要原因有：锅炉缺水；水循环不良；水质不良；磨损；异物堵塞等。锅炉爆炸事故主要处理办法有：管子破裂泄漏不严重且能维持水位，可以短时间降低负荷维持运行；严重爆管，必须采取紧急停炉，但引风机不应停止，还应继续给锅炉上水。

5. 炉膛爆炸事故

炉膛、烟道爆炸主要发生在燃油、燃气和燃煤粉等悬浮燃烧的锅炉上，在锅炉点火和运行中都有可能发生。造成炉膛、烟道爆炸的主要原因有：锅炉点火前没有把炉膛内残余的可燃气体清除干净；煤粉过粗、燃油雾化不良、配风不足等造成大量未燃烧的燃料进入烟道，到了一定数量后，一旦温度高时就会发生烟道爆炸等。炉膛、烟道爆炸的主要处理办法有：爆炸后，要切断电源、气源、油源，紧急停炉。

6. 尾部烟道二次燃烧事故

二次燃烧一般发生在煤粉燃烧和燃油锅炉的尾部烟道中，严重时会把空气预热器等烧损。造成事故的主要原因有：煤粉过粗、燃油雾化不良，未燃烧完的可燃物进入尾部烟道；长期不停炉清扫尾部烟道等。主要处理方法有：开启省煤器再循环阀门，防止省煤器内汽化而发生水击；关闭送风系统、炉门、检查孔等，使燃烧得不到足够的空气；用蒸汽或 CO_2 灭火等。

三、压力容器

（一）压力容器的范围及分类

1. 压力容器的定义

压力容器是指盛装气体或者液体，承载一定压力的密闭设备，其范围规定为最高工作压力（p_w）大于或者等于 0.1MPa（表压）的气体、液化气体和最高工作温度高于或者等于标准沸点的液体、容积大于或者等于 30L 且内直径（非圆形截面指截面内边界最大几何尺寸）大于或者等于 150mm 的固定式容器和移动式容器；盛装公称工作压力大于或者等于 0.2MPa（表压），且压力与容积的乘积大于或者等于 1.0MPa · L 的气体、液化气体和标准沸点等于或者低于 60℃液体的气瓶；氧舱。

2. 压力容器工艺参数

压力容器的主要工艺参数为压力、温度和介质。

（1）压力：分为设计压力、最高工作压力、公称压力。

（2）温度：分为设计温度和使用温度。

（3）介质：压力容器的介质繁多，千差万别，按介质的物态可分为液态、气态和气液共存；也可分为不燃、可燃、易燃、易爆介质等；还可按介质的毒性程度分类，将其毒性程度分为极度危害、高度危害、中度危害和轻度危害。

3. 压力容器的使用特征

（1）生产工艺要求高。许多压力容器使用单位，特别是石油、化工等行业，生产线长，容器种类多、数量多，同时相互制约，而且连续性生产多，随着生产的发展、科技的进步，集中控制、自动调节应用日趋广泛，对设备运行的可靠性要求愈来愈高。

（2）使用条件比较恶劣。为适应生产工艺的需要，压力容器要承受一定的压力，甚至是较高的压力，有时由于间歇式操作或交替加入不同介质的原因，要承受压力的大幅度波动。压力容器也要承受一定的温度，一些压力容器需要在 -20℃以下的低温状态工作，也有一些压力容器需要在 450℃以上的高温状态工作，间歇式操作的容器以及一些加热、冷却交替进行的容器还要受到温度大幅度变化的影响。此外，压力容器还受到介质对它的腐蚀影响，一些不易扩散的介质会因微量泄漏造成集聚，在静电火花等触发下会引起燃烧、爆炸等。

（3）载荷种类多。由于压力容器工作条件特殊性，它承受的载荷是多方面因素引起的，概括起来主要有：介质压力的载荷、液体的静压力、容器自重（包括内件、填料等）以及正常条件下或试验条件下内装物料的重力载荷、装于容器上的附属设备及隔热材料、衬里、管道、扶梯、平台等重量引起的重力载荷、风载荷、雪载荷及地震载荷，尤其是室外安装的高大塔器类设备。其他因素引起的载荷：①容器支座的作用反力；②温差引起的载荷，特别是间歇操作的容器、交替使用冷、热介质的容器，各部分温度不同，同时受邻近部件的约束不能自由伸缩造成的载荷；③连接管道及其他部件的振动引起的载荷；④容器在运输或吊装承受的载荷。

（4）操作要求高。压力容器的运行情况主要依靠仪表监视，温度、压力的变化往往在瞬间发生且影响因素多，一旦操作失误，就会发生事故，严重时会导致爆炸事故的发生。

4. 压力容器的分类

（1）按压力容器的设计压力（p）划分为四个压力等级：低压容器、中压容器、高压容器、超高压容器。低压（代号L）0.1MPa ≤ p<1.6MPa，中压（代号M）1.6MPa ≤ p<10MPa，高压（代号H）10MPa ≤ p<100MPa，超高压（代号U）p ≥ 100MPa。

（2）按压力容器在生产工艺过程中的作用原理分为：反应压力容器、换热压力容器、分离压力容器、储存压力容器。反应压力容器（代号R）：主要用于完成介质的物理、化学反应的压力容器；换热压力容器（代号E）：主要用于完成介质的热量交换的压力容器；分离压力容器（代号S）：主要用于完成介质的流体压力平衡和气体净化分离的压力容器；储存压力容器（代号C）：主要用于储存、盛装气体、液体、液化气体等介质的压力容器。

（3）按压力容器中化学介质的毒性程度分为：极度毒性（Ⅰ），最高允许浓度<0.1mg/m^3；高度毒性（Ⅱ），最高允许浓度0.1～<1.0mg/m^3；中度毒性（Ⅲ），最高允许浓度1.0～<10mg/m^3；轻度毒性（Ⅳ），最高允许浓度≥ 10mg/m^3。

（4）国家市场监督管理总局制定的特种设备目录将压力容器分为：固定式压力容器、移动式压力容器、气瓶、氧舱、压力容器附件、压力容器材料等几个类别。

固定式压力容器是指安装在固定位置处使用的压力容器。对于为了某一特定用途、仅在装置或场区内部搬动、使用的压力容器，以及移动式空压机的储气罐按固定式压力容器进行监督管理。

移动式压力容器是指由单个（或者多个）压力容器罐体（或者瓶体）与走行装置（或者无动力半挂行走机构、定型汽车底盘、框架等）等部件组成，并且采用永久性连接，适用于铁路、公路、水路运输或者这些方式联运的运输装备。移动式压力容器包括铁路罐车、汽车罐车、长管拖车、罐式集装箱等产品。

（二）压力容器的主要安全附件及其安全要求

压力容器安全附件包括：安全阀、爆破片装置、紧急切断装置、压力表、液面计、测温仪表、快开门式压力容器的安全联锁装置。除以上七类以外，安全附件通常还包括易熔塞装置、具有特殊功能的阀门等。

1. 压力表

（1）压力表的运行检查。检查时应注意同一系统上的压力表读数是否一致。如发现压力表指示失灵、刻度不清、表盘玻璃破裂、泄压后指针不回零位、铅封损坏等情况，应立即更换。

压力表有下列情况之一时，应停止使用：

①有限止钉的压力表，在无压力时，指针不能回到限止钉处；无限止钉的压力表，在无压力时，指针距零位的数值超过压力表的允许误差。

②表盘封面玻璃破裂或表盘刻度模糊不清。

③封印损坏或超过校验有效期限。

④表内弹簧管泄漏或压力表指针松动。

⑤其他影响压力表准确指示的缺陷。

（2）压力表的安装要求。

①装设位置应便于操作人员观察和清洗，且应避免受到辐射热、冻结或震动的不利影响。

②压力表与压力容器之间，应装设三通旋塞或针型阀；三通旋塞或针型阀上应有开启标记和锁紧装置；压力表与压力容器之间，不得连接其他用途的任何配件或接管。

③用于水蒸气介质的压力表，在压力表与压力容器之间应装有存水弯管。

④用于具有腐蚀性或高黏度介质的压力表，在压力表与压力容器之间应装设有隔离介质的缓冲装置。

2. 安全阀

（1）安全阀的运行检查。检查时应注意安全阀锈蚀情况，铅封有无损坏，是否在合格的校验期内；安全阀与排放口之间装设截止阀的，运行期间必须处于全开位置并加铅封；如需动用该阀，应指派专人操作，运行负责人和检验员应在场，做好操作记录；检查中发现安全阀失灵或有故障时，应立即处置或停止运行。

（2）安全阀安装的要求。

①安全阀应铅直安装，并应装设在压力容器液面以上的气相空间，或与连接在压力容器气相空间上的管道相连接。

②压力容器与安全阀之间的连接管和管件的通孔，其截面积不得小于安全阀的进口面积。

③压力容器一个连接口上装设数个安全阀时，则该连接口入口的面积，应至少等于数个安全阀的进口面积总和。

④压力容器与安全阀之间不宜装设中间截止阀门。对于盛装易燃、毒性程度为极度、高度、中度危害或黏性介质的压力容器，为便于安全阀的更换、清洗，可在压力容

器与安全阀之间装截止阀，截止阀的结构和通径尺寸应不妨碍安全阀的正常泄放。压力容器正常运行时，截止阀必须保持全开，并加铅封。

⑤安全阀装设位置，应便于检查和维修。

3. 爆破片（关于易燃易爆介质的要求）

（1）爆破片的检查。检查爆破片的安装方向是否正确，并核实铭牌上的爆破压力和温度是否符合运行要求；爆破片单独作泄压装置的，爆破片和容器间的截止阀，应处于全开状态，并应加铅封；还应检查爆破片有无泄漏及其他异常现象。

（2）爆破片和安全阀串联使用。①爆破片装在安全阀出口侧时，应注意检查爆破片和安全阀之间所装的压力表和截止阀，二者之间不积存压力，能疏水或排气。②爆破片装在安全阀进口侧时，应注意检查爆破片和安全阀之间装的压力表有无压力指示，截止阀打开后有无气体漏出以判定爆破片的完好情况。

4. 液面计

（1）液面计的检查。检查液面计最高和最低安全液位有无明显的标记，能否正确指示出介质实际液面，防止假液位。寒冷地区室外使用和介质低于0℃的压力容器，以及槽、罐车，其选型应符合有关规范和标准要求，并检查使用状况是否正常。超过检验期限、玻璃板（管）损坏、阀件固死或经常出现假液位，应停止运行。

（2）液面计安装要求。

①应根据压力容器的介质、最高工作压力和温度正确选用液面计。

②在安装使用前，低，中压容器用液面计，应进行1.5倍液面计公称压力的水压试验；高压容器用的液面计，应进行1.25倍液面计公称压力的水压试验。

③盛装0℃以下介质的压力容器上，应选用防霜液面计。

④寒冷地区室外使用的液面计，应选用夹套型或保温型结构的液面计。

⑤用于易燃、毒性程度为极度、高度危害介质的液化气体压力容器上，应采用板式或自动液面指示计，并应有防止泄漏的保护装置。

⑥要求液面指示平稳的，不应采用浮子（标）式液面计。

5. 安全附件的定期检验

安全附件应实行定期检验制度。安全阀一般每年至少检验一次；爆破片应定期更换，更换期限由使用单位根据本单位的实际情况确定。对于超过爆破片标定爆破压力而未爆破的，应更换。压力表和测温仪表应按计量部门规定的期限校验。

（三）压力容器的操作与维护

1. 压力容器安全操作

（1）平稳操作。加载和卸载应缓慢，并保持运行期间载荷的相对稳定。压力容器开始加载时，速度不宜过快，尤其要防止压力的突然升高。过高的加载速度会降低材料的断裂韧性，可能使存在微小缺陷的容器在压力的快速冲击下发生脆性断裂。高温容器或工作壁温在0℃以下的容器，加热和冷却都应缓慢进行，以减小壳壁中的热应力。操作中压力频繁地和大幅度地波动，对容器的抗疲劳强度是不利的，应尽可能避免，保持操作压力平稳。

（2）防止超载。防止压力容器过载主要是防止超压。压力来自器外（如气体压缩机、蒸汽锅炉等）的容器，超压大多是由于操作失误而引起的。为了防止操作失误，除了装设连锁装置外，可实行安全操作挂牌制度。除了防止超压以外，压力容器的操作温度也应严格控制在设计规定的范围内，长期的超温运行也可以直接或间接地导致容器的破坏。

2. 压力容器运行期间的检查

压力容器操作人员对运行中的压力容器进行检查，包括检查工艺条件、设备状况以及安全装置等方面。

在工艺条件方面，主要检查操作压力、操作温度、液位是否在安全操作规程规定的范围内；检查压力容器工作介质的化学组成，特别是那些影响压力容器安全（如产生应力腐蚀、使压力升高等）的成分是否符合要求。

在设备状况方面，主要检查各连接部位有无泄漏、渗漏现象，压力容器的部件和附件有无塑性变形、腐蚀以及其他缺陷或可疑迹象，压力容器及其连接管道有无振动、磨损等现象。

在安全装置方面，主要检查安全装置以及与安全有关的计量器具是否保持完好状态。

3. 压力容器的紧急停止运行

当出现下列情况之一时，压力容器应紧急停止运行：

（1）压力容器的操作压力或壁温超过安全操作规程规定的极限值，而且采取措施仍无法控制，并有继续恶化的趋势；

（2）压力容器的承压部件出现裂纹、鼓包变形、焊缝或可拆连接处泄漏等危及压力容器安全的迹象；

（3）安全装置全部失效，连接管件断裂，紧固件损坏等，难以保证安全操作；

（4）操作岗位发生火灾，威胁到压力容器的安全操作；

（5）高压容器的信号孔或警报孔泄漏。

4. 压力容器的维护保养

（1）保持完好的防腐层。工作介质对材料有腐蚀作用的压力容器，常采用防腐层来防止介质对器壁的腐蚀，如涂漆、喷镀或电镀、衬里等。如果防腐层损坏，工作介质将直接接触器壁而产生腐蚀，所以要经常保持防腐层完好无损。若发现防腐层损坏，即使是局部的，也应该经过修补等妥善处理以后再继续使用。

（2）消除产生腐蚀的因素。有些工作介质只有在某种特定条件下才会对压力容器的材料产生腐蚀。因此要尽力消除这种能引起腐蚀的，特别是应力腐蚀的条件。

（3）消灭压力容器的“跑、冒、滴、漏”，经常保持压力容器的完好状态。“跑、冒、滴、漏”不仅浪费原料和能源，污染工作环境，还常常造成设备的腐蚀，严重时还会引起压力容器的破坏事故。

（4）加强压力容器在停用期间的维护。对于长期或临时停用的压力容器，应加强维护。停用的压力容器，必须将内部的介质排除干净，腐蚀性介质要经过排放、置换、清洗等技术处理。要注意防止压力容器的“死角”积存腐蚀性介质。要经常保持压力容器的干燥和清洁，防止大气腐蚀。试验证明，在潮湿的情况下，钢材表面有灰尘、污物时，大气对钢材才有腐蚀作用。

（5）经常保持压力容器的完好状态。压力容器上所有的安全装置和计量仪表，应定期进行调整校正，使其始终保持灵敏、准确；压力容器的附件、零件必须保持齐全和完好无损，连接紧固件残缺不全的容器，禁止投入运行。

四、压力管道

（一）压力管道的范围及分类

1. 压力管道的定义及范围

压力管道，是指利用一定的压力，用于输送气体或者液体的管状设备，其范围规定为最高工作压力大于或者等于 0.1MPa（表压），介质为气体、液化气体、蒸汽或者可燃、易爆、有毒、有腐蚀性、最高工作温度高于或者等于标准沸点的液体，且公称直径大于或者等于 50mm 的管道。公称直径小于 150mm，且其最高工作压力小于 1.6MPa（表压）的输送无毒、不可燃、无腐蚀性气体的管道和设备本体所属管道除外。

2. 压力管道特点

（1）压力管道是一个系统，相互关联相互影响，牵一发而动全身。

（2）压力管道长径比很大，极易失稳，受力情况比压力容器更复杂。压力管道内流体流动状态复杂，缓冲余地小，工作条件变化频率比压力容器高（如高温、高压、低温、低压、位移变形、风、雪、地震等都有可能影响压力管道受力情况）。

（3）管道组成件和管道支承件的种类繁多，各种材料各有特点和具体技术要求，材料选用复杂。

（4）管道上的可能泄漏点多于压力容器，仅一个阀门通常就有五处。

（5）压力管道种类多，数量大，设计、制造、安装、检验、应用管理环节多，与压力容器大不相同。

3. 压力管道的分类

（1）压力管道按其用途划分为工业管道、公用管道和长输管道。工业管道主要集中在石化炼油、冶金、化工、电力等行业。工业管道为 GC 类，级别划分为：

符合下列条件之一的工业管道为 GC1 级：①输送 GB5044《职业性接触毒物危害程

度分级》中，毒性程度为极度危害介质的管道；②输送 GB50160《石油化工企业设计防火规范》及 GBJ16《建筑设计防火规范》中规定的火灾危险性为甲、乙类可燃气体或甲类可燃液体介质且设计压力 $p \geq 4.0$MPa 的管道；③输送可燃流体介质、有毒流体介质，设计压力 $p \geq 4.0$MPa 且设计温度大于等于 400℃的管道；④输送流体介质且设计压力 $p \geq 10.0$MPa 的管道。

符合下列条件之一的工业管道为 GC2 级：①输送 GB50160《石油化工企业设计防火规范》及 GBJ16《建筑设计防火规范》中规定的火灾危险性为甲、乙类可燃气体或甲类可燃液体介质且设计压力 $p<4.0$MPa 的管道；②输送可燃流体介质、有毒流体介质，设计压力 $p<4.0$MPa 且设计温度≥ 400℃的管道；③输送非可燃流体介质、无毒流体介质，设计压力 $p<10.0$MPa 且设计温度≥ 400℃的管道；④输送流体介质，设计压力 $p<10.0$MPa 且设计温度 <400℃的管道。

公用管道是指城镇范围内用于公用事业或民用的燃气管道和热力管道。公用管道为 GB 类，级别划分为：GB1 为燃气管道；GB2 为热力管道。

长输管道是指产地、储存库、使用单位之间的用于运输商品介质的管道，主要是原油管道、天然气管道、油田集输管道和成品油管道。长输管道为 GA 类，级别划分为：

符合下列条件之一的长输管道为 GA1 级：①输送有毒、可燃、易爆气体介质，最高工作压力大于 4.0MPa 的长输管道；②输送有毒、可燃、易爆液体介质，最高工作压力大于等于 6.4MPa，并且输送距离（指产地、储存库、用户间的用于输送商品介质管道的长度）≥ 200km 的长输管道。

GA1 级以外的长输（油气）管道为 GA2 级。

（2）压力管道按照压力分为真空管道（$p<0$MPa）、低压管道（$0 \leq p \leq 1.6$MPa）、中压管道（$1.6<p \leq 10$MPa）、高压管道（$10<p \leq 100$MPa）、超高压管道（$p>100$MPa）等。

4. 压力管道的安全状况等级划分

压力管道的安全状况以等级表示，分为 1 级、2 级、3 级和 4 级四个等级。安全状况等级的划分方法如下：

1 级：安装资料齐全，设计、制造、安装质量符合有关法规和标准要求；在设计条件下能安全使用的压力管道。

2 级：安装资料不全，但设计、制造、安装质量基本符合有关法规和标准要求的压力管道。

3 级：在用压力管道材质与介质不相容，设计、安装、使用不符合有关法规和标准要求；存在严重缺陷，但使用单位采取有效措施，经检验机构检验，可以在 1 至 3 年检验周期内和限定的条件下使用的在用压力管道。

4 级：缺陷严重，难以或无法修复；无修复价值或修复后仍难以保证安全使用；检验结论为判废的压力管道。

新建、扩建、改建的压力管道应当进行安装安全质量监督检验，压力管道的安全状

况等级应当达到1级或者2级的要求

在用压力管道应当进行定期检验，并且安全状况等级达到1级、2级或者3级。

（二）压力管道的使用管理

1. 使用登记的办理

2009年8月31日，国家市场监督管理总局批准颁布了《压力管道使用登记管理规则》，该规则自2009年12月1日起施行。压力管道使用单位、产权单位、个人业主应当按照上述规则的规定办理管道使用登记，领取《特种设备使用登记证》。

2. 压力管道使用单位应具备的条件

（1）使用单位应当贯彻执行本规则和有关压力管道安全的法律、法规、国家安全技术规范和国家现行标准；配备满足压力管道安全所需求的资源条件，建立健全压力管道安全管理体系，在管理层设有1名人员负责压力管道安全管理工作。派遣具备相应资格的人员从事压力管道的安全管理、操作和维修工作。

（2）压力管道安全管理人员和操作人员应当经安全技术培训和考核。

（3）使用单位已经建立安全管理制度，对压力管道的安全管理内容做出了明确规定并有效实施。

（4）使用单位已经建立压力管道技术档案和压力管道标识管理办法。

（5）使用单位的压力管道安全管理人员和操作人员能够严格遵守有关安全法律、法规、技术规程、标准和企业的安全生产制度。

（6）使用单位必须制定公共安全教育计划并组织实施，以使用户、居民和从事相关作业的人员了解压力管道安全知识，提高公共安全意识。

3. 输送可燃、易爆或者有毒介质压力管道的使用制度

（1）事故预防方案（包括应急措施和救援方案）；

（2）巡线检查制度；

（3）根据需要建立抢险队伍，并且定期演练。

4. 发生下列情况之一的，使用单位应当及时到安全监察机构办理使用登记变更

（1）因租赁、转让或承包等原因更换压力管道的业主或使用单位的，新业主或使用单位应在租赁、转让或承包生效后的15日内向受理使用登记的安全监察机构备案并办理使用登记变更。

（2）停用或者报废压力管道的，在停用或者报废后的30日内向受理登记的安全监察机构备案并办理停用或者注销使用登记手续。

（3）修理改造或者定期检验后安全状况等级有变化的，应当在修理改造或者定期检验后的30日内办理使用登记变更。

5. 压力管道使用单位应履行的职责

（1）贯彻执行有关安全法律、法规和压力管道的技术规程、标准，建立、健全本单

位的压力管道安全管理制度。

（2）应有专职或兼职专业技术人员负责压力管道安全管理工作。

（3）压力管道及其安全设施必须符合国家的有关规定，新建、改建、扩建的压力管道及其安全设施不符合国家有关规定时，有权拒绝验收。

（4）建立技术档案，并到企业所在地的地（市）级或其委托的县级劳动行政部门登记。根据《石油天然气管道安全规程》管道技术档案内容包括：①管道使用登记表；②管道设计技术文件；③管道建造竣工资料；④管道检验报告；⑤电法保护运行记录；⑥管道修理，修复和改造竣工资料；⑦管道安全装置定期校验、修理、更换记录；⑧有关事故的记录资料和处理报告。

（5）对压力管道操作人员和压力管道检查人员进行安全技术培训。

（6）制定压力管道定期检验计划，安排附属仪器仪表、安全保护装置、测量调控装置的定期校验和检修工作。

（7）对事故隐患应及时采取措施进行整改，重大事故隐患应以书面形式报告省级以上（含省级，下同）主管部门和省级以上劳动行政部门。

（8）对输送可燃、易爆或有毒介质的压力管道应建立巡线检查制度，制定应急措施和救援方案，根据需要建立抢险队伍，并定期演练。

（9）按有关规定及时如实向主管部门和当地劳动行政部门报告压力管道事故，并协助做好事故调查和善后处理工作，认真总结经验教训，防止事故的发生。

（10）按有关规定应负责的其他压力管道安全管理。

第五节　场站安防系统及安防器材

天然气长输管道横跨区域广，场站距离管理基地较远，多分布在远离人群聚集的荒凉的地区。企业应依据《石天然气管道系统治安风险等级和安全防范要求》（GA 1166—2014）的规定确定所属管道系统部位的治安风险等级，建立人力防范、实体防范、技术防范相结合的机制，提升安全防范水平。

安全防范级别由高到低划分为一级、二级和三级。管道系统部位的安全防范级别应与该部位治安风险等级相适应，即一级风险部位应满足一级安全防范要求，二级风险部位应不低于二级安全防范要求，三级风险部位应不低于三级安全防范要求。

一、人力防范

（1）管道企业应配备专、兼职治安保卫人员，并为其配备必要的防护器具、交通工具、通信器材等装备。

（2）管道企业应制定值班、监控和巡查、巡护等安全防范工作制度。在岗值班、值机、巡查、巡护人员应详细记录有关情况，及时处理发现的隐患和问题。

（3）管道企业应在公安机关指导下制定、完善治安突发事件处置预案，并组织开展培训和定期演练。

（4）管道企业应积极宣传石油、天然气管道安全与保护知识。

（5）有关部门应依法加强对企业治安保卫工作的指导、监督、检查，督促落实治安保卫措施。

二、实体防范

管道企业应在油气调控中心、各类储油（气）库及管道站场、阀室等的周界建立实体防范设施（金属栅栏或砖、石、混凝土围墙等），并在其上方设置防攀爬、防翻越障碍物。应根据《中华人民共和国石油天然气管道保护法》和有关标准规范的规定，在管道沿线设置里程桩、标志桩、警示牌。

三、技术防范

场站安全技防一般由安防系统组成，主要包括视频监控系统、入侵报警系统、可视对讲系统（即门禁系统）、电子巡查系统等。

（一）视频监控系统

视频监控系统一般采用数字高清摄像机，全站安装数个摄像机，满足对整个站区和重点区域的监控。如站内压缩机房外安装一台数字防爆高清定点摄像机，用于监控污水区和站外车辆人员进入和工作情况。站内安装一台数字高清高速球机，用来监控整个站区的情况，并与报警主机联动，当某个防区出现报警时，该摄像机能自动对报警区域进行监控，并在中心站给出报警提示，对事件进行处理。压缩机房安装一台数字防爆高清摄像机，监控两个压缩机飞轮的运行情况。机房的摄像机对进入该区域的车辆进行监控。

（二）入侵报警系统

目前常用的入侵报警系统有红外对射报警、微波对射报警、激光对射报警、张力报警、光（电）缆感应报警系统等。红外对射报警、微波对射报警、激光对射报警设置原理基本相同，均在站场围墙四角安装探测器，通过对射光束构成无线围栏，一旦围墙上有闯入物体时发生报警。张力报警系统设置是在站内围墙四周加装张力报警刀片围栏，在车辆入口处安装地埋感应线缆。优势如下：

（1）阻挡和威慑功能。设计安装 n 道报警刀片防护网，每道上下刀片线之间的间距不超过 18cm，人无法从缝隙穿越过去；报警刀片本身不带电，不会给人以电击或引起火花。

（2）报警联动功能。刺网系统内的导线通过连接信号到报警主机，当入侵者试图通过剪断报警刀片进入时，触发报警信号发出报警。同时具有防旁路剪断报警功能，如果用线短接在同一条刀片线不同位置，从中间剪断刀片线，机器照样发出报警信号。

（3）报警刀片防护系统的误报率等于零。

（4）报警刀片固定到支柱上，可以承受 20kg 以下的重量，想借助踩踏刀片线翻越报警刀片防护网是不可能的。

（5）故障率低、寿命长。报警刀片防护系统使用寿命可达 10 年以上，而且故障率极低。

（三）可视对讲系统（门禁系统）

一般采用技术领先的 IPAudio™ 技术，将音频信号及控制信号以数据包形式在局域网和广域网上进行传送，借助现有的网络架构，实现全站无死角的 TCP/IP 网络音频传输及控制管理。平时通过对讲主机呼叫开门、也可以刷卡进入和后台软件开启，并对进入时间进行记录，通过软件具有考勤记录和查询功能。

（四）安防系统的管理

1. 管理制度

管道企业应根据安全防范管理要求、系统规模和安防工程竣工文件，编制系统运行与维护的工作规划，建立系统运行与维护保障机制；系统运行与维护单位可以是建设（使用）单位，也可以是建设（使用）单位委托的第三方运维服务机构；系统运行与维护单位应建立安全防范系统设备台账，并对系统和设备的全生命周期进行管理；系统运行与维护工作应落实保密责任与措施；系统运行与维护人员应经培训和考核合格后上岗。专业的安防系统工程检查和维护应由专业人员依据《安全防范工程技术标准》（GB 50348—2018）的要求进行。主要内容包括：

（1）不得拆除和破坏安防设施。

（2）安防设施由专业承包商进行安装、保养和维修，使用单位负责设施的完好和运行。

（3）安防设施使用人员必须经过培训，清楚设施的日常保养和操作知识后才能进行操作，并积极参加公司组织的相关培训。

（4）有人值守站点每日交接班必须对安防设施进行安全检视：①是否处于正常布防状态；②是否有报警或故障显示；③各监控摄像头是否显示正常，图像是否清晰。

（5）各站、队每月对安防设施进行全面检查和测试。

（6）对于检查和测试过程中发现的问题要及时处理，向上级部门汇报并做好相应的记录。

（7）各站点需建立安防设施台账。

（8）有人值守场站，安防设施出现报警后，值班人员在 10min 内确认报警区域，通过视频或到现场察看情况，如为误报应做好相应记录，如确有非法入侵人员则按相关流程处理。

（9）无人值守场站需在每周检查时查询最近一周内报警记录，确认报警事由并做好记录。

（10）安防设施出现故障后，应在 1h 内报承包商安排检修，并通过作业流上报部门备案。如不及时报告或未及时安排检修，一旦发生案情将追究有关人员的责任。

（11）安防设施承包商在接到故障报修后应在 24h 内到现场处理。每月对所有安防设施检查不少于一次，并经相应站点负责人签字确认。

2. 安防系统检查与测试

安防系统检查与测试的项目和内容见表 3–1–6。

表 3–1–6　安防系统检查与测试的项目和内容

序号	项目	测试内容	备注
1	摄像头	是否正常工作、图像是否清晰	
2	摄像头控制器	是否可进行左右、上下、缩放操作	
3	视频控制器	视频切换是否正常	
4	周界报警装置（红外 / 张力围栏）	按测试标准是否正常报警，报警记录是否可查（每个独立防区都测）	
5	摄像头报警联动	报警是否可以联动摄像头，联动是否正确	
6	布防主机	布防、撤防是否正常，遥控器控制是否正常	
7	硬盘录像机	调用录像是否正常	
8	场内声光报警器	喊话喇叭系统运作是否正常	
9	控制电脑	界面切换是否正常，监控摄像头是否可设，录像回放是否正常，周界报警是否闪烁	
10	故障维修	操作说明和应急维修电话是否完整	
11	户外接线箱、周界报警设备	接线箱是否完整，有无破损、进水；周界报警设备是否完整	

3. 周界报警实施测试方法

（1）红外探测器测试方法。测试时准备一块足够大的实体木板、厚纸板等物品，完全遮挡住红外探测器即可实现红外探测器报警，报警速度应小于 2s（说明：红外探测器红外光束有一定的穿透力，非实体工具无法彻底遮挡住红外光束，或没有完全遮挡住所有红外光束，可能会造成漏报现象）。

（2）张力围栏测试方法。用专用测试工具悬挂在张力围栏线中部，报警速度应小于 2s（说明：在测试时确保所测张力线得到有效拉伸，在测试完毕后张力线应能恢复原位）。

四、安防器材及使用

安防器材是特殊人员使用的一些装备，在实际使用过程中既可以保证自己很好地执行相关任务，更重要的是保证自己的生命安全。日常工作中，安防器材只供当班安保人员或在岗人员在紧急情况下使用，非值班、执勤人员严禁转借他人或私自使用，更不允许携带回家占为己有，仅限于对暴徒、暴乱分子等犯罪分子使用，当其失去反抗时应停止再次使用。目前，反恐器材主要包括防暴盾牌、防暴钢叉、防暴头盔、防弹衣、应急棍、对讲机、电筒、防暴弹等，主要由各处安保人员负责日常管理。

（一）防暴盾牌

防暴盾牌是在处置突发事件时，一个很好的防守加进攻的装备，用于在暴乱过程中推挤对方和保护自己不被硬物和不明液体的袭击，也可以抵挡速度不是很快的子弹。

其实现实中使用的防暴盾牌主要是防刀的，能防住最厉害的武器是流弹或者弹片，手枪近距离射击是可以轻易射穿的，真正可以防弹的盾牌是非常重的，不易举起，所以我们在使用防暴盾牌的时候要特别注意。

当遇到危险时，首先想到是如何保护好自己，这时就双手抓住盾牌，身体下蹲，目视前方，做好持盾牌戒备姿势，既能保护好自己，又能攻击。当有犯罪分子用匕首捅向你时，可以用盾牌迅速上挡一下，把匕首挡开，左腿迅速向前一小步，右腿跟进。两手握紧盾牌迅速向上方成 45° 夹角击出，确保自己不受伤害。

（二）防暴钢叉

防暴钢叉是一种有效的约束性器械，这种工具既可保证执勤人员的安全，也能有效制服恐怖分子，且可避免对恐怖分子的人身伤害，很适合执勤人员或安保人员使用。

防暴钢叉由一种不锈钢制成，质量仅 2kg 左右，可拆卸，一端是 U 形叉口，一端是塑料把手，没有锐利棱角，通过钢叉中央的按钮，可使其伸长至 2m，也可缩短至 1m。防暴钢叉是一种配合器械，在恐怖分子行凶的过程中，安保人员可用钢叉抵住他的上半身，使其不能随便移动，随后可用其他防暴警械进行制服。

（三）防暴头盔

防暴头盔是一种保护安保人员在应对突发事件时抵御头部及面部受到打击伤害或其他潜在的伤害（如泼洒腐蚀性化学液体）的一种警用装具。使用技巧。

（1）使用者根据自己头型尺寸大小，选择合适的产品规格进行使用。

（2）先将面罩镜片向头顶方向掀开，再用手指拉住佩带两侧，往两侧拉开，使开口扩张。

（3）将头盔前倾，使头部前额先戴入头盔，再往下拉，使头盔完全戴入。

（4）头盔戴入后，将头盔前后左右摇动，使头部佩戴舒适，再将佩带调整到适当位置后将插扣插好，连接牢靠。然后将面罩镜片往下拉，使面罩防水橡胶条与壳体前额密合。

（5）头盔欲脱掉时，将佩带解开；即用手指按住佩带上的搭扣并拉开，即可使佩带开口扩张，再由前往后脱掉。

（四）防弹衣（防刺背心）

防弹衣是指能吸收和耗散弹头、破片动能，阻止穿透，有效保护人体受防护部位的一种服装。作为一种防护用品，防弹衣首先应具备的核心性能是防弹性能。同时作为一种功能性服装，它还应具备一定的衣服用性能。防弹衣主要由衣套和防弹层组成，不同防弹等级的防弹衣能够防护的威力也是不同的。防弹衣的防弹性能主要体现在以下两个方面：

（1）防弹片。各种爆炸物如炸弹、地雷、炮弹和手榴弹等爆炸产生的高速破片是战场上的主要威胁之一。据调查，一个战场中的士兵所面临的威胁大小顺序是：弹片、枪弹、爆炸冲击波和热。所以，要十分强调防弹片的功能。

（2）防非贯穿性损伤。子弹在击中目标后会产生极大的冲击力，这种冲击力作用于人体所生产的伤害常常是致命的。这种伤害不呈现出贯穿性，但会造成内伤，重者危及生命。所以防止非贯穿性损伤也是体现和检验防弹衣防弹性能的一个重要方面。

防弹衣的服用性能要求一方面是指在不影响防弹能力的前提下，防弹衣应尽可能轻便舒适，人在穿着后仍能较为灵活地完成各种动作。另一方面是服装对“服装－人体”系统的微气候环境的调节能力。对于防弹衣而言，则是希望人体穿着防弹衣后，仍能维持“人－衣”基本的热湿交换状态，尽可能避免防弹衣内表面湿气的积蓄而给人体造成闷热潮湿等不舒适感，减少体能的消耗。此外，由于其特殊的使用环境，防弹衣也要考虑到与其他武器装备的适配性。

（五）应急棍

应急棍攻防动作是结合棍术特点，利用步法和身法的灵活性，采用简单实用的攻防动作击打对方的方法。其特点是攻防兼备、连贯性强、动作舒展、进攻凶狠、防守严密、易学易练具有很强的实用性。

应急棍的部位可分为棍梢、棍把、棍身。棍梢是指棍的细小一端，自棍端起约10～15cm。棍把是指棍的粗大一端，自把端起约15～20cm。棍身是指棍梢与棍把之间的部分，通常分为后段、中段、前段，以便于说明握棍的部位和棍法的着力点。

应急棍通常以双手握在棍身后段，虎口均朝棍梢一端，为“正握”，除虎口处的拇指与食指握指握棍，其余三指松开。棍术中主要由攻击性、防御性方法，攻击性方法主要有：劈、摔、抡、扫、戳、挑、盖、崩棍等方法；防御性方法主要有：架、格、桂、绞等方法。

（六）防暴对讲机

防爆对讲机是指可以工作在爆炸性气体环境的对讲机。和民用对讲机不同，防爆对讲机并非指自身能抵抗爆炸的对讲机，而是指可以在爆炸性气体环境下工作的对讲机。

适用于环境恶劣、存在危险可燃气体或粉尘的环境如石化、煤矿、化工、火电、食品加工等行业。我们知道，对讲机是靠电磁波来传递信号的，而电磁波的传递靠的是电场与磁场的不断转换，在这种转换过程中就容易产生电火花。而防爆对讲机由于其线路经过特殊的处理，转换过程中可能产生火花的地方都被屏蔽。使用须知如下：

（1）不要在危险环境中更换电池和其他附件。拆装时产生的接触电火花会引起爆炸或火灾。即使是经过防爆检测机构认证的产品，在危险大气中使用时，也不可将附件连接器暴露在外。不需要使用附件连接器时，应当用防尘罩严密遮蔽。

（2）防爆对讲机使用 2 年后应及时返厂重新检测确定防爆等级，以免因长期使用降低了防爆等级而产生意外。

（3）不要以任何方式自行拆卸经过防爆检测机构认证的产品。改装对讲机会改变对讲机硬件的原有设计结构。只有产品的原制造商才可以在经过防爆检测机构认证的生产场地内进行改装。未经授权的改装将导致该产品防爆认证失效。

（4）整机充电时，应将电源开关关闭，不可在充电时同时进行通话发射操作，以免烧毁元件或电池意外。

（5）在使用时，不要用手去拿天线，不可弯折天线。

（七）防爆弹

防爆弹是利用弹体内部装填药剂燃烧或爆炸释放出的不同能量，使有生目标受到暂时性抑制、失灵，却又不产生持久伤害或危及生命的特殊弹种。主要用于驱散、拦阻群体目标。主要有催泪弹、橡胶散弹、爆震弹、闪光弹和标志弹等。

催泪弹是用内部药剂燃烧或爆炸时产生催泪烟雾，刺激有生目标的眼睛和呼吸道，使其流泪，流鼻涕，从而暂时失去抵抗能力的种防爆弹。

催泪弹是通过燃烧或爆炸的化学方法，使弹体内的刺激性毒剂释放能量，通常以气溶胶、烟雾、粉尘形式向周围释放，毒化目标区域，强烈刺激有生目标的眼睛和呼吸道，反射性地引起大量流泪、羞光、流鼻涕、灼痛和不能自控的喷嚏、咳嗽等症状，从而使其暂时丧失活动能力。投掷时，要按照引弹、蹬地、送胯、转体、挥臂扣腕等动作，协调一致地猛力将弹投出。动作要领：首先从包装袋中取出来弹体，右手紧握保险片及弹体，左手食指套入保险销的拉环，用力拔出保险插销，然后按要领将弹投向目标。

在使用催泪弹时，有时会沾染催泪气体。一旦在使用过程中自己沾染了催泪气体，不要着急，不要用手触摸，尤其是不要用手揉眼睛和鼻子，应尽快离开污染环境，用清水冲洗污染部位，半小时后各种症状就会自行消失。防爆弹的种类多，形状、功能也各不相同，但工作原理和使用方法基本一致。

在日常管理中，反恐器材由安保部门配备及监督使用，定期对其进行检测，当防暴头盔、防暴钢叉、防暴盾牌再发生过一次较大撞击事故后，应立即停止使用或送工厂鉴定确认是否可继续使用，其中防暴头盔使用期限为3年，当防暴器材使用期限到年限时，必须由安保部门进行重新配备。而对于防爆弹等具有危害性的防暴器材，要向当地公安部门进行申请及备案。在日常工作当中执勤安保人员严格按照要求保管好器材，不得随意搁放或委托他人代为保管，使用完毕后放回原处，交接班时，做好交接验收工作，确保其处于正常完好状态。

企业应不断加强对员工的反恐防暴知识培训，提高员工的自我防范能力，让广大员工掌握反恐防暴器材的使用方法，提高员工的应对能力和反恐意识，确保自身生命财产安全。

第六节 特殊作业安全

依据《化学品生产单位特殊作业安全规范》（GB 30871—2014）及企业许可作业管理相关规定，单位设备检修中涉及的用火作业、受限空间作业、盲板抽堵作业、高处作业、起重作业、临时用电作业、动土作业等特殊作业过程需执行作业许可审批、现场确认、监护、许可关闭等措施，保证作业安全。

一、特殊作业

特殊作业是指化学品生产单位设备检修过程中可能涉及的用火、进入受限空间、盲板抽堵、高处作业、起重、临时用电、动土等，对操作者本人、他人及周围建（构）筑物、设备、设施的安全可能造成危害的作业。主要包括：

用火作业是指直接或间接产生明火的工艺设备以外的禁火区内可能产生火焰、火花或炽热表面的非常规作业，如使用电焊、气焊（割）、喷灯、电钻、砂轮等进行的作业。

受限空间作业是指进入或探入受限空间进行的作业。受限空间包括进出口受限，通风不良，可能存在易燃易爆、有毒有害物质或缺氧，对进入人员的身体健康和生命安全构成威胁的封闭、半封闭设施及场所，如反应器、塔、釜、槽、罐、炉膛、锅筒、管道以及地下室、窨井、坑（池）、下水道或其他封闭、半封闭场所。

盲板抽堵作业是指在设备、管道上安装和拆卸盲板的作业。

高处作业是指在距坠落基准面2m及2m以上有可能坠落的高处进行的作业。

异温高处作业是指在高温或低温情况下进行的高处作业。高温是指作业地点具有生产性热源，其环境温度高于本地区夏季室外通风设计计算温度 2℃及以上。低温是指作业地点的气温低于 5℃。

带电高处作业是指采取地（零）电位或等（同）电位方式接近或接触带电体，对带电设备和线路进行检修的高处作业。

起重作业是指利用各种吊装机具将设备、工件、器具、材料等吊起，使其发生位置变化的作业过程。

临时用电泛指正式运行的电源上所接的非永久性用电。

动土作业是指挖土、打桩、钻探、坑探、地锚入土深度在 0.5m 以上；使用推土机、压路机等施工机械进行填土或平整场地等可能对地下隐蔽设施产生影响的作业。

二、作业许可

作业许可是一种在现场管理层与现场监督、作业人员之间的沟通手段，是最基本的安全管理工具，正确地运用工作许可证，目的在于控制作业现场潜在的隐患并将风险减低到可以接受的程度，有效地预防和控制高风险作业引起的生产安全事故，以防止事故发生，是风险控制措施的有效载体。

高风险作业是指特殊作业及经风险识别存在较大以上风险的作业项目。

常规作业是指在专属区域、按照常规工作程序或规程进行的日常作业。常规作业一般不需要办理作业许可，但应按照本单位的具体程序和规程进行操作。

非常规作业是指临时性的、缺乏程序规定的和承包商作业的活动。除常规作业之外，都属于非常规作业。

作业许可是指在从事非常规作业及高危作业之前，为保证作业安全，必须取得授权许可方可实施作业的一种管理制度。

作业许可的内容包括区域划分、风险控制和应急措施，作业人员的资格和能力、责任与授权、监督和审核、交流沟通等。通过执行作业许可证上的所有指令，确保对关键活动和人物的控制。

作业许可的范围包括以下 4 个方面。

（1）凡涉及用火、临时用电、进入受限空间、高处、动土、起重和盲板抽堵等特殊作业必须实行作业许可管理。

（2）企业生产经营过程中高风险的非常规作业必须实行许可管理，高风险的非常规作业包括临边作业、交叉作业、脚手架作业、吊篮作业、清罐作业、深基坑作业等。

（3）承包商在企业生产区域内的其他临时性作业（日常及有程序指导的维修作业除外）必须实行许可管理。

（4）经风险识别，确认存在较大以上风险的其他作业项目。

实施作业许可管理的目的在于通过危害识别，制定完善的工艺方和作业方安全、技术措施，明确相关人员职责和工作标准，强化沟通，有效控制直接作业环节风险，确保工艺安全。

三、特殊作业基本要求

（1）作业前，作业单位和生产单位应对作业现场和作业过程中可能存在的危险、有害因素进行辨识，制定相应的安全措施。

（2）作业前，应对参加作业的人员进行安全教育，主要内容如下：

①有关作业的安全规章制度；

②作业现场和作业过程中可能存在的危险、有害因素及应采取的具体安全措施；

③作业过程中所使用的个体防护器具的使用方法及使用注意事项；

④事故的预防、避险、逃生、自救、互救等知识；

⑤相关事故案例和经验、教训。

（3）作业前，生产单位应进行如下工作：

①对设备、管线进行隔绝、清洗、置换，并确认满足动火、进入受限空间等作业安全要求；

②对放射源采取相应的安全处置措施；

③对作业现场的地下隐蔽工程进行交底；

④腐蚀性介质的作业场所配备人员应急用冲洗水源；

⑤夜间作业的场所设置满足要求的照明装置；

⑥会同作业单位组织作业人员到作业现场，了解和熟悉现场环境，进一步核实安全措施的可靠性，熟悉应急救援器材的位置及分布。

（4）作业前，作业单位应对作业现场及作业涉及的设备、设施、工器具等进行检查，并使之符合如下要求：

①作业现场消防通道、行车通道应保持畅通，影响作业安全的杂物应清理干净；

②作业现场的梯子、栏杆、平台、箅子板、盖板等设施应完整、牢固，采用的临时设施应确保安全；

③作业现场可能危及安全的坑、井、沟、孔洞等应采取有效防护措施，并设警示标志，夜间应设警示红灯；需要检修的设备上的电器电源应可靠断电，在电源开关处加锁并加挂安全警示牌；

④作业使用的个体防护器具、消防器材、通信设备、照明设备等应完好；

⑤作业使用的脚手架、起重机械、电气焊用具、手持电动工具等各种工器具应符合作业安全要求；超过安全电压的手持式、移动式电动工器具应逐个配置漏电保护器和电源开关。

（5）进入作业现场的人员应正确佩戴符合 GB2811 要求的安全帽，作业时，作业人员应遵守本工种安全技术操作规程，并按规定着装及正确佩戴相应的个体防护用品，多工种、多层次交叉作业应统一协调。

特种作业和特种设备作业人员应持证上岗。患有职业禁忌证者不应参与相应作业。

职业禁忌证依据 GBZ/T157—2009。

作业监护人员应坚守岗位，如确需离开，应有专人替代监护。

（6）作业前，作业单位应办理作业审批手续，并有相关责任人签名确认。

同一作业涉及动火、进入受限空间、盲板抽堵、高处作业、吊装、临时用电、动土、断路中的两种或两种以上时，除应同时执行相应的作业要求外，还应同时办理相应的作业审批手续。

作业时审批手续应齐全、安全措施应全部落实、作业环境应符合安全要求。

（7）当生产装置出现异常，可能危及作业人员安全时，生产单位应立即通知作业人员停止作业，迅速撤离。

当作业现场出现异常，可能危及作业人员安全时，作业人员应停止作业，迅速撤离，作业单位应立即通知生产单位。

（8）作业完毕，应恢复作业时拆移的盖板、箅子板、扶手、栏杆、防护罩等安全设施的安全使用功能；将作业用的工器具、脚手架、临时电源、临时照明设备等及时撤离现场；将废料、杂物、垃圾、油污等清理干净。

四、作业许可管理

（一）管理原则

（1）按照“谁的工作谁负责、谁的业务谁负责、谁签字谁负责”原则，对高风险作业实施许可管理，未经许可禁止相应作业。

（2）实施许可的作业应从严控制作业次数、作业时限、作业人员。

（3）禁止超作业许可时间、超范围作业。

（二）组织管理与职责

（1）企业各级安全监管部门是作业许可的监管责任主体。要对作业许可管理的执行情况实施监督管理；负责作业许可申请人、签发人、监护人、接收人的安全培训和资格认定；负责作业许可证的定期归档管理。

（2）企业各级业务主管部门是作业许可的管理责任主体，提供业务技术支撑和现场管理，负责作业许可全过程的管理。

（3）生产基层单位是作业许可的实施责任主体。负责作业人员的安全教育和作业现场的工艺、环境处理，满足作业安全要求；按规定做好作业前的 JSA 分析和现场安全交底，落实作业条件确认和现场监护；按照审批权限进行作业许可审批；负责现场作业监护和作业结束的核实、关闭、现场恢复。

五、管理内容及要求

（一）总体要求

（1）高风险的施工作业必须实行作业许可管理。

（2）作业许可管理包括作业前的风险辨识、许可条件确认、许可证的申请、审批、实施、关闭等内容。

（3）特殊时期、节日、假日和夜间应当控制高风险作业，节日、假日或其他特殊情况，作业许可应升级管理。

（4）同一作业涉及高风险作业中的两种或两种以上时，除应同时执行相应的作业要求外，还应同时办理相应的作业审批手续。

（二）人员要求

（1）作业许可申请人、签发人、监护人、接收人应经过作业许可管理培训合格、取得相应资质。

（2）中国石化系统内，经企业培训取得相应资质的接收人，其他企业应予以认可。

（3）作业许可接收人、监护人、作业人等不得随意变更，如更换，必须执行变更管理，并做好工作交接。

（三）作业许可申请

生产基层单位相关专业管理人员提出作业许可申请，按照审批权限进行审批、签发。新建项目由施工单位提出作业许可申请。

（四）风险辨识

（1）作业现场负责人在办理作业许可证前，必须组织人员运用JSA等方法进行危害识别和风险分析，制定切实可行的安全措施，并将其作为作业许可证的附件。

（2）生产现场的作业，应由属地单位的管理人员担任JSA组长，组织属地和施工单位人员共同开展JSA分析。

（五）作业许可确认

（1）施工前，签发人会同施工单位的现场负责人及有关专业技术人员、监护人，对现场作业的设备、设施进行现场检查，对作业内容、可能存在的风险以及施工作业环境进行交底，对许可证列出的有关安全措施逐条确认后，现场签发作业许可证。

（2）作业条件发生变化或长时间中断，情况不明的作业，作业许可应重新确认、签发。

（六）现场监护

（1）实施许可的日常检维修和局部检维修、改造项目，应由建设单位和施工单位实施作业现场“双监护”；大型检维修、改造和新建工程项目，在确认安全交出后，施工单位必须设专人监护，建设单位根据作业 JSA 分析情况，落实监护。

（2）特殊作业以及重要的、危险性较大的高风险作业必须实施全程视频监控。

（七）作业过程管理

（1）作业过程中，监护人、接收人不得随意更换或离开现场。人员更换必须办理确认手续，确需离开时，收回作业许可证，暂停作业。

（2）当生产装置出现异常，可能危及作业人员安全时，生产单位应立即通知作业人员停止作业，迅速撤离。当作业现场出现异常，可能危及人身安全时，作业人员应停止作业，迅速撤离，并立即通知生产单位。

（八）作业许可关闭

作业完毕，经签发人或签发人授权基层单位负责人现场检查，确认无遗留安全隐患后，办理作业票关闭手续。

第二章　急救及现场救护

第一节　现场急救

现场急救，就是应用急救知识和最简单的急救技术进行现场初级救生，最大限度地稳定伤员的伤、病情，减少并发症，维持伤员的最基本的生命体征。现场急救是否及时和正确，关系到伤员生命和伤害的结果，还为下一步全面治疗救治作了必要处理和准备。

一、现场急救的目的

（1）保存生命——恢复呼吸、心跳、止血、救治休克。

（2）防止伤势恶化——处理伤口、固定骨部。

（3）促进复原——避免非必要的移动、小心处理、保持最舒适的坐/卧姿势、善言安慰。

二、现场急救的原则

（1）沉着大胆，细心负责，分清轻、重、缓、急，果断实施救治方法。

（2）先处理危重病人，再处理较轻病人；在同一患者中，先救治生命，再处理局部。

（3）观察现场环境，确保自己和伤者的安全。

（4）充分运用现场可供支配的人力、物力来协助急救。

三、现场急救的范围

急救范围包括但不仅限于以下几个方面：流血不止，昏迷及呼吸心脏骤停，溺水，烧烫伤，外伤缝合，骨折固定及伤员搬运，触电，食物中毒，急性传染病，眼内异物，动物、昆虫的咬伤，硫化氢中毒，高寒冻伤，化学药品灼伤。

四、判断危重病情的方法

在伤员较多的情况下，判断病情轻重是十分重要的，如果不分病情轻重而盲目处理，有可能会出现危重病人因抢救不及时而导致伤员病情恶化，甚至死亡。在现场巡视后对伤员进行最初的评估，救护员需要首先确认并立即处理威胁生命的情况，检查伤员的意识、气道、呼吸、循环体征等。

（1）意识。先判断伤员神志是否清醒。在大声呼唤、轻拍肩膀时伤员睁眼或有肢体运动等反应时伤员有意识。如伤员对上述刺激无反应，则表明意识丧失，已陷入危重状态。伤员突然倒地，呼之不应，情况多为严重。

（2）气道。保持气道畅通对于呼吸是必要条件。如伤员有反应但不能说话、不能咳嗽，可能存在气道梗阻，必须立即检查并清除。

（3）呼吸。评估呼吸情况。正常人每分钟呼吸 12~18 次，危重伤员呼吸变快、变浅乃至不规则，呈叹息样。在畅通气道后，对无反应的伤员进行呼吸的检查，如伤员呼吸停止，保持气道通畅，立即施行人工呼吸。

（4）循环体征。在检查伤员意识、气道、呼吸之后，应对伤员的循环进行检查。可以通过检查循环体征如呼吸、咳嗽、运动、皮肤颜色、脉搏情况来进行判断。正常成人心跳每分钟 60~100 次，儿童每分钟 110~120 次。呼吸停止，心跳随之停止；或者心跳停止，呼吸也随之停止；心跳呼吸几乎同时停止也是常见的。心跳反映在腕部的桡动脉和颈部的颈动脉。

（5）瞳孔反应。瞳孔又称“瞳仁”，位于黑眼球中央。正常时双眼的瞳孔是等大圆形的，遇到强光刺激能迅速缩小。用手电筒突然照射瞳孔即可观察到瞳孔的反应。当伤员脑部受伤、脑出血、严重药物中毒时，瞳孔可能缩小为针尖大小，也可能扩大到黑眼球边缘，对光线不发生反应或反应迟钝。有时因为出现脑水肿或脑疝，使双眼瞳孔一大一小。瞳孔的变化揭示了脑病变的严重程度（图 3–2–1）。

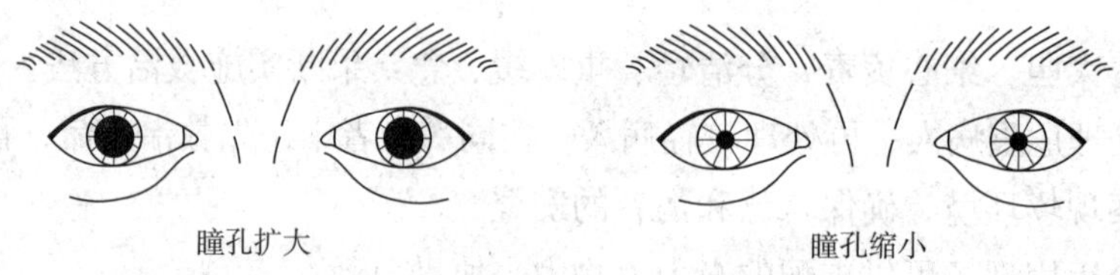

图 3–2–1　瞳孔的变化

当完成现场评估后，再对伤员的头部、颈部、胸部、腹部、骨盆、脊柱、四肢进行检查，看有无开放性损伤、骨折畸形、触痛、肿胀等体征，有助于对伤员的病情判断。还要注意伤员的总体情况，如表情淡漠不语、冷汗、口渴、呼吸急促、肢体不能活动等变化为病情危重的表现；对外伤伤员还应观察神志不清程度，呼吸次数和深浅，脉搏次数和强弱；注意检查有无活动性出血，如有立即止血。严重的胸腹部损伤，容易引起休克、昏迷甚至死亡。

五、现场急救应急程序

急救是对伤员提供紧急的监护和救治，给伤员以最大生存机会，急救一定要遵循以下四个急救步骤：

（1）调查事故现场。调查时要确保对你、伤员或其他人无任何危险，迅速使伤员脱离危险场所，尤其在施工现场，更是如此。

（2）初步检查伤员。判断其神志、气管、呼吸循环是否有问题，必要时立即进行现场急救和监护，使伤员保持呼吸道畅通，视情况采取有效的止血、防止休克、包扎伤口、固定、保存好断离的器官或组织、预防感染、止疼等措施。

（3）同步呼救。在施救的同时，另派人拨通120，通知救护人员和车辆，并继续进行施救，一直要坚持到救护人员或其他施救者到达现场接替为止。此时还应反映伤员的伤病情和简单的救治过程。

（4）如果没有发现危及伤员的体征，可作第二次检查，以免遗漏其他的损伤、骨折和病变。这样有利于现场施行必要的急救和稳定病情，降低并发症和伤残率。

六、呼救的注意事项

（1）一旦发生人员受伤事故，伤者或目击者应立即大声疾呼“受伤了”，同时赶赴报警点，发出急救信号，并通知医生和主管领导。

（2）发现伤员伤病严重时，应及时拨打急救电话“120”。在拨通急救电话后要清楚地回答急救中心接线员的询问，并把以下情况简短说明：

①伤员所在具体地点，最好说明该地点附近的明显标志；

②伤员人数；

③伤员发生伤病的时间和主要表现；

④可能发生意外伤害的原因；

⑤现场联系人的姓名和电话号码。

拨通急救电话后，如果不知该说什么，一定要清楚、准确地回答电话接听者的问话，并等接听者告诉可以结束时，再挂断电话。

（3）拨打“120”注意事项。

①如何拨打“120”急救电话：

a. 拨打“120”电话时，应切勿惊慌，保持镇静、讲话清晰、简练易懂。

b. 呼救者必须说清病人的症状或伤情，便于准确派车；讲清现场地点、等车地点，以便尽快找到病人；留下自己的姓名和电话号码以及病人的姓名、性别、年龄，以便联系。

c. 等车地点应选择路口、公交车站、大的建筑物等有明显标志处。

d. 等救护车时不要把病人提前搀扶或抬出来，以免影响病人的救治。应尽量提前接救护车，见到救护车时主动挥手示意接应。

e. 在医院外（在家、在单位、在公共场所）发生了急重病人和意外受伤时，请立即拨打 120 急救电话，向急救中心发出呼救。

②拨打“120”报警电话要点：

a. 病人的姓名、性别、年龄、确切地址、联系电话。

b. 病人患病或受伤的时间，目前的主要症状和现场采取的初步的急救措施。

c. 报告病人最突出、最典型的发病表现。

d. 过去得过什么疾病，服药情况。

e. 约定具体的候车地点，准备接车。

第二节　心肺复苏

现场心肺复苏（CPR）是在心跳呼吸骤停的现场进行的紧急人工呼吸和心脏胸外按压（也称人工循环）技术，是最基本的生命支持，是针对骤停的心跳和呼吸采取的“救命技术”。

一、心肺复苏的对象

（1）无意识：大声喊叫不答应，轻拍肩部无反应。

（2）无呼吸：看不到伤员胸部和上腹部的上下起伏感；听不到伤员口鼻的呼吸声；用侧面颊感觉不到伤员的呼吸气流。

（3）无心跳：感觉不到伤员脉搏搏动。

二、现场心肺复苏实施的紧迫性

人体内是没有氧气储备的，正常的呼吸将氧气送至川流不息的血液循环到达全身各处。由于心跳呼吸的突然停止，使得全身重要脏器发生缺血缺氧，尤其是大脑一旦缺血缺氧 4~6min，脑组织即发生损伤，超过 10min 即发生不可恢复的损害。因此，在 4~6min 内，最好是在 4min 内立即进行心肺复苏，在畅通气道的前提下进行有效的人工呼吸、胸外心脏按压，使带有新鲜氧气的血液到达大脑和其他重要脏器。所以，CPR 必须争分夺秒尽早实施，使心肺的功能得以恢复，更重要的是恢复大脑功能，避免和减少“植物状态”“植物人”的发生。

三、现场实施心肺复苏步骤及操作要求

现场急救人员首先对患者有无反应、意识，呼吸和循环体征做出基本判断。只要发现无意识、无呼吸（包括异常呼吸），立即向急救中心求救后开始 CPR（现场心肺复苏）。下面主要介绍心肺复苏施救的基本步骤及操作要求。

（一）识别判断

当发现有人突然倒地，抢救者应按救护程序迅速将伤员搬运到安全的地方。轻拍患者双肩，并大声重复呼叫："你怎么了？"。患者无动作或应声，即判断为无反应、无意识。

（二）呼救、求救

发现患者无反应、无意识及无呼吸（或叹息样呼吸）时，应立即高声呼叫："快来人呀，有人晕倒了！"请先生（女士）帮忙拨打"120"，如果有除颤仪请取来。有会救护的请帮忙。如图 3–2–2 和图 3–2–3 所示。

图 3–2–2 判断伤员有无意识

图 3–2–3 呼救

（三）心肺复苏体位

如果被救者处于俯卧位或其他不宜复苏体位，急救人员将被救者翻转为复苏体位，仰卧于坚硬的平面上。放置伤员的地方要求坚硬且平整，体位一般采取仰卧位，现场急救人员位于被复苏者的一侧，宜于右侧，近胸部部便于图 3–2–4 的操作。

图 3–2–4 心肺复苏体位

（四）胸外心脏按压

当确定病人呼吸已经停止，就立即对病人进

行胸外心脏按压如图 3-2-5 所示。胸外心脏按压是使用外力压迫心脏，恢复血液循环，保证大脑供氧，进而使伤员得以复苏。

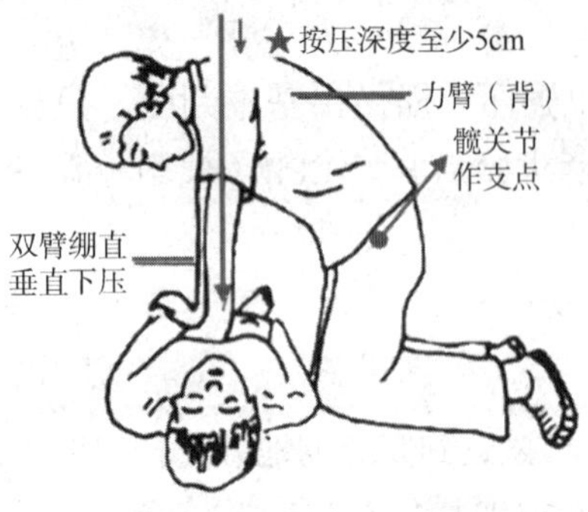

图 3-2-5　胸外心脏按压

（1）抢救者用掌根按压在病人两乳头中点处或者剑突根部两横指处。

（2）双手十指相扣，一手掌紧贴患者胸壁，另一手掌重叠放在此手背上，手掌根部长轴与胸骨长轴确保一致，有力压在胸骨上。

（3）肘关节伸直，上肢呈一直线，双肩位于手上方，以保证每次按压的方向与胸骨垂直。

（4）对正常体形的患者，按压胸壁的下陷幅度至少 5cm，但不超过 6cm。

（5）每次按压后放松，使胸廓恢复到按压前位置。放松时双手不离开胸壁，连续 30 次按压。

（6）按压频率 100～120 次 /min。

（7）按压与放松间隔比为 1∶1。

（五）注意事项

胸外心脏按压的根本目的在于恢复有效的血液循环，因此操作时除迅速、正确外，还应注意以下事项：

（1）按压位置要正确，否则不仅无效，且易出现肋骨骨折、气胸、血胸、心包出血、胃内容物返流等副作用；

（2）开始按压时切忌用力过猛，最初的一两次按压不妨用力略小，以探索患者胸廓弹性，避免发生肋骨骨折等；

（3）在进行胸外心脏按压术的同时，必须密切配合进行口对口人工呼吸。

（六）畅通呼吸道

当伤员意识消失时，肌肉的张力也完全消失。舌肌松弛，舌根向后坠，正好堵塞住气道造成上呼吸道梗阻。在口对口吹气前，必须打开气道。

打开气道的常用方法是仰头举颏法，其操作方法是：用一只手的小鱼脊压在伤员额头上，另一只手的食、中指置于下颌骨之下靠近下颏处，举起下颏。

（七）人工呼吸

（1）按压 30 次后，观察患者口中有无异物，如有，将异物取出。

（2）口对口吹气，救护员用手捏住患者鼻孔，将患者口腔张开，急救者先深吸一口气，对准患者口腔用力吹入，然后抬头，并同时松开手。每次吹气应持续 1s，如此反复进行，直到自动呼吸恢复。吹气不可过快或过度用力，推荐约 500～600mL 潮气量。

（3）以 30：2 的按压 / 通气比例，进行 5 组 CPR，重新评价。

人工呼吸操作如图 3-2-6、图 3-2-7 所示。

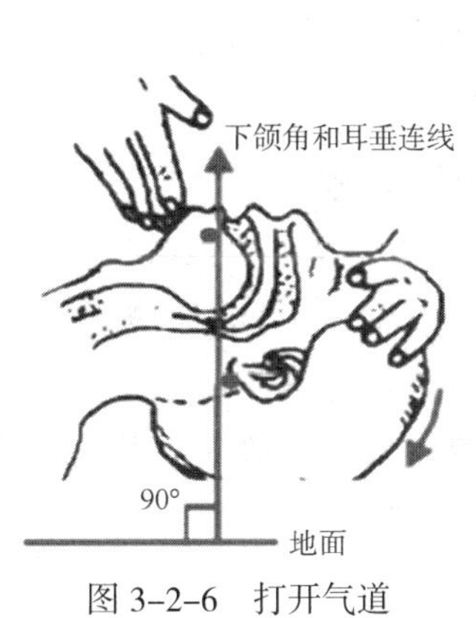

图 3-2-6　打开气道

图 3-2-7　人工呼吸

（八）复原体位

如患者自主呼吸及心搏已恢复，应将其翻转为复原体位，随时观察生命体征。

（九）继续 CPR

如患者自主呼吸、心搏未恢复，继续 CPR。

四、心肺复苏有效表现

如救护员实施 CPR 救护方法正确，又有以下征兆时，表明 CPR 有效。

（1）面色、口唇由苍白、青紫变红润。

（2）恢复可以探知的脉搏搏动、自主呼吸。

（3）瞳孔由大变小、对光反射恢复。

（4）伤员眼球能活动，手脚抽动，呻吟。

五、心肺复苏的终止条件

现场的 CPR 应坚持连续进行，在 CPR 进行期间，需要检查呼吸、循环体征的情况下，也不能停止超过 10s。如有以下几种情况之一则考虑停止：

（1）患者自主呼吸及脉搏恢复。

（2）有他人或专业急救人员到场接替。

（3）有医生到场确定伤员死亡。

（4）救护员精疲力尽不能继续进行心肺复苏。

第三节　创伤救护

创伤是各种致伤因素作用下造成的人体组织损伤和功能障碍。轻者造成体表损伤，引起疼痛和出血；重者导致功能障碍、致残，死亡。正确的现场救护能挽救伤员的生命、防止损伤加重和减轻伤员痛苦，反之可加重损伤，造成不可挽回的损伤，以致危及生命。

一般创伤救护是指止血、包扎、固定、搬运四项技术，但野外施工井下作业现场发生的外伤大多是复合伤，我们应本着先救命，后救伤的原则。

一、常见创伤类别

（1）交通伤。交通伤占创伤的首要位置。现代创伤中交通伤以高能创伤（高速行驶所发生的交通伤）为特点，常造成多发伤，多发骨折，脊柱、脊髓损伤，内脏损伤，开放伤等严重损伤。

（2）坠落伤。现代生产设备的大型化，高处作业增多，坠落伤的风险加大。坠落伤通过着地部位直接摔伤和力的传导致伤，以脊柱和脊髓损伤、骨盆骨折为主，也可造成多发骨折、颅脑损伤、肝脾破裂。

（3）机械伤。机械设备的不当使用易造成以绞伤、挤压伤为主的创伤伤害，常导致单肢体开放性损伤或断肢、断指，组织挫伤，血管、神经、肌腱损伤和骨折。

（4）锐器伤。施工现场的机器、设备、工具在事故中易造成锐器伤，伤口深，易出现深部组织损伤，胸腹部锐器伤可导致内脏或大血管损伤，出血多。

（5）跌伤。施工现场人员跌倒，易造成前臂、骨盆、大腿、脊柱等压缩性骨折。青壮年严重跌伤也可造成骨折。

二、创伤出血与止血技术

严重的创伤常引起大量出血而危及伤员的生命，在现场及时、有效地为伤员止血是挽救生命必须采取的措施。

血液由血浆和血细胞组成。成人的血液量约占自身体重的8%，每千克体重含有60~80mL 血液。

（一）出血类型

1. 按出血部位分

出血是指血管破裂导致血液流至血管外，按其出血部位分为外出血和内出血。外出血是指血液经伤口流到体外，在体表可看到出血；内出血是指血液流到组织间隙、体腔或皮下。受到创伤时可能同时存在内、外出血。

2. 按血管类型分

按血管类型分可分为动脉出血、静脉出血和毛细血管出血。

（1）动脉出血。动脉血含氧量高，血色鲜红。一旦动脉受到损伤，出血可呈涌泉状或随心搏节律性喷射。

（2）静脉出血。静脉血含氧量少，血色暗红。一旦静脉受到损伤，血液可大量涌出。

（3）毛细血管出血。任何出血都包括毛细血管出血，血色鲜红，出血量一般不大。

3. 失血量与症状

（1）轻度失血。突然失血占全身血容量 20%（成人失血约 800mL），可出现轻度休克症状：口渴、面色苍白、出冷汗、手足湿冷；脉搏快而弱，可达每分钟 100 次以上。

（2）中度失血。突然失血占全身血容量的 20%~40%（成人失血约 800~1600mL）时，可出现中度休克症状：呼吸急促，烦躁不安，脉搏可达每分钟 100 次以上。

（3）重度失血。突然失血占全身血容量 40%（成人失血约 1600mL）以上时，可出现重度休克症状：伤员表情淡漠，脉搏、弱或摸不到，血压测不清，随时可能危及生命。

（二）止血技术

1. 外出血止血方法

（1）止血材料。常用的材料有无菌敷料、绷带、三角巾、创可贴、止血带等。现场可用毛巾、手绢、布料、衣物等代替。

（2）少量出血的处理。伤员伤口出血不多时，可做如下处理：

①救护员先洗净双手（最好戴上防护手套）；

②表面伤口和擦伤用干净的流动的水冲洗；

③用创可贴或干净的纱布、手绢包扎伤口。

注意：不要用药棉或有绒毛的布直接覆盖在伤口上。

2. 严重出血的止血方法

控制严重的出血，要分秒必争，立即采取止血措施，同时打急救电话。

（1）直接压迫止血法是最直接、快速、有效、安全的止血方法，可用于大部分外出血的止血。

①救护员快速检查伤员伤口内有无异物，如有表浅小异物要先将其取出。

②将干净的纱布或手帕等作为敷料覆盖在伤口上，用止血带止血，也可用压迫止

血，必须是持续用力压迫。

③如果敷料被血液湿透，不要更换，再取敷料在原有敷料上覆盖，继续压迫止血，等待救护车到来。

（2）加压包扎止血法在直接压迫止血的同时，可再用绷带（或三角巾）加压包扎。

①救护员首先直接压迫止血，压迫伤口的敷料应超过伤口周边至少 3cm；

②用绷带（或三角巾）环绕敷料加压包扎；

③包扎后检查肢体末端血液循环。

三、现场包扎技术

伤口是细菌侵入人体的门户之一，如果伤口被细菌感染，就有可能引起局部或全身严重感染并发脓毒症，严重损害健康甚至危及生命。受伤以后，如果没有条件做清创手术，在现场要先进行包扎。

包扎可用创可贴、尼龙网套、纱布、绷带、三角巾或其他现场可利用的布料，是外伤救护的重要一环。它可以起到快速止血，保护伤口，防止进一步污染，减轻疼痛的作用，有利于运转和进一步的治疗。

（一）判断伤口种类

（1）割伤：被刀、玻璃等锋利的物品切割组织的损伤，伤口整齐，多呈线状。

（2）淤伤：由于受硬物撞击或压伤、钝物击伤，使皮肤深层组织出血，伤处淤血肿胀，皮肤表面青紫。

（3）刺伤：被尖锐的小刀、针、钉子等扎伤，伤口小而深，易引起深层组织受损。

（4）挫裂伤：伤口表面参差不齐，血管撕裂出血，并黏附污物。

（5）枪伤：子弹可穿过身体而出或停留体内，因此，体表可见 1~2 处伤口，周围损伤范围大，坏死组织多，易感染。

检查伤口位置、大小、深度、污染程度、有无异物。注意伤口深、出血多的伤口可能有血管损伤；胸部伤口较深时，可能有气胸；腹部伤口可能有肝脾或胃肠损伤；肢体畸形可能有骨折；异物扎入人体可能损伤大血管、神经或重要脏器。

（二）救护原则

（1）动作要快、准、轻、牢。

（2）尽可能戴医用手套，做好自我防护；如必须用裸露的手进行伤口处理，在处理完成后，用肥皂清洗双手。

（3）加盖敷料、封闭伤口、防止污染；不要在伤口上用消毒剂或药物。

（4）包扎四肢应自远心端开始，露出趾端；骨隆处或凹陷处应垫好衬垫。

（5）不要对嵌有异物或骨折断端外露的伤口直接包扎，不要试图复位突出伤口的骨折端。

（三）包扎方法

1. 尼龙网套

尼龙网套具有良好的弹性，使用方便。头部及肢体均可用其包扎。先用敷料覆盖伤口并固定，再将尼龙网套套在敷料上。

2. 创可贴

选择大小合适的创可贴，除去包装，将中央部对准伤口贴上即可。弹力创可贴适用关节部位损伤。创可贴透气性良好，具有止血、消炎、止疼、保护伤口等作用，使用方便，效果佳。

3. 绷带

卷状绷带具有不同规格，可用于身体不同部位的包扎，如手指、手腕、上、下肢等。普通绷带利于伤口渗出物的吸收，高弹力绷带适用于关节部位损伤的包扎。

（1）环形法。此法是绷带包扎中最常用的，适用肢体粗细较均匀处伤口的包扎。伤口用无菌或干净的敷料覆盖，固定敷料；第一圈作斜状环绕，斜出一角压入环形圈内，环绕第二圈；绷带缠绕范围要超出敷料边缘；最后用胶布粘贴固定，或将绷带尾端剪成两个布条，打结固定。多用于包扎开始及结束（图 3–2–8）。

（2）回返包扎法。用于头部、肢体末端或断肢部位的包扎。用无菌或干净的敷料覆盖伤口；先环形固定两圈，固定时前方齐眉，后方达枕骨下方；自头顶正中开始，来回向两侧；反复呈放射性反折，直至将敷料完全覆盖；最后环形缠绕两圈，将上述反折绷带固定（图 3–2–9）。

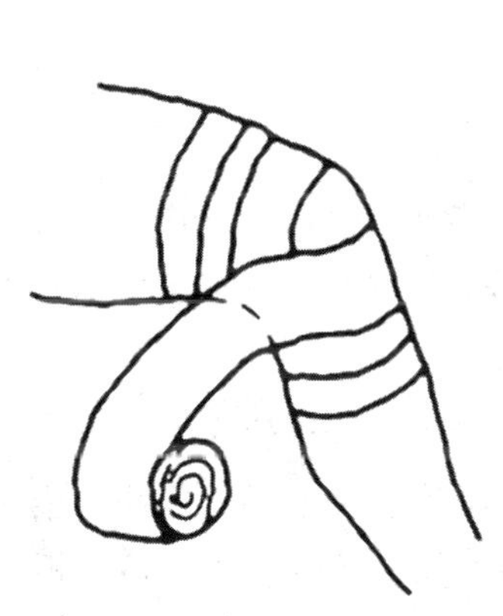

图 3–2–8　环形包扎

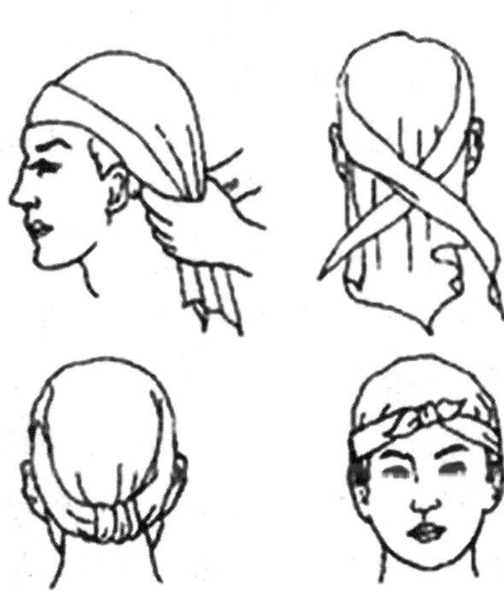

图 3–2–9　头部回返包扎

（3）“8”字包扎。手掌、手背、踝部和其他关节处伤口选用“8”字包扎；用无菌或干净的敷料覆盖伤口；包扎手时从腕部开始，先环形缠绕两圈；然后经手和腕“8”字形缠绕；最后绷带尾端在腕部固定；包扎关节时绕关节上下“8”字缠绕（见图 3-2-10）。

（4）螺旋包扎。适用粗细相等的肢体、躯干部位的包扎。用无菌的或干净的敷料覆盖伤口；先环形缠绕两圈；从第三圈开始，环绕时压住前一圈的 1/2；最后用胶布粘贴固定（见图 3-2-11）。

（5）螺旋反折包扎。用于肢体上、下粗细不等部位的包扎，如小腿、前臂等。先用环形法固定始端；螺旋方法每圈反折一次，反折时，以左手拇指按住绷带上面的正中处，右手将绷带向下反折，向后绕并拉紧；反折处不要在伤口上（图 3-2-12）。

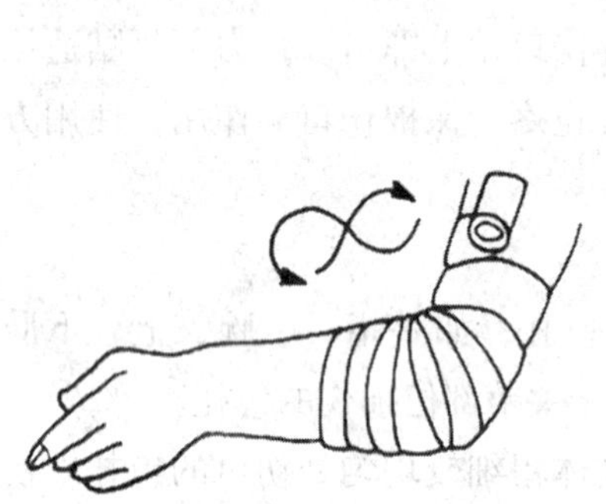

图 3-2-10 手臂“8”字包扎

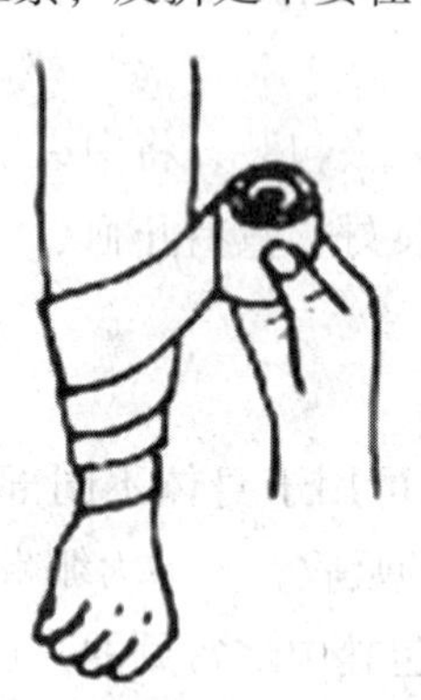

图 3-2-11 螺旋包扎

图 3-2-12 螺旋反折包扎

4. 三角巾

三角巾展开状态规格：底边 135cm，两斜边均为 85cm，高 65cm 的等腰三角形，有顶角、底边、斜边与两个底角。

折叠成条形：先把三角巾的顶角折向底边中央，然后根据需要折叠成三横指或四横指宽窄的条带。

燕尾式：将三角巾的两底角对折重叠，然后将两底角错开并形成夹角。燕尾巾的夹角可根据包扎部位的不同而调节。

环行圈垫：用三角巾折成带状或用绷带的一端在手指周围缠绕数次，形成环状，将另一端穿过此环并反复缠绕拉紧。

（1）头顶帽式包扎。将三角巾的底边折叠 1~2 横指宽，边缘置于伤员前额齐眉处，顶角向后；三角巾的两底角经两耳上方拉向头后部枕骨下方交叉并压住顶角；再绕回前额齐眉打结；顶角拉紧，折叠后塞入头后部交叉处内。

（2）肩部包扎。单肩包扎用三角巾折叠成燕尾式，燕尾夹角约 90°，大片在后压住小片，放于肩上；燕尾夹角对准伤侧颈部；燕尾底边两角包绕上臂上部并打结固定；拉紧两燕尾角，分别经胸、背部至对侧。腋前或腋后线处打结。双肩用三角巾折叠成燕尾式，两燕尾角相等，燕尾夹角约 100° 披在双肩上，燕尾夹角对准颈后正中部；燕尾角过肩，由前向后包肩于腋前或腋后，与燕尾底边打结。

（3）胸部背部包扎。双侧胸部包扎：将三角巾折叠成燕尾式，两燕尾角相等，燕尾夹角约 100° 置于胸前，夹角对准胸骨上凹；两燕尾角过肩于背后；将燕尾顶角系带，围胸与底边在背后打结；将一燕尾角系带拉紧绕横带后上提，再与另一燕尾打结；背部包扎时，把燕尾巾调到背部即可。单侧胸部包扎：将三角巾展开，顶角放在伤侧肩上；底边向上反折置于胸部下方，并绕胸至背的侧面打结；将顶角拉紧，顶角系带穿过打结处上提系紧。

（4）腹部包扎。三角巾底边向上，顶角向下横放在腹部，顶角对准两腿之间，两底角围绕腹部至腰后打结，顶角由两腿间拉向后面与两底角连接处打结。

（5）单侧臀部（腹部）包扎。将三角巾折叠成燕尾式，燕尾夹角约 60° 朝下对准外侧裤线；伤侧臀部的后大片压住前面的小片；顶角与底角中央分别过腹腰部到对侧打结；两底角包绕伤侧大腿根部在大腿前面打结。

（6）侧腹部包扎。将三角巾的大片置于侧腹部，压住后面的小片，其余操作方法与单侧臀部包扎相同，但两底角包扎伤侧大腿根在大腿后面打结。

（7）手足包扎。展开三角巾，顶角对向手指或足趾尖；手掌或足平放在三角巾的中央，指缝或趾缝间插入敷料；将顶角折回，盖于手背或足背，两底角分别围绕到手背或足背交叉；再在腕部或踝部围绕一圈后在腕部背侧或踝部前方打结。

（8）膝部（肘部）带式包扎。将三角巾折叠成适当宽度的带状，将中段斜放于伤部，两端向后交叉缠绕，返回时分别压于中段上下两边；包绕肢体一周在肢体外侧打结。

（9）悬臂带。小悬臂带：用于上臂骨折及上臂、肩关节损伤。三角巾折叠成适当宽的条带；中央放在前臂的下 1/3 处或腕部；一底角放于健侧肩上，另一底角放于伤侧肩上；两底角绕颈在颈侧方打结；将前臂悬吊于胸前。大悬臂带：用于前臂、肘关节等的损伤。三角巾顶角对着伤肢肘关节，一底角置于健侧胸部过肩于背后；伤臂屈肘（功能位）放于三角巾中部；另一底角包绕伤臂反折至伤侧肩部；两底角在颈侧方打结，顶角向肘部反折，用别针固定或掖入肘部，也可将顶角系带绕背部至对侧腋前线与底边相系；将前臂悬吊于胸前。

5. 就地取材

干净的衣物、手帕、毛巾、床单、领带、围巾等可作为临时性的包扎材料。

6. 胶带

具有多种宽度，呈卷状，用于固定绷带及敷料。对一般胶带过敏的，应采用纸质胶带。

四、骨折固定技术

骨的完整性由于受直接外力（撞击、机械碾伤）、间接外力（外力通过传导、杠杆、旋转和肌肉收缩）、积累性劳损（长期、反复、轻微的直接或间接的损伤）等原因的作用，使其完整性和连续性发生改变，称为骨折。

（一）骨折固定的目的

（1）制动、减少伤员的疼痛。

（2）避免损伤周围组织、血管、神经。

（3）减少出血和肿胀。

（4）防止闭合性骨折转化为开放性骨折。

（5）便于搬运伤员。

（二）骨折类型

（1）闭合性骨折：骨折断端不与外界相通，骨折处的皮肤、黏膜完整。

（2）开放性骨折：骨折局部皮肤、黏膜破裂损伤、骨折端与外界相通，易继发感染。

（三）骨折的程度

（1）完全性骨折：骨的完整性和连续性全部破坏或中断。骨断裂成三块以上的碎块又称为粉碎性骨折。

（2）不完全性骨折：骨未完全断裂，仅部分骨质破裂，如裂缝、凹陷、青枝骨折。

（3）嵌顿性骨折（嵌插骨折）：断骨两端互相嵌在一起。

（四）骨折判断

（1）疼痛：突出表现是剧烈疼痛，受伤处有明显的压痛点，移动时有剧痛，安静时则疼痛减轻。根据疼痛的轻重和压痛点的位置，可以大体判断骨折的部位。无移位的骨折只有疼痛没有畸形，但局部可有肿胀和血肿。

（2）肿胀或瘀斑：出血和骨折端的错位、重叠，都会使外表呈现肿胀现象，瘀斑严重。

（3）功能障碍：原有的运动功能受到影响或完全丧失。

（4）畸形：骨折时肢体会发生畸形，呈现短缩、成角、旋转等。

（5）血管、神经损伤的检查：上肢损伤检查桡动脉是否有搏动，下肢损伤检查足背动脉是否有搏动。触压伤员的手指或足趾，询问有无感觉，手指或足趾能否自主活动。

（五）固定原则

现场环境安全，急救人员做好自我防护。

（1）首先检查意识、呼吸、脉搏及处理严重出血。

（2）用绷带、三角巾、夹板固定受伤部位。

（3）夹板的长度应能将骨折处的上下关节一同加以固定。

（4）骨断端暴露，不要拉动，不要送回伤口内，开放性骨折现场不要冲洗，不要涂药，应先止血、包扎再固定。

（5）暴露肢体末端以便观察血运。

（6）固定伤肢后，如有可能应将伤肢抬高。

（7）预防休克。

（六）固定方法

（1）置伤员于适当位置，就地施救。根据现场的条件和骨折的部位采取不同的固定方式。固定要牢固，不能过松或过紧。在骨折和关节突出处要加衬垫，以加强固定和防止皮肤损伤。

（2）夹板与皮肤、关节、骨突出部位之间加衬垫，固定时操作要轻。

（3）先固定骨折的上端（近心端），再固定下端（远心端），绑带不要系在骨折处，骨折两端应该分别固定至少两条固定带。

（4）前臂、小腿部位的骨折，尽可能在损伤部位的两侧放置夹板固定，以防止肢体旋转及避免骨折断端相互接触。

（5）固定时，在可能的条件下，上肢为屈肘位，下肢呈伸直位。

（6）应露出指（趾）端，便于检查末梢血运。

（七）锁骨骨折

锁骨骨折多由摔伤或车祸引起，表现为锁骨变形，有血肿，肩部活动时疼痛加重。

前臂悬吊固定。如无锁骨固定带，现场可用两条三角巾，对伤肢进行固定。一条三角巾悬吊衬托伤侧肢体，另一条三角巾折叠成宽带在伤肢肘上方将其固定于躯干。如无三角巾可用围巾代替，或用自身衣襟反折固定。

（八）上肢骨折

1. 上臂骨折

上臂骨折由摔伤、撞伤和击伤所致。上臂肿胀、瘀血、疼痛，有移位时出现畸形，上肢活动受限。桡神经紧贴肱骨干，易损伤。固定时，骨折处要加厚垫保护以防止桡神经损伤。

（1）铝芯塑型夹板固定。

①按上臂长度将铝芯塑型夹板制成 U 形，屈肘位套于上臂。

②用绷带或布带缠绕固定。

③将前臂用三角巾悬吊于胸前。

④指端露出，检查末梢血液循环。

（2）夹板固定。

①夹板放于上臂外侧，从肘部到肩部。

②肢体与夹板之间放衬垫。

③用绷带或三角巾固定骨折部位的上下两端，屈肘位于小悬臂带悬吊前臂。

④指端露出，检查末梢血液循环。

（3）躯干固定。现场无夹板或其他可利用物时，可将伤肢固定于躯干。

①伤员屈肘位，大悬臂带悬吊伤肢。

②伤肢与躯干之间加衬垫。

③用宽带（超骨折上下两端）将伤肢固定于躯干。

④检查末梢血液循环。

2. 前臂骨折

前臂骨折可为桡骨或尺骨骨折，也可为桡、尺骨双骨折。前臂骨折相对稳定，血管神经损伤较小。

（1）夹板固定。

①两块木板固定。

②将木板分别置于前臂的外侧、内侧，加垫用三角巾或绷带捆绑固定。

③屈肘位大悬臂带将伤肢悬吊于胸前。

④指端露出，检查末梢血液循环。

（2）铝芯塑形夹板固定。

（3）自身固定。用三角巾托起伤肢，然后将伤肢固定于躯干。

（三）下肢骨折

1. 大腿骨折

大腿骨粗大，骨折常由巨大外力，如车祸、高空坠落及重物砸伤所致，损伤严重，出血多，易出现休克。骨折后大腿肿胀，疼痛、变形或缩短。

（1）夹板固定。

①两块夹板，一块长夹板从伤侧腋窝到外踝，一块短夹板从大腿根内侧到内踝。

②在腋下、膝关节、踝关节骨突部放棉垫保护，空隙处用柔软物品填实。

③用7条宽带固定。依次固定骨折上下两端，然后固定腋下、腰部、髋部、小腿、踝部。

④如只有一块夹板则放于伤腿外侧，从腋下到外踝。

⑤内侧夹板用健肢代替，两下肢之间加衬垫，固定方法同上。

⑥“8”字法固定足踝。将宽带置于踝部，环绕足背交叉，再经足底中部回至足背，在两足背间打结。

⑦趾端露出，检查末梢血液循环。

（2）健肢固定。

①用三角巾、绷带、布带等四条宽带自健侧肢体膝下、踝下穿入将双下肢固定在一起。

②两膝、两踝及两腿间隙之间垫好衬垫依次固定骨折上下两端、小腿、踝部，固定带的结打在健侧肢体外侧。

③“8”字法固定足踝。

④趾端露出，检查末梢血液循环。

2. 小腿骨折

小腿骨折，尤其是胫骨骨折，骨折端易刺破小腿前方皮肤，造成骨外露。因此，在骨折处要加厚垫保护。出血、肿胀严重时会导致骨筋膜室综合征，造成小腿缺血、坏死，发生肌肉挛缩畸形。小腿骨折固定时切忌固定过紧。

（1）夹板固定。

①两块夹板，一块长夹板从伤侧髋关节到外踝，一块短夹板从大腿根内侧到内踝。

②分别放于伤肢的外侧及内侧。

③在膝关节、踝关节骨突部位放衬垫保护，空隙处用柔软物品垫实。

④宽带固定。固定骨折上下两端。

⑤“8”字法固定足踝。

⑥趾端露出，检查末梢血液循环。

（2）健肢固定。

健肢固定与大腿固定相同，可用四条宽带或三角巾固定，先固定骨折上、下两端，然后固定大腿，踝关节“8”字法固定。

（四）开放性骨折

（1）敷料覆盖外露骨及伤口。

（2）在伤口周围放置环形衬垫，绷带包扎固定。

（3）夹板或健肢、躯干固定骨折部位。

（4）如出血多需要上止血带。

（5）不要将外露骨还纳，以免污染伤口深部，造成血管、神经的再损伤。

（五）注意事项

（1）开放性骨折禁止用水冲洗，不涂药物，保持伤口清洁。

（2）肢体如有畸形，可按畸形位置固定。

（3）临时固定的作用只是制动，严禁当场整复。

（六）伤员搬运技术

伤员在现场进行初步急救处理后和在随后送往医院的过程中，必须经过搬运这一重要环节。

规范、科学的搬运术对伤员的抢救、治疗和预后都是至关重要的。从整个急救过程看，搬运是急救医疗不可分割的重要组成部分，仅仅将搬运视作简单体力劳动的观念是一种错误的观念。

（1）徒手搬运是指在搬运伤员过程中凭人力和技巧，不使用任何器具的一种搬运方法。包括：①手托肩掮；②背驮；③双人搭椅；④拉车式。

（2）器械搬运是指用担架（包括软担架）、移动床轮式担架等现代搬运器械或者因陋就简利用床单、被褥、竹木椅、木板等作为搬运器械（工具）的一种搬运方法。包括：

①担架搬运，是院前急救最常用的方法。目前最经常使用的担架有普通担架和轮式担架等。

②床单被褥搬运是遇有窄梯、狭道，担架或其他搬运工具难以搬运，且天气寒冷，徒手搬运会使伤员受凉的情况下所采用的一种方法。

③椅子搬运，当楼梯比较狭窄和陡直时，可用牢固的竹木椅作为工具搬运伤员。

（3）危重伤员的搬运

①遇有脊柱、脊髓损伤或疑似损伤的伤员，不可任意搬运或扭曲其脊柱部。

②颅脑损伤者常有脑组织暴露和呼吸道不畅等表现。搬运时应使伤员取半仰卧位或侧卧位，

③胸部受伤者常伴有开放性血气胸，需包扎，搬运已封闭的气胸伤员时，以座椅式搬运为宜，伤员取坐位或半卧位

④腹部伤伤员取仰卧位，屈曲下肢，防止腹腔脏器受压而脱出。注意脱出的肠段要包扎，不要回纳，此类伤员宜用担架或木板搬运。

⑤休克病人取平卧位，不用枕头，或脚高头低位，搬运时用普通担架即可。

⑥呼吸困难病人取坐位，不能背驮。用软担架（床单、被褥）搬运时注意不能使病人躯干屈曲。如有条件，最好用折叠担架（或椅）搬运。

⑦昏迷病人咽喉部肌肉松弛，仰卧位易引起呼吸道阻塞。此类病人宜采用平卧头转向一侧或侧卧位。搬运时用普通担架或活动床。搬运过程动作要轻柔，同时密切关注病人生命情况。

第四节　现场意外伤害救护

除了疾病对人类健康与生命有着直接影响外，意外伤害对健康及生命的威胁已越来越显示出它的严重性。意外伤害可由交通事故、异常天气、违章操作、触电溺水、机械伤害等情况引起，而随着社会、科学技术的发展，意外伤害的种类也随之增加。

一、烧烫伤救护

烫伤是生活中常见的意外。由火焰、沸水、热油、电流、热蒸汽、辐射、化学物质（强酸强碱）等引起。

烧烫伤造成组织局部损伤，轻者损伤皮肤，出现肿胀、水疱、疼痛；重者皮肤烧焦，甚至血管、神经、肌腱等同时受损。呼吸道也可被烧伤。烧伤引起的剧烈疼痛和皮肤渗出液等可导致休克，晚期出现感染、脓毒症等并发症而危及生命。

（一）症状

（1）烧伤的深度分类。烧伤按对人体的损伤程度一般分为三度，可按三度四分法进行分类。

Ⅰ度烧烫伤（红斑性烧伤）：轻度红、肿、热、痛，感觉敏感，表面干燥无水疱。

浅Ⅱ度（水疱性烧伤）：剧痛，感觉敏感，有水疱，疱皮脱落后，可见创面均匀发红、水肿明显。

深Ⅱ度：感觉迟钝，有或无水疱，基底苍白，间有红色斑点，创面潮湿。

Ⅲ度：痛感消失，无弹性，干燥，无水疱，如皮革状、蜡白、焦黄或炭化；严重时可伤及肌肉、神经、血管、骨骼和内脏。

（2）烧伤所致的休克。表现为口渴、烦躁不安、少尿、脉快而细、血压下降、四肢厥冷、发绀、苍白、呼吸增快等。

（二）救护原则

先去除受伤原因，脱离现场，保护创面，维持呼吸道通畅。

（1）立即冷水持续冲洗或浸泡伤处，降温至疼痛缓解；避免用冰块直接冷敷，特别是烧伤面积大于20%以上时。同时紧急呼救，寻求帮助。

（2）迅速剪开取下伤处的衣裤、袜类，不可强行剥脱、取下受伤处的饰物。

（3）Ⅰ度烧烫伤可涂外用烧烫伤药膏，一般3~7d可治愈。

（4）Ⅱ度烧烫伤，表皮水疱不要刺破，不要在创面上涂抹任何油脂或药膏，应用清洁的敷料或保鲜膜覆盖伤部，保护创面防止感染，并立即送医。

（5）严重口渴者，可服用淡盐水。

（6）窒息患者可行人工呼吸，再转送医院治疗。

二、急性硫化氢中毒

硫化氢为无色，具有臭鸡蛋样气味的气体，浓度过高时，由于对嗅神经有麻痹作用，气味反而不易嗅出。因此，绝对不能凭嗅觉来区别硫化氢浓度的高低。硫化氢是工业生产中常见的废气，在硫化物遇酸，使用多硫化物制造硫化染料或使用硫化染料时都可有硫化氢废气逸出。此外，在处理腐败的鱼、肉、禽蛋，疏通阴沟，粪窖清除，清洗咸菜池等都有可能接触到硫化氢。因此，在这些情况下都要特别警惕硫化氢中毒。

（一）症状

根据临床症状轻重程度，硫化氢中毒可分为轻、中、重三种类型。其症状见表3–2–1。

表 3–2–1　硫化氢中毒程度分类表

程　度	症　状
轻度中毒	出现畏光、流泪、眼刺痛、异物感、流涕、鼻及咽喉灼热感等症状，检查可见眼结膜充血、肺部干啰音等，此外，还可有轻度头晕、头痛、乏力症状
中度中毒	立即出现头昏、头痛、乏力、恶心、呕吐等症状，可有短暂意识障碍，同时可引起呼吸道黏膜刺激症状和眼刺激症状，检查可见肺部干性或湿性啰音，眼结膜充血、水肿等
重度中毒	出现明显的中枢神经系统的症状，首先出现头晕、心悸、呼吸困难、行动迟钝，继而出现烦躁、意识模糊、呕吐、腹泻、腹痛和抽搐，迅速进入昏迷状态，最后可因呼吸麻痹而死亡。在接触极高浓度硫化氢时，可发生“电击样”中毒，接触者在数秒内突然倒下，呼吸停止

（二）现场救护原则

（1）立即将患者撤离现场，移至新鲜空气处，解开衣扣，保持其呼吸道的通畅。有条件的还应给予氧气吸入。

（2）有眼部损伤者，应尽快用清水反复冲洗，并给以抗生素眼膏或眼药水点眼，或用醋酸可的松眼药水滴眼，每日数次，直至炎症好转。

（3）对呼吸心脏骤停者，应立即进行心肺复苏；人工呼吸时施救者在换气时要远离患者的口部，以防硫化氢吸入造成二次中毒。

（4）对休克者应让其取平卧位，头稍低；对昏迷者应及时清除口腔内异物，保持呼吸道通畅。

（5）及时转送医院，一般以对症综合治疗。

三、高温中暑救护

高温是发生中暑的根本原因。体内热量不断产生，散热困难；外界高温又作用人体，体内热量越积越多，加之体温调节中枢发生障碍，身体无法调节，最后引起中暑。在高温车间，生产过程中产生大量热量，通风不佳，散热困难；或在露天劳动直接在烈日阳光下暴晒；缺乏空调、通风设备的公共场所；家庭密不通风的房间内均可造成中暑。

（一）症状

（1）先兆中暑。在高温环境下出现大汗、口渴、无力、头晕、眼花、耳鸣、恶心、胸闷、注意力不集中、四肢发麻，体温不超过 37.5℃。

（2）轻度中暑。上述症状加重，体温在 38℃以上，出现面色潮红或苍白、大汗、皮肤湿冷、脉搏细弱、心率快、血压下降等呼吸及循环衰竭的症状及体征。

（3）重度中暑，分类及症状见表 3–2–2。

表 3–2–2 重度中暑分类及症状

分 类	症 状
中暑高热	体温在 40℃以上，头疼、不安、嗜睡甚至昏迷，面色潮红，无汗、皮肤干热、血压下降、呼吸急促、心率快等
中暑衰竭	体温在 38℃左右，面色苍白、皮肤湿冷、脉搏细弱、血压降低，呼吸快而浅，神志不清、意识淡漠或昏厥等
中暑痉挛	体温正常，重者血压下降，口渴、尿少、肌肉痉挛及疼痛
日射病	体温可轻度升高，剧烈头疼、头晕、恶心呕吐、耳鸣、眼花、烦躁不安、意识障碍，严重者发生昏迷等

（二）现场救护原则

（1）迅速把伤员移至阴凉通风处或有空调房间，平卧休息。

（2）轻者饮淡盐水或淡茶水，可服用藿香正气水、十滴水、仁丹等。

（3）体温升高者，用凉水擦洗全身（除胸部），水的温度要逐步降低，在头部、腋窝、大腿根部可用冷水或冰袋敷之，以加快散热。

（4）严重中暑，经降温处理后，及早启动 EMS（Emergency Medical Service），获得专业急救。

（三）预防措施

（1）在烈日下工作、行军应戴草帽或遮阳帽。

（2）高龄、体弱、产妇不宜在高温、高湿的室内逗留。

（3）高温作业人员应及时补充淡盐水及营养。

四、蛇咬伤救护

全世界的毒蛇有 650 种，能致命的毒蛇有 200 种，我国现有蛇类近 200 种，其中蛇毒有 50 种，具有剧毒的蛇毒约有 10 种。

蛇咬伤后首先要鉴别是否被毒蛇咬伤，毒蛇头部多呈三角形，蛇身有彩色花纹，尾短而细。毒蛇咬伤后在伤口处可留 2~4 个较大而深的毒牙压痕。毒蛇咬伤后有出血、瘀斑、水泡、血泡甚至坏死，且伤口周围有明显肿胀、疼痛、麻木感，全身症状较为明显。被普通的蛇咬伤后，只在人体伤处皮肤留下小的齿痕、轻度刺痛，可有小水泡，无全身性反应。

（一）症状

蛇咬伤可分有毒蛇咬伤和无毒蛇咬伤。

（1）无毒蛇咬伤危害不大，可按一般外伤处理。

（2）有毒蛇咬伤后，局部逐渐红肿，疼痛，久则更剧，以至伤处起水泡，甚则发黑形成溃疡，出现头晕、头痛、出汗、胸闷、四肢无力、瞳孔散大、视力模糊、呼吸困难；严重者，面部失去表情，舌强不能言语，声音嘶哑，吞咽困难，抽搐，血压下降，黏汗淋漓，头项软瘫不能自由，最后晕厥而死亡。

（二）救护原则

（1）被蛇毒咬伤后不要惊慌，不要大声呼叫或奔跑，避免加速毒素的吸收和扩散。

（2）放低伤口、制动，切勿自行切开、吸吮或挤压伤口。

（3）咬伤部位若是四肢，应立即用皮带、鞋带、布条在肢体近心端进行环形包扎，每隔 20min 放松 1~2min，它是通过降低淋巴回流速度减慢蛇毒扩散的安全有效的方法。

（4）冲洗伤口用盐水、肥皂或清水冲洗。有条件可做局部冷敷。

（5）在不能确定是否为毒蛇的情况下都按处理毒蛇的方法处理，及时用季德胜蛇药片或其他蛇伤药内服和外敷，注意辨证用药。一时无蛇伤药，可用单味药如雄黄、半边莲、七叶一枝花等水煎服。

（6）立即拨打急救电话，迅速送往有条件的医院救治。尽快采取抗蛇毒血清治疗，注射破伤风抗毒素。

第三章　日常安全技能

第一节　员工安全行为规范

为进一步规范中国石化全体干部员工安全行为，提升领导安全引领力，提高对基层安全管理的穿透力，奠定良好安全文化基础，集团公司颁布实施《中国石化全员安全行为规范（试行）》（中国石化安〔2018〕271号）。制度共五部分，13项33款，从总则、组织管理与职责、规范内容及要求、检查与监督、附件五方面提出了要求，规范了员工工作中安全行为、专项安全行为、日常生活安全行为。

《中国石化全员安全行为规范（试行）》（中国石化安〔2018〕271号）中界定的安全行为是指中国石化员工应采取的辨识风险、排查隐患、正确操作、全面履职等保护自己和他人人身安全以及财产安全的行为。

一、员工工作中安全行为

（1）员工应自觉遵守法律法规，严格执行安全管理制度，严格按照操作规程、操作手册（操作法）、作业指导书、工艺卡片等要求，规范实施生产操作、巡检、监护等行为。

（2）员工应树立基于风险与隐患管理的安全意识，基于对风险的评估、针对可能发生的异常状况，开展演练并总结提升，确保紧急情况下初期应急处置准确及时。

（3）员工应熟知劳动防护标准，正确穿（佩）戴劳动防护用品，配备必要的安全工具。

（4）员工参加安全学习、培训等，应按正常工作标准认真对待，严格遵守纪律，保证学习、培训的实际效果。

（5）基层站、队长、车间主任等，要定期安全巡检和巡查，要及时发现问题解决问题，杜绝脱离现场。

（6）检查人员应认真学习并掌握检查标准，遵守被检查单位的有关规定，细致了解情况，准确指出问题，提出整改建议，跟踪并督促问题整改，对检查结果负责。

（7）安全考核人员应客观公正，严格执行标准，严肃对待考核事项，对考核结果负责。

（8）员工有权拒绝不安全的工作，有权拒绝违章指挥，有权制止不安全的行为。

（9）员工应在工作中做到不伤害自己、不伤害他人、不被他人伤害、保护他人不受伤害。

（10）企业应如实记录单位组织和员工参加的全员安全行为，异常和未遂事件应按照规定报告。

二、专项安全行为

《中国石化全员安全行为规范（试行）》（中国石化安〔2018〕271 号）中规定的专项安全行为主要包括安全承诺、领导承包、干部值班、领导带班、安全观察、全员安全诊断、安全学习和分享等七项。

（一）安全承诺

（1）安全承诺主要指各级领导班子成员对安全目标、责任、措施、行为等进行承诺。

（2）安全承诺应针对不同层级、不同岗位的职责要求，内容不同、目标清晰、措施具体可操作。

（3）各级主要负责人应重点围绕识别管控安全风险、排查治理事故隐患、参加重要安全检查、承包最大安全风险、组织安全培训工作、从严安全问责等进行承诺。主要负责人可代表班子和本人进行承诺。各级其他班子成员应按照“谁主管谁负责”的原则，重点围绕安全引领力、专业安全责任落实、创造良好安全生产环境、关爱职工职业健康等进行承诺。各单位要结合实际制定具体承诺内容。

（4）各级班子成员应每年底对本人所做安全承诺进行自我评价，在做出本人下一年度安全承诺时对上一年度所做安全承诺的兑现情况予以说明，并应对安全承诺持续改进。

（5）安全承诺可以采取安全承诺书的形式实施痕迹管理，也可以采取门户网站、电子屏、会议报告、会议纪要等方式予以公示。

（6）企业各级班子成员的安全承诺及兑现情况应向职工代表大会报告。

（二）领导承包

（1）本规范所指的领导承包应与领导承包关键装置（要害部位）统筹安排，直属企业领导班子成员应承包企业安全风险点，主要负责人承包本单位最大安全风险点。

（2）领导班子成员承包后要制定承包目标，列出工作计划，主要负责人每年底进行承包总结并向职工代表大会报告。

（3）企业应将承包点安全风险值降低、实现承包目标等作为承包人安全绩效考核的主要指标。

（4）企业应规定领导承包活动的频次，活动形式主要包括指导风险识别管控和隐患排查治理、参加应急演练和班组安全活动、组织安全宣讲和安全经验分享、进行安全观察与沟通等。

（5）本规范所指的领导承包指直属企业级领导承包，企业应对二级单位、基层单位的领导承包另行规定。

（6）各事业部（管理部、专业公司）领导班子成员应制定切合实际的领导承包规定，进行相应的承包活动。

（三）干部值班

（1）干部值班主要指企业各级管理人员在节假日期间和正常工作日的24h值班。

（2）集团公司总部干部值班工作按照规定由相关责任部门落实。各单位应制定干部值班的具体实施办法，明确各级值班人员的职责和权限，加强监督考核。

（3）值班干部要处理和协调值班期间发生的突发事件，并根据职责分工，及时向主管领导或主管部门汇报和沟通。

（4）值班干部要监督检查下属单位干部值班情况以及安全生产和工艺、操作、劳动纪律执行情况等，并提出处理意见。

（5）各单位应对干部值班工作有检查、有记录、有考核。

（四）领导带班

（1）各单位应根据企业生产运营实际情况或上级要求，启动领导带班工作。原则上特殊时期和依据风险评估情况需要安排领导带班的重要作业或操作，应启动领导带班工作。

（2）各级领导带班工作主要由班子成员承担。应根据特殊时期、重要作业或操作的类别等实际情况，统筹考虑带班领导的专业特长和业务职责，确保带班领导具备带班能力。

（3）带班领导应熟悉重要作业等带班任务的计划和程序，识别存在风险，落实控制措施。

（4）各单位应制定领导带班的工作内容，明确带班人员职责和授权，保障稳定和安全。

（5）带班领导要深入一线，监督检查现场安全工作，解决存在的问题。

（五）安全观察

（1）安全观察主要指直属企业机关人员针对现场人的行为和物的状态等，开展安全观察并与被观察者或有关组织反馈沟通。集团公司总部人员开展日常检查、调研学习或其他出差时应进行安全观察与沟通。

（2）安全观察的重点是各重大安全风险点、现场直接作业、生产经营的薄弱环节。主要对象包括全体员工和承包商（含承运商、供应商）人员的安全行为等；主要区域包括生产、施工、仓储、装卸、交通、办公和生活服务等；主要作业活动包括生产装置（设备设施）的日常操作、现场施工或检维修等直接作业环节，以及临时采样、清焦除渣、污水井清淤疏通等非常规作业。

（3）安全观察应闭环管理，主要环节包括观察、沟通、填写观察卡、及时分析、落实整改等。

（4）安全观察应具备足够的时长，保证观察问题深入、准确。安全观察后应与员工沟通交流，指正不安全的行为，鼓励正确的安全行为。

（5）安全观察不应代替安全检查，除严重违章或可能造成重大后果的不安全行为外，观察结果不作为安全处罚的依据。鼓励观察者采取非批评（处罚）的方式方法使员工从心理上接受积极的安全行为，抵制和改正不安全行为。

（6）企业应根据安全风险评估、单位区域跨度和生产建设状况等特点合理确定安全观察的频次并进行公示。重点现场、重点岗位要增加安全观察频次。

（六）全员安全诊断

（1）全员安全诊断主要面向基层开展，并形成诊断建议。直属企业机关人员主要对安全体系运行、安全制度、基层现场进行安全诊断；基层技术和管理人员主要对专业领域和属地范围的工艺流程、设备运维、事故事件隐患等进行安全诊断；班组和一线员工主要对岗位风险、岗位事故隐患等进行安全诊断。

（2）业务主管部门、属地单位应及时对诊断建议进行分析评估，及时反馈，采取必要措施，实施闭环管理。

（3）企业应以识别真风险，排查真隐患为目标，结合实际丰富全员安全诊断活动形式和内容，定期评选优秀组织单位和优秀诊断建议，及时进行表彰奖励和经验分享，引导全员参与，不断提高诊断水平。

（七）安全学习和分享

（1）安全学习和分享主要指员工学习安全法律、法规、制度、技能、经验、事故事件教训等，使得典型经验得到推广，事故教训得到分享。

（2）鼓励员工利用各种时间、通过各种方式主动进行安全学习，不断提高个人安全能力。

（3）安全分享可结合会议、培训等工作和活动常态化组织进行，时间不宜过长，一般不超过 5min。

三、日常生活安全行为

（1）员工应关注工作时间以外的安全行为，主动学习并掌握防范伤害的知识和措施，特别是一氧化碳中毒防范、交通安全防范、用电用气安全防范等。鼓励并倡导员工在社会生活中做安全行为的典范。

（2）员工应参加“员工帮助计划（EAP）”，派遣外出作业等员工应关注自身心理和身体健康状况，参与心理健康知识培训、心理健康测评、心理状态训练和心理健康辅导等。

（3）员工应选择健康的生活方式，保证充足的休息时间，获得较好的休息效果，上岗时保持充足的精力和注意力。

四、安全行为负面清单

（1）企业应制定岗位安全行为负面清单，不同岗位的清单应有所不同。

（2）企业应向全员公示安全行为负面清单，禁止在工作、生活中出现负面清单中的行为。

（3）企业应针对安全行为负面清单制定考核标准并及时考核。

（4）企业应对安全行为负面清单进行动态管理，及时修订完善。

五、安全行为负面清单

（一）领导干部安全行为负面清单

（1）领导干部落实上级要求照本宣科，不结合实际分解落实。

（2）领导干部识别不到安全风险、查找不到事故隐患、发现不了问题。

（3）领导干部安全承包、安全观察、安全检查不深入现场，形式主义、应付了事。

（4）领导干部违章指挥生产、施工。

（5）领导干部进入现场不按规定着装。

（二）生产操作方面安全行为负面清单

（1）员工巡检时形式主义，发现不了明显的事故隐患。

（2）危险化学品装卸人员装卸作业时擅离岗位。

（3）未经许可开动、关停、移动机器或开动、关停机器时未给信号。

（4）随意触摸不熟悉的机械、器具及控制开关。

（5）擅自拆除安全装置或造成安全装置失效。

（6）擦洗或拆卸正在运转中的转动部件。

（7）操作带有旋转部件的设备时戴手套。

（8）用汽油、易挥发溶剂擦洗设备、衣物、工具及地面等。

（9）不用夹具固定、用手拿工件进行机加工。

（10）与正在作业中的人长时间交谈。

（11）在照明不足的情况下作业。

（三）施工作业方面安全行为负面清单

（1）高风险作业不开作业票。

（2）动火作业前不分析动火环境和部位。

（3）在易燃易爆场所使用铁器敲击。

（4）不妥善放置高处作业中使用的工具、工件。

（5）以投掷方式接送工具、工件。

（6）各级各类管理和监护人员不尽职，擅离职守、擅离现场。

（四）劳保穿戴方面安全行为负面清单

（1）不按规定着装者进入生产岗位和施工现场。

（2）穿戴易产生静电的服装进入易燃、易爆区，尤其是在该区穿、脱衣服或用化纤织物擦拭设备。

（3）在有旋转零部件设备旁，穿着过大服装、佩戴过长悬挂物（如工作吊牌等）。

（五）应急处置方面安全行为负面清单

（1）看、听见现场报警不采取应急措施。

（2）在高含硫化氢环境下不佩戴正压式空气呼吸器。

（3）意外事件发生时，向事发地聚集“看热闹”。

（六）非生产过程安全行为负面清单

（1）行走、上下楼梯和骑车时目视手机。

（2）非机动车辆或行人在机动车临近时，突然横穿马路。

（3）站在道路中间交谈。

（4）作业时姿势动作不规范、不协调。

（5）单手上下直爬梯。

（6）携带违禁品进入厂区。

（七）办公室安全行为负面清单

（1）物品摆放不规整，特别是靠近电源、热源等部位杂乱堆放易燃物品。
（2）阻挡消防设施或消防通道。
（3）过载使用电气设备。
（4）久坐不站，不调整姿势休息。

六、职工处分相关规定

2018 年 11 月 14 日，中国石化集团公司、中国石化股份公司分别印发了新修订的《职工处分规定》（中国石化监〔2018〕442 号、石化股份监〔2018〕290 号）。

（一）处分的种类及期间

（1）警告，6 个月；
（2）记过，12 个月；
（3）记大过，18 个月；
（4）降级，24 个月；
（5）撤职，24 个月；
（6）留用察看，12 个月或者 24 个月；
（7）开除。

职工受到留用察看及以下处分的，在受处分期间不得被评为先进、列为后备干部，不得晋升职务、职级、岗位级别、职称。在受处分期间有悔改表现，且没有再发生违规违纪行为的，处分期满后自动解除，晋升职务、职级、岗位级别、职称等不再受原处分的影响。受到降级、撤职或者留用察看处分的，处分解除不视为恢复原职务、原职级、原岗位级别、原薪酬待遇。

（二）安全生产违规违纪行为及处分

在安全生产工作中，有下列行为之一的，给予警告或者记过处分；情节较重的，给予记大过或者降级处分；情节严重的，给予撤职、留用察看或者开除处分：
（1）违反安全生产强制性标准、规范、规章制度、操作规程的；
（2）未取得安全生产行政许可或者不具备安全生产条件从事生产经营活动的；
（3）对重大事故隐患未采取有效措施的；
（4）未落实安全生产岗位责任，发生生产安全责任事故的；
（5）瞒报、谎报、迟报、漏报生产安全事故，故意破坏事故现场，或者干扰、阻挠事故调查的；

（6）应急处置不力，导致事故进一步扩大或者造成次生事故的；

（7）其他违反安全生产管理规定的行为。

（三）违反劳动纪律行为及处分

违反劳动纪律，有下列行为之一的，给予警告或者记过处分；情节较重的，给予记大过或者降级处分；情节严重的，给予撤职、留用察看或者开除处分：

（1）无正当理由不服从工作分配和管理，经批评教育仍不改正的；

（2）工作消极懈怠、推诿扯皮、敷衍塞责等，影响企业生产经营管理和工作秩序，经批评教育仍不改正或者损害企业形象和利益的；

（3）经常迟到早退、工作时间擅自脱岗或者从事与工作无关的活动，经批评教育仍不改正的；

（4）工作期间寻衅滋事、打架斗殴，影响生产、工作秩序的；

（5）无故旷工的；

（6）其他违反劳动纪律的行为。

（四）违反廉洁从业规定行为及处分

违反廉洁从业规定，有下列行为之一的，给予警告或者记过处分；情节较重的，给予记大过或者降级处分；情节严重的，给予撤职、留用察看或者开除处分：

（1）收受可能影响公正履行职责的礼品、礼金、消费卡和有价证券、股权、其他金融产品等财物的；

（2）接受可能影响公正履行职责的宴请、旅游、健身、娱乐等活动安排的；

（3）将应当由个人支付的费用，由下属单位、业务往来单位或者个人支付、报销的；

（4）违规占用企业财物，或者将企业财物借给他人进行营利活动的；

（5）违规兼职，或者违规领取薪酬、劳务费用的；

（6）违规滥发津贴、补贴、奖金等，或者在工资总额之外以其他形式列支和发放工资性收入的；

（7）公款旅游或者以学习培训、考察调研、职工疗养等为名变相公款旅游的；

（8）其他违反廉洁从业规定的行为。

第二节　交通安全

我国国土面积的相当部分都是山地丘陵，特别是西南地区，多半是山区和半山区，山高谷深，道路险峻。据 2012 年统计，我国山区公路发生的交通事故占全国公路交通事故总数的 9.2%，死亡人数占全国交通事故死亡人数的 15.55%。山区道路交通的严峻形势，要求乘车人在山区道路乘车时，应该了解山区道路特点、交通状况及乘车注意事项，保证自身安全。

一、山区道路特点

山区道路与平原、丘陵区道路相比，由于其独特的地形、地貌和气候特征，呈现出以下特点。

（一）道路条件复杂

山区道路地处山区、丘陵地带，地形、地质结构复杂，地质灾害频发，使得山区道路的设计标准相对降低，公路几何线形组合多变，视距短、小半径曲线与长大下坡路段较多。主要表现为坡长而陡、路窄弯急等，线形条件的复杂多变会使驾驶员操作频繁，增加操作失误的风险，同时车辆转弯、制动频繁，都会给行车安全带来隐患。

例如，重庆地区独特的喀斯特槽谷地貌造就了重庆山多河多的特点，地势随山脉跌宕，随河谷蜿蜒，依山而建的重庆道路也随之起伏，翻越高山峻岭，上下坡路普遍在十余公里左右，最长的达数 10km 以上；又如，湖北地区山区道路突出的特点有二窄三多，道路窄、路肩窄，弯路多、急弯多、桥涵多。路面宽度突然两侧变窄、单侧变窄的道路较多；山区道路依山傍水，路况复杂，或盘山绕行，或临崖靠涧，路面曲折，交通风险随之增大。

（二）桥涵、隧道等构造物多

复杂的地形决定了山区道路桥隧比例的增加，影响车辆运行安全。桥梁、隧道是交通事故频发路段，其护栏的过渡，桥头路基的处理，隧道照明、通风、应急等条件都会影响山区道路的运行安全。

（三）气候条件复杂多变

山区多变的气候条件同样给山区道路的运行安全带来影响。特殊天气条件下路面极易结冰，雨雪、浓雾天气会使山区高速公路的能见度降低，再加上山区阵风或强风的作用，会影响驾驶员的观察和判断，易导致车辆行驶打滑、制动跑偏、制动距离延长、频繁制动和制动衰减等现象，容易引发交通事故。

（四）道路环境影响驾驶员视觉

山区道路两侧植被相对茂密，由于地形条件的限制，高填、深挖路段以及桥隧等结构物大大增加，影响驾驶员的视觉和视距，对行车安全产生影响。例如，路侧树木生长的茂盛枝叶会影响原本就不富余的驾驶视距；路侧出现的深谷会影响驾驶员视野和心理，分散驾驶员驾驶时的注意力，影响驾驶员的动态视觉；隧道封闭空间内亮度不满足驾驶员视认和安全舒适的驾驶需求、环境单调，很容易使驾驶员驾驶疲劳、反应迟钝，对速度的感知能力下降和思维聚焦，对行车安全极为不利。此外，由于受行车环境的影响，驾驶员在行车中往往会由于距离、速度、弯度、颜色、照明等产生错觉，导致操作失误而产生交通安全风险。

（五）险情较多影响行驶安全

例如，重庆及湖北地区在雨季山洪较多，坍山塌方、桥涵冲断经常发生；有的山地有冰川和泥石流活动；有的山地经常有风化了的石块滚向路面。诸如此类险情发生，往往会使公路遭到破坏，交通中断，由此也就会出现便道、便桥，给行车增加了困难。

（六）道路运行管理难度大

山区道路横断面净空有限，周边地形复杂，养护维修工人的工作和生活条件较差；在运行中遇到突发事件，容易产生交通拥堵，应急难度大。

因此，在山区道路行车风险大，安全要求高，稍不注意或操作不当，便会发生事故，甚至车毁人亡，作为乘车人在乘车过程中也要提高注意力，观察周围情况，保证自身的安全。

二、山区道路交通安全的影响因素

（一）人的因素

部分道路参与人文化素质偏低，安全意识淡薄，行路、骑自行车、乘车易出交通事故；驾驶员经常处于紧张状态，精神容易疲劳，易出交通事故。特别是近几年机动车驾驶员大量增加，开车时间少，技术素质低，有许多取得驾驶资格，无车开或者很少开，缺乏山区道路行车经验，易出交通事故。部分汽车驾驶员对山区路况不熟，环境不明，更无山区道路行车处理紧急情况应变能力，易出交通事故。

（二）车辆技术设备的因素

主要表现为一是汽车保有量的增加，增高车辆流量密度，增加了交通事故的发生频率；二是夜间行车增多；三是客、货汽车向大、中、小型，高、中、低档多层次发展，车辆技术性能差异大，车辆资源配置结构种类增多，技术性能和安全系数比原道路行车安全相对降低，更增大了交通事故发生的频率。部分交通运输企业客货汽车陈旧老化，企业无资金更新改造，部分接近报废的车辆仍在行驶，该报废的没有报废，该更新的没有更新。单位或个人之间车辆买卖频繁，驾驶员掌握的汽车技术性能经常发生变化，边运行、边适应，易出交通事故。

（三）山区道路的道路设施及交通环境因素

山区道路设施与安全行驶的匹配滞后，交通环境的弯多、弯急、坡陡、路窄，季节变化大，冰雪路、泥泞路、险路、山雾路，道路警告指示标志或警语不全，路边集镇摆摊设点占道现象仍然存在等道路设施及交通环境因素，是导致交通事故的重要原因。

（四）安全管理因素

山区道路点多线长，安全管理机构人员少，无资金、设备，现场跟踪检查难度大，使“三违”难于经常监督检查，对运行单车无监督管理手段，驾驶员驾车运行安全意识淡化，易出交通事故。

基于山区道路特殊的交通特点，作为乘车人应根据这些特点，乘车时应密切注意交通状况，保证人身安全，做到四不伤害。

三、山区道路交通事故特征

分析山区道路事故特征，其主要的交通事故类型如下。

（一）翻车、坠崖事故

山区道路弯道多而急，而弯道半径和转角的大小，连续下坡路段的长短，纵坡的大小又是由山区此起彼伏的地形决定的，从而增加了驾驶员在驾车过程中控制车速和方向的难度。尤其在车辆超速、超载情况下，车辆在转弯过程中会产生强大的离心力。此外，长距离连续下坡中车辆制动性能会出现衰减。这些情况均容易导致车辆失控而翻车或坠车。由于山区高速公路路基外落差一般都比较大，一旦发生坠车，施救难度大，损害后果严重，社会影响大，容易引发群死群伤的恶性事故。

（二）上坡追尾事故

在山区道路上坡路段，大型货车特别是在超载时爬坡速度慢，一般速度低于60km/h，绝大部分平均速度仅在20km/h左右，其行驶过程中对其他车辆的通行影响非常大；而上坡对小型车的速度影响又相对较小，往往还会存在超速现象，这就造成了大小车之间的速度差很大。车辆之间的速度差越大，车辆变换车道寻求超车的概率越高，则发生交通事故的概率相应地也越大，容易造成上坡追尾事故。特别是在陡缓坡连接处，大型货车由缓坡进入陡坡时速度迅速降低，而小车速度变化不大，此时极易造成追尾事故。

（三）下坡连环追尾事故

山区道路坡多、坡陡且长，我国目前的重载货车在下坡行驶过程中驾驶员需长时间制动从而达到减速的目的，这种长时间的制动行为会导致车辆的制动鼓发热，制动性能下降，甚至制动失效。一旦遇到前方堵车或前车突然变更车道等情况，重载货车因无法及时减速并采取避让措施，就会引发交通追尾事故。当下坡路段有故障车辆或已发生事故的车辆停放时，极易引发“二次事故”或“三次事故”，甚至更多连环追尾的事故。多车相撞事故时车辆间的撞击力较大，易造成非常惨重的后果。这种路段目前在国内山区高速公路中很是常见，特别在下坡至 7～8km 处的路段被称为“鬼门关”。

（四）不按规定停车和停车后不安全的行为引发的事故

山区道路运行条件复杂，路侧安全停放净空区域受限，目前我国车辆特别是重载货车在复杂的道路上行驶很容易发生故障，如水箱开锅、风扇皮带断裂、离合器片打滑、轮胎爆裂等。发生此类故障的车辆只能停靠在路侧紧急停车带或路肩上，如此时不按规定靠边停车、打开危险警报灯或合理放置警告标志等，就形成事故隐患；同时，车辆停放后驾驶员和车内乘客下车在周边随意走动，不遵守安全行为要求，也会构成事故隐患。特别是在夜间，后方来的车辆不易判断其前方车辆的状况，很容易出现避让不及而造成事故。

（五）气候突变导致连环相撞

山区此起彼伏的地形地貌打乱了气候分布规律，使气候环境多变。山区道路不仅跨越的地貌单元多，而且频繁跨越不同的气候带，各气候带特征差异性明显，如山区局部区域冰冻积雪、雨雾、沟谷横风、团雾等变化频繁。频繁变化的区域局部气候是除道路条件如几何条件、路面条件等突变影响交通行车节奏外的主要因素，也是导致山区高速公路交通事故的主要原因，往往产生连环相撞的交通事故。

（六）其他类型的事故

山区道路除了上述事故类型高发以外，还存在因隧道进出口亮度不足而产生“明暗适应”而引发的追尾事故，恶劣天气时因路面湿滑或弯道视距较短等情况而引发的追尾和侧翻事故等。

四、安全乘车注意事项

为保证乘车安全，乘车人需对所乘坐车辆的状况、驾驶员的驾驶技术和精神状态、路况以及气候情况等，要做到心中有数，预测可能发生的问题。要特别注意汽车的车况和载客量，有情况时，要及时提醒驾驶员。

（1）乘车须在站台或指定地点依次候车，听从驾驶员指挥，待车停稳后，先下后上；在道路上搭乘机动车，应当从车身右侧上车；不得强行上下或者攀爬行驶中的车辆。

（2）不要携带易燃、易爆物品上任何车辆。有的时候不怕一万，就怕万一，千万别为了一时的方便铤而走险。车上人多拥挤，而易燃、易爆物品的燃点低，不耐挤压。温度一高的话，一旦发生燃烧爆炸，后果不堪设想。

（3）不论乘什么车，行驶中都不要与驾驶员闲聊，这样会分散驾驶员的注意力；也不要把身体的任何部分伸出到车窗外，车子的速度很快，一旦碰上任何物体都会对你的身体造成严重伤害。

（4）乘车时要坐稳扶好，系好安全带。没有座位时，要双脚自然分开，侧向站立，手应握紧扶手，以免车辆紧急刹车时摔倒受伤。

（5）机动车行驶中，不要在车内站立，不向车外抛弃物品，在车内不允许大声喧哗，不要将身体任何部位伸出车外，不准跳车。

（6）乘坐大型客车时，上车后一定要先察看安全门和安全锤的存放地方，车窗的敲击位置，提前规划好逃生路线。

（7）乘坐货运机动车时，除驾驶室外，不要乘坐其他任何部位。不要坐在车厢栏板上，防止急转弯时人被甩出车厢；也不要站在驾驶室与货物之间，防止急刹车时货物前移，将人挤伤。

（8）在车行道上不得下车，从机动车右侧下车，开门前，先观察一下车旁边有无其他车辆，在没有车辆驶近的情况下再开门，防止车门突然打开使后面车辆撞上车门而发生意外。下车后，需横过车行道时，应注意观察道路情况，确定没有车辆过往后，从车尾部穿行，切不可从车头贸然通过；不要在停驶车辆的缝隙中横穿马路。

（9）在车上最好不要睡觉，因为一旦车辆急刹车，会使身体与车厢某部位相撞，造成伤害。也不要在车上看书，车身如果晃动过大，看书时的注意力难以集中，容易影响视力。

（10）汽车行驶当中，最好不要吃东西，尤其是糖豆、花生一类的食品，它们容易在汽车晃动时呛到气管中。

（11）山区道路行车，乘车人易产生心悸、眩晕等现象，应该提前备好药物，上车后，应系好安全带，并抓好把手。

（12）机动车发生故障或交通事故须在车行道停车时，除救险外，乘车人须迅速离开车辆和车行道，撤离到安全地带。

五、乘车事故的应急处置

（1）如果你能提前一瞬间发现险情，就要紧握面前的扶手、椅背，同时两腿微弯，用力向前蹬地。这样即使身体受到碰撞，由于双手可以向前用力，撞击力会消耗在手腕和双腿之间，缓解了身体前冲的速度，从而会减轻受伤害的程度，使身体不致造成重伤。

（2）如果车祸发生得十分突然，在来不及做缓冲动作的情况下，坐在前排的人要抱头迅速滑下座位，以防头部由于惯性冲向挡风玻璃。后排的人要迅速抱住头部并缩身成球形，这样可以减少头部、胸部受到的撞击。

（3）假如汽车发生翻倒或翻滚，双手要紧紧握住座位，双脚死死抵住车厢；车辆撞损后往往起火甚至发生爆炸，因此要尽快逃离车辆，必要时要用脚、肘甚至裹着衣物的拳头击碎车窗玻璃逃生。

（4）如果发生火灾，应在可能的情况下积极帮助灭火，并立即设法尽快离开汽车，千万不要惊慌失措。

（5）车辆侧翻应对一般有 3 种情况：一是急转翻车，当车在急速转弯时，乘客会感觉到车身向一侧飘起；二是山沟翻车，车身先慢慢倾斜，然后加快速度连续翻滚；三是纵向翻车，汽车先有前倾或后倾、车头下沉或翻起的感觉，然后完全翻转。乘客应尽快手足并用，紧紧攀住座位或内侧厢板，使身体随车体翻转。跳车时不要顺着翻车的方向跳车，以防止跳出车外被车体重新压上。若翻转中感到不可避免地要被翻出车外，应在抛出车厢的瞬间猛踏双腿，增加向外抛出的力量，以增大离开危险区的距离，落地时，用双手抱头顺惯性方向跑动或翻滚一段距离，以减轻落地时的反作用，同时也有助于远离危险区。

第三节　自然灾害防范

天然气长输管道跨越距离越长，其通过的地质条件就越复杂，人类工程活动越频繁，自然灾害类型就更加地多种多样。管道沿线可能对管道造成危害的自然灾害主要有地震、崩塌和滑坡、泥石流、采空塌陷、冲蚀坍岸、风蚀沙埋、洪水、冻土、大风、软土、盐渍土、岩溶塌陷、雷电等。其中，地震、洪水、崩塌和滑坡、泥石流、冲蚀坍岸、岩溶塌陷、风蚀沙埋对管道安全影响较大；地震、洪水、崩塌和滑坡、泥石流等灾害对员工的生命安全影响较大。

一、自然灾害对天然气管道的危害

（一）地震

地震是地壳运动的一种表现，虽然发生频率低，但因目前尚无法准确预报，具有突发的性质，一旦发生，财产和环境损失十分严重。地震产生地面纵向与横向震动，可导致地面开裂、裂缝、塌陷，还可引发火灾、滑坡等次生灾害，对管道工程的危害主要表现在可使管道位移、开裂、折弯；可破坏站场设施，导致水、电、通信线路中断，引发更为严重的次生灾害。

管道在不同地震烈度场中的行为特征见表 3-3-1 所示。

表 3-3-1 管道在不同地震烈度场中的行为特征

地震烈度	管道及地物行为	地表现象
Ⅶ	山体崩塌、个别情况下有裂缝，偶有塌方	潮湿疏松处地表有裂缝
Ⅷ	地下管道接头处受破坏，道路裂缝、塌方	地表裂缝可达 10cm 以上，有泥沙冒出，水位较高、地形破碎处，滑坡、崩塌普遍
Ⅸ	道路出现裂缝，部分地下管道遭破坏	滑坡、山崩
Ⅹ	地下管道破裂	滑坡、山崩普遍
Ⅺ	地下管道完全破坏	地表巨大破坏

（二）洪水

我国西部河流大多为内陆河流，河流以高山的融雪和大气降水为水源，具有落差大、暴雨洪水洪峰流量比年均流量大几倍甚至几十倍的特点。一般来讲，山区降水量多于平原区，且山区降雨量是平原区的 5~6 倍，是洪水形成的根源。由于山坡植被贫乏，沟道坡降大，保水蓄水能力极差，6~9 月一旦有较大降雨，在短时间内形成极强的洪水径流，流速急，猛涨猛落，夹杂大量石头泥沙，易形成泥石流，对穿越河流的管道具有一定的威胁，特别是布设在弯曲河段凹岸一侧的管道，可能会因沟岸的坍塌而被暴露出来，甚至发生悬空和变形。在管道沿线的低山沟谷、山前冲积平原出山口及山间洼地中的冲沟及冲沟汇流处，降水形式常以暴雨为主，河沟洪水夹带泥沙，形成特有的暴雨洪流危害，对岸边形成冲刷破坏，并具有短时间内破坏建筑设施、道路工程、管道工程设施等特征。这些地段河流落差大，河床不稳定，下切速度快，很容易对管道造成威胁。这些河流还有一个特点是非雨季没有水或水量很小，但进入雨季，山洪暴发，水量剧增，并夹带泥沙石头，对管道破坏极大。

（三）崩塌和滑坡

天然气管道如经过地质构造活动强烈地区，这些地区岩石松散破碎，地形变化较大，易形成崩塌和滑坡，影响管道建设和运营安全。如西气东输管道经过新疆某区域时，管道在山谷中穿行，地表风化作用强烈，地质环境脆弱，管道线位选择余地小，紧靠山体斜坡敷设，地形陡峻，两侧基岩坡角较大，一般大于 40°，最大能达到 60°，崩塌、滑坡危险地段长达几十公里。

（四）泥石流

如西部地区发育规模较大的冲沟，冲沟中松散堆积物丰富，坡积物较厚，成为潜在泥石流隐患。一旦遇到突发性的强降水过程，存在发生泥石流的可能性。

（五）冲蚀坍岸

冲蚀是在地表水的动力作用下，地表、冲沟或河床中的碎屑物被搬运，造成河床和岸坡磨蚀的现象。坍岸主要指冲刷作用造成河岸或冲沟岸坡的坍塌现象。

（六）风蚀沙埋

风蚀常与沙漠和砾漠化（戈壁滩）相伴出现，风蚀作用表现为风力及其夹带的沙石对障碍物产生巨大的冲击和磨蚀作用，引起障碍物损坏。随风移动的粉细沙常常在低洼地沉积下来，形成移动沙丘、沙垄等，容易造成低洼处被沙淤埋或填平，成为沙埋灾害。

（七）煤矿采空塌陷和自燃

如管道经过煤矿采矿区域，矿井分布密集，形成采空塌陷区域，同时还存在未塌陷的地下采空区，在管道施工和运营过程中有产生塌陷和不均匀沉降的危险，对管道造成破坏。同时还有煤层的自燃现象也会危及管道的安全。

（八）冻土

季节性冻土对管道危害主要是冻胀，地基土的冻胀可使管道中应力发生变化，严重时将影响管道安全使用。多年冻土对管道的危害主要是融沉。局部不均匀融沉可使管道应力发生改变，影响管道安全。

（九）地震与沙土液化

饱和沙土在地震力作用下，受到强烈振动后土粒会处于悬浮状态，致使土体丧失抗剪切强度而导致地基失效的现象，称之为地震液化。地震液化是一种典型的突发性地质灾害，它是饱和沙土和低塑性粉土与地震力相互作用的结果，一般发生在Ⅷ~Ⅸ级的高地震烈度场内。

（十）岩溶地面塌陷

岩溶地面塌陷是岩溶分布区内普遍发育的一种危害很大的自然现象，是在地下水动力条件急剧变化的状态下，由发育于溶洞之上的土洞往上发展，洞顶上覆土层逐渐变薄，抗塌陷力不断减弱，当接近或超过极限的情况下而诱发地面塌陷。

（十一）盐渍土

盐渍土对管道的腐蚀性，对混凝土钢结构具有中等或强腐蚀性。盐渍土的主要危害是其中的 Cl^-、SO_4^{2-} 腐蚀金属管道，缩短管道寿命。盐渍土的另一危害是地表土体中的大量无机盐在水的作用下可以发生积聚或结晶，体积变大造成地表发生膨胀变形，形成盐胀灾害；当大量易溶盐类在降水或地表流水作用下被溶解带走时，常会出现地基溶陷现象。

（十二）雷电

管道架空部分和地面部分（如跨越管段、站场管道和工艺设施），相对于整个埋地管道而言都是优良的接闪器，在附近空中有云存在的情况下，可能形成一个感应电荷中心，从而遭受直击雷的威胁。管道不仅会感应正雷，还会感应负雷。正雷和负雷对管道，特别是对阴极保护设备的运行存在着不同程度的影响。

当管道上空形成雷云时，其下面大面积形成一个静电场，埋地管道也同大地一样表面感应出相反的电荷，当电荷积聚到一定程度而又具备了放电条件时，会出现一次强烈的放电过程。但是，由于三层 PE 优良的绝缘性能，管道电荷的泄放速度很慢，一旦发生管道局部的放电，管道内形成一股强大的电流（涌浪）。对于绝缘性能很好的管道，这种涌浪在管道或接触不良的部位产生高压，引起第二次放电。

二、自然灾难的应对

自然灾害速度快、破坏力大，还直接威胁员工生命安全和健康。员工突遇灾害时，除按照单位突发事件应急预案和演练应对外，还需具备一般的应急处置常识。

（一）灾害前兆

灾害发生前的一些迹象和征兆，可以统称为灾害发生的前兆。按照灾害前兆的感知来源，一般可以分成两类，一类是人的感觉器官所能直接觉察的前兆，另一类是不能被人的感觉器官直接察觉，需要仪器测出的前兆。

1. 地震灾害

地震，特别是强烈地震之前，大都会出现一些异常现象。地震前兆的一个共同特点，就是它们都表现为自然界突然发生的某种与地震发生有关的变异，是地震前大自然的警告信号。每次大震前都有一些异常现象，例如井水发浑、冒泡、翻花、升温、变色、变味、陡涨、陡落；泉源突然枯竭或涌出；动物习性异常反应，动物在地震前大多有惊恐反应，像遇到敌害，极度紧张，少数表现为抑制型，表现为萎靡不振；地声、地光、火球；植物的反常开花结果等宏观前兆现象。同时，还可能会出现地面倾斜、伸缩、海平面的升降等，反映地球物理学现象变化的地磁、地电、地温、电磁波、重力、水氡、水质成分变化等微观前兆现象。

出现这些临震异常现象，应尽可能采取措施避险，增加躲过灾难的机会。另外，要特别警惕强烈破坏性地震发生后，短期内很可能还会有较强的余震，使已受到不同程度破坏的建筑物再次坍塌。

2. 龙卷风灾害

龙卷云除具有积雨云的一般特征以外，在云底会出现乌黑的滚轴状云，当云底见到有漏斗云伸下来时，龙卷风就可能出现。

在家时，务必远离门、窗和房屋的外围墙壁，躲到与龙卷风方向相反的墙壁或小房间内抱头蹲下。躲避龙卷风最安全的地方是地下室或半地下室；在电杆倒、房屋塌的紧急情况下，应及时切断电源，以防止电击人体或引起火灾；在野外遇龙卷风时，应就近寻找低洼地伏于地面，但要远离大树、电杆，以免被砸、被压和触电；汽车外出遇到龙卷风时，千万不能开车躲避，也不要在汽车中躲避，因为汽车对龙卷风几乎没有防御能力，应立即离开汽车，到低洼地躲避。

3. 泥石流灾害

除根据当地降雨情况来估测泥石流暴发的可能性外，还可通过一些特有现象来判断泥石流的发生，以便采取快速、正确的自救方法。当发现河（沟）床中正常流水突然断流或洪水突然增大并夹有较多的柴草、树木，都可确认河（沟）上游已形成泥石流。仔细倾听是否有从深谷或沟内传来的类似火车轰鸣声或闷雷式的声音，如听到这种声音，哪怕极微弱也应认定泥石流正在形成，此时须迅速离开危险地段。沟谷深处变得昏暗并伴有轰鸣声或轻微的震动感，则说明沟谷上游已发生泥石流。

4. 雷击灾害

雷击是由雷雨云产生的一种强烈放电现象，电压高达（1 ~ 10）$\times 10^8$V，电流达几万安培，同时还放出大量热能，瞬间温度可达 1×10^4℃以上。其能量可摧毁高楼大厦，能劈开大树，击伤人畜。

雷雨天气尽量不要在旷野行走，外出时应穿塑料材质等不浸水的雨衣，不要骑在牲畜上或自行车上出行；不要用金属杆的雨伞，不要把带有金属杆的工具如铁锹、锄头扛在肩上。远离建筑物的避雷针及其接地引下线，这样做是为了防止雷电反击和跨步电压伤人。远离各种天线、电线杆、高塔、烟囱、旗杆，如有条件，应进入有防雷设施的建筑物或金属壳的汽车、船只，但有帆布的篷车、拖拉机、摩托车等在雷雨发生时是比较危险的，应尽快远离。尽量离开山丘、海滨、河边、池塘边，尽量离开孤立的树木和没有防雷装置的孤立建筑物，铁围栏、铁丝网、金属晒衣绳附近也很危险。如果雷雨天气待在室内，必须关好门窗，防止球形雷进入室内造成危害；把电视机室外天线与电视机脱离，而与接地线连接；尽量停止使用电器，拔掉电源插头；不要打电话和手机；不要靠近室内金属设备（如暖气片、自来水管、下水管）；不要靠近潮湿的墙壁。

（二）正确预防、识别次生和衍生灾害

许多自然灾害，特别是等级高、强度大的自然灾害发生以后，常常诱发出一连串的其他灾害接连发生，这种现象叫灾害链。灾害链中最早发生的起作用的灾害称为原生灾害；而由原生灾害所诱导出来的灾害则称为次生灾害。自然灾害发生之后，破坏了人类生存的和谐条件，由此还可以导生出一系列其他灾害，这些灾害泛称为衍生灾害。

以地震灾害为例，其次生灾害种类众多，包括火灾、毒气污染、细菌污染、放射性污染、崩塌、滑坡、泥石流、水灾；冬天发生的地震容易引起冻灾；夏天发生的地震，由于人畜尸体来不及处理及环境条件的恶化，可造成环境污染和瘟疫流行。随着社会经济的发展，一些新的次生灾害随之出现，如灾害导致信息存储破坏可能会引起“数字灾难”，巨灾还可能破坏灾区甚至更大的区域，对整个产业链造成严重破坏，严重影响生产生活秩序。

管道运营单位员工因工作性质有时需要在灾区开展工作，应该掌握一定的次生灾害知识，能够识别一些典型的次生灾害。特别是在野外开展工作的时候，有意识地规避次生灾害，保护自身安全。

（三）选择正确的逃生与自救方法

当灾害发生时，保持清醒的头脑，争分夺秒，按照各类灾害的破坏特性，选择正确的逃生方式，争取尽快脱险，这样可以有效避免人员的大量伤亡。一旦无法脱离危险，就要选择正确的自救方式，保存体力，为救援争取宝贵的时间。同时，注意采取有效的措施，尽快将信息传递出去，为救援人员提供信号，缩短救援时间，提高救援效率。以下列出了主要灾害的逃生与救助方法。

1. 地震灾害

在房屋里，赶快到安全的地方，如躲到书桌、工作台、床底下。单元楼内，可选择面积小的卫生间、墙角，减小伤亡。对于户外开阔，住平房的居民，地震时可头顶被子、枕头或安全帽逃出户外，来不及时，最好在室内避震，要注意远离窗户，趴下时头靠墙，枕在横着的双臂上面，闭上眼和嘴，待地震过后再沉着离开。地震时，门框会因变形而打不开，所以，在防震期间最好不要关门。如果你正行走在高楼旁的人行道上，要迅速躲到高楼的门口处，以防碎片掉下来砸伤。汽车司机要就地刹车。如果在山坡上感到地震发生，千万不要跟着滚石往山下跑，应躲在山坡上隆起的小山包背后，同时要远离陡崖峭壁，防止崩塌、滑坡和泥石流的威胁。

一次大震发生后，在没有外来人员援救之前，自救是一项与死神争分夺秒的斗争。地震对人身的伤害，大部分是倒塌的房屋所造成的。地震时，如已被砸伤或埋在倒塌物下面，如果压埋较轻，应先观察周围环境，寻找通道想办法出去，地震发生后凭借自己的力量和智慧，根据自己所处的具体情况，寻找可以自救脱险的通道，尽力自救，完全

可以脱险，切忌失去理智地乱喊乱叫。

若受重伤或暂时不能脱险者，不要乱喊乱动，要保存体力，首先把妨碍呼吸的部位（口鼻胸部附近）松动一下，或扒开一定的小空间，以利呼吸，等待救援；静听外面的动静，发现有人扒救时，可用喊或敲击物体的方法为扒救人指明埋压的位置，以便救援。地震时在户外的人，千万不能冒着大地的震动进屋去救亲人，只能等地震过后，再对他们及时抢救。

2. 泥石流灾害

泥石流冲击力很大，所以要采取正确的逃逸方法。

（1）当处于泥石流区时，不能沿沟向下或向上跑，而应向两侧山坡上跑，离开沟道、河谷地带，但注意不要在土质松软、土体不稳定的斜坡停留，以免斜坡失稳下滑，应跑到基底稳固又较为平缓的地方。

（2）不应上树躲避，因泥石流不同于一般洪水，其运动中可沿途扫除一切障碍，所以上树逃生不可取。

（3）应避开河（沟）道弯曲的凹岸或地方狭小高度又低的凸岸，因泥石流有很强的淘刷能力，这些地方很危险。

3. 火灾

逃生开门前应先触摸门锁。若门锁温度很高，则说明大火或烟雾已封锁房门出口，此时切不可打开房门。应关闭房内所有门窗，用毛巾、被子等堵塞门缝，并泼水降温。同时利用手机等通信工具向外报警。若门锁温度正常或门缝没有浓烟进来，说明大火离自己尚有一段距离，此时可开门观察外面通道的情况。开门时要用一只脚抵住门的下框，以防热气浪将门冲开。在确信大火并未对自己构成威胁的情况下，应尽快逃出火场。遇有浓烟可用湿毛巾捂鼻，弯腰低头迅速撤离。通过浓烟区时，要尽可能以最低姿势或匍匐姿势快速前进，并用湿毛巾捂住口鼻。不要向狭窄的角落退避，如墙角、桌子底下、大衣柜里等。逃生勿入电梯，而应该走楼梯。电梯往往容易断电而造成电梯“卡壳”，人在电梯里可能会被浓烟毒气熏呛而窒息。

被火围困时，正确地发出求救信号，是脱离险境的重要手段。火场上人声嘈杂，烈火飞腾，这时如果卧着呼救效果比站着好。因为站着呼救，熊熊烈火会把声波反射回来，外面的人听不见。卧着呼救时，因火势顺空气上升，低矮的地方可燃物已经燃尽，或者还没有燃着，声波容易穿过空隙传出去。

人身上着火，一般是衣服着火，奔跑等于加速了空气流通，得到了更多的氧气，因此越烧越烈。另外，身上着火的人狂奔乱跑，势必把火种带到别处，有可能引起新的着火点。正确的方法应该是：先脱去衣服帽子，如果一时来不及，可把衣服猛撕扔掉。如果衣服在身上烧，不仅会使人烧伤，而且会给以后的抢救治疗增加困难，特别是化纤服装受高温熔融后会与皮肉粘连，而且还有一定的毒性，会使伤势恶化。如果来不及脱衣服，可以卧倒在地上打滚，把身上的火苗压熄。倘若有其他人在场，可用湿麻袋、毯子等把身上着火的人包起来，就能使火熄灭，或者向着火人身上浇水帮助将烧着了的衣服撕下来。但是，切不可用灭火器直接向着火人身上喷射，因为灭火器内的药剂会引起伤口感染。如果身上火势较大，来不及脱衣，旁边又无人帮助灭火的话，则可以尽快地跳入附近的池塘、水池、小河中，使身上的火熄灭。虽然这样可能对后来的烧伤治疗不利，但是这样做至少可以减轻烧伤程度和面积。这里应指出的是，如果人体已被烧伤，且烧伤面积很大，则不宜跳水，以防感染。

（四）正确的急救措施

灾害发生后，对于人身受到伤害的人员应采取必要的急救措施，争取时间，减缓伤情、挽救生命。采取正确急救措施的前提是正确识别伤情。根据伤员受伤程度、部位、生命体征变化进行分类，有利于按伤员伤情的轻重缓急进行救护和向医院转送。另外要注意进行急救时，不论患者还是救援人员都需要给予适当的防护；要注意处理污染物，注意对伤员污染衣物的处理，防止发生继发性损害。

1. 机械性外伤

首先要使伤者脱离埋压。在扒救中，可使用铲、铁杆等轻便工具和毛巾、被单、衬衣、木板等方便器材。如伤势严重不能自行出来的，不得强拉硬拖，应设法暴露全身，查明伤情，施行包扎固定或急救。救出伤员后应首先将其头部暴露，迅速清除口鼻内灰土，进而暴露胸腹部。挖出过程中，注意不要使伤员再度受伤，动作要轻、准、快，不要强行拉。如全部被埋应尽快将伤者的头部优先暴露出来，清理口鼻泥土砂石、血块，松解衣带，以利呼吸。

伤员转移到安全地带后，应使伤员平卧，头偏向一侧，防误服呕吐物。伤口出血时应用布条止血和净水冲洗伤口，用干净毛巾包扎好以防感染。如有窒息应及时施以人工呼吸；并设法寻找药物、水和适当食物给以急救，然后转移和治疗。骨折时要用夹板或代用品固定。呼吸停止者，要进行口对口人工呼吸。心跳停止者，要实行胸外心脏按压。搬运伤员要平稳，避免颠簸和扭曲。有条件时及早输血、输液。

2. 烧伤

火灾中的伤员多是热力烧伤、吸入性损伤、烧伤伴合并伤，应立即有针对性地采取相应急救措施。烧伤的严重程度与受伤的面积大小、伤势深浅有关。烧伤应采取紧急处置，二三度烧伤时，要及时送医院抢治。途中尽量减少颠簸，注意保暖，进行吸氧和输液。烧伤采取紧急处置包括以下几个方面：

（1）要防止创面再次受到污染，采取正确的办法清理创面，用干净布包扎或敷病因创面，防止感染，手足烧伤包裹时应将指（趾）分开，以防粘连。注意清除眼、口、鼻的异物。

（2）轻度烧伤者可饮 1000mL 水，水中加 3g 盐、50g 白糖，有条件再加入碳酸氢钠 1.5g。严重者按体重进行静脉输液。

（3）要清除呼吸道污物，呼吸困难要进行人工呼吸，心跳失常者进行胸外按压等。

（4）被液体烫伤后，立即剪去被浸湿的衣服，如某处衣肉粘连太紧时，不要强行撕下，先剪去未粘连部分，暂留粘连部分。剪刀不要碰到伤口、水泡，不涂紫药水、红药水和其他药膏，以免影响创面观察。

（5）大面积烧伤（超 40%）呕吐者，在 24h 内禁食，口渴时可用少量水湿润口腔。

3. 窒息

对于因溺水而造成伤害的伤员应采取以下急救措施：

（1）立即清除口鼻内污泥、杂物、假牙，保持呼吸道通畅。

（2）迅速进行控水：把溺者放在斜坡地上，使其头向低处俯卧，压其背部，将水控出。如无斜坡，救护者一腿跪地，另一腿屈膝，将患者腹部横置于屈膝的大腿上，头部下垂，按压其背部，将口、鼻、肺部及胃内积水控出。

（3）对呼吸已停止的溺水者，应立即进行人工呼吸。方法是：将溺水者仰卧位放置，抢救者一手捏住溺水者的鼻孔，一手掰开溺水者的嘴，深吸一口气，迅速口对口吹气，反复进行，直到恢复呼吸。人工呼吸频率每分钟 16~20 次。

（4）如呼吸心跳均已停止，应立即进行人工呼吸和胸外心脏按压。急救者将手掌根部置于胸骨中段进行心脏按压，下压要慢，放松时要快，每分钟 80~100 次，与人工呼吸互相协调操作，与人工呼吸操作之比为 5∶1，如一人施行，则心脏按压与人工呼吸之比是 15∶2。

4. 电击、雷击

首先正确判断触电者伤势的轻重，轻者心慌，头晕，面色苍白，恶心，神志清楚，呼吸、心跳规律，四肢无力，如脱离电源，安静休息，注意观察，不需特殊处理。重者呼吸急促，心跳加快，血压下降，昏迷，心室颤动，呼吸中枢麻痹以至呼吸停止，皮肤烧伤或焦化、坏死等。电击或雷击的自救应遵循以下步骤：

（1）火速切断电源。立即拉下闸门或关闭电源开关，拔掉插头，使触电者很快脱离电源。急救者利用竹竿、扁担、木棍、塑料制品、橡胶制品、皮制品挑开接触触电者的电源，使触电者迅速脱离电源；如触电者仍在漏电的机器上，赶快用干燥的绝缘棉衣、棉被将触电者推拉开；未切断电源之前，抢救者切忌用自己的手直接去拉触电者，这样自己也会立即触电。

（2）伤者脱离电源后，应就地平卧，松解衣扣，乳罩、腰带等。确认心跳停止时，在用人工呼吸和胸外心脏按压后，才可使用强心剂。心跳呼吸停止还可心内或静脉注射肾上腺素、异丙肾上腺素。血压仍低时，可注射阿拉明、多巴胺，呼吸不规则注射尼可刹米、山梗菜碱。触电灼烧伤应合理包扎。

第四篇

风险管控篇

第一章　风险管控及隐患排查治理

发生安全事故往往是因为人们对风险认不清、想不到、防不住，对隐患看不到、查不出、治不了，预防事故的关键是事先做好风险的辨识管控，同时对存在的隐患进行排查治理，每一名员工都应该具备履行岗位安全风险管控和隐患排查治理职责的知识与能力，确保岗位风险有效控制、隐患及时消除。

第一节　安全生产双重预防机制概述

构建安全生产风险辨识管控与隐患排查治理双重预防机制，是落实党中央国务院新形势下推动安全生产领域改革创新的重大举措，是实现纵深防御、关口前移、源头治理的有效手段，是落实企业主体责任、提升本质安全水平、预防事故发生的根本途径。

一、双重预防机制的概念与含义

双重预防机制是指风险分级管控机制与隐患排查治理机制，是构筑防范安全事故的前后两道防火墙。通过这一系统性的风险管理工程，把每一类风险都控制在可接受范围内，把每一个隐患都治理在形成之初，把每一起事故都消灭在萌芽状态。

第一道防火墙是管风险。以安全风险辨识和管控为基础，从源头上系统辨识风险、分级管控风险，努力把各类风险控制在可接受范围内，杜绝和减少事故隐患；第二道防火墙是治隐患。以隐患排查和治理为手段，认真排查风险管控过程中出现的缺失、漏洞和风险控制失效环节，坚决把隐患消灭在事故发生之前。

隐患排查治理和风险分级管控是相辅相成、相互促进的关系。安全风险分级管控是隐患排查治理的前提和基础，通过强化安全风险分级管控，从源头上消除、降低或控制相关风险，进而降低事故发生的可能性和后果的严重性。隐患排查治理是安全风险分级管控的强化与深入，通过隐患排查治理工作，查找风险管控措施的失效、缺陷或不足，采取措施予以整改。同时，分析、验证各类危险有害因素辨识评估的完整性和准确性，进而完善风险分级管控措施，减少或杜绝事故发生的可能性。安全风险分级管控和隐患排查治理共同构建起预防事故发生的双重机制，构成两道保护屏障，有效遏制重特大事故的发生。

二、"双重预防机制"背景

党中央、国务院历来高度重视安全生产工作，党的十八大以来作出一系列重大决策部署，推动全国安全生产工作取得积极进展，但由于安全生产基础薄弱，安全事故易发多发，重特大安全事故时有发生。

2013年11月22日，青岛输油管道泄漏特大爆炸事故，造成62人死亡、136人受伤，直接经济损失 75.172 亿元。

2014 年 8 月 2 日，江苏省昆山中荣金属制品有限公司发生特别重大铝粉尘爆炸事故共造成 146 人死亡，114 人受伤，直接经济损失 3.51 亿元。

2015 年 6 月 1 日，重庆东方轮船公司所属"东方之星"号客轮由南京开往重庆，当航行至湖北省荆州市监利县长江大马洲水道时翻沉，造成 442 人死亡。

2015 年 8 月 12 日，天津港瑞海公司危险品仓库发生特别重大火灾爆炸事故，造成173 人死亡，798 人受伤，直接经济损失直接经济损失 68.66 亿元。

由于一系列重特大安全事故的发生，天津"8.12"事故后，党中央国务院从国家层面开始重新思考和定位当前的安全监管模式和企业事故预防水平问题。

2016 年 1 月 6 日，中共中央习近平总书记在中共中央政治局常委会会议上发表重要讲话，对加强安全生产工作提出 5 点要求，其中第四条是必须坚决遏制重特大事故频发势头，对易发重特大事故的行业领域采取风险分级管控、隐患排查治理双重预防性工作机制，推动安全生产关口前移，加强应急救援工作，最大限度减少人员伤亡和财产损失。李克强总理同时指出，进一步落实企业主体责任、部门监管责任、党委和政府领导责任，扎实做好安全生产各项工作，强化重点行业领域安全治理，加快健全隐患排查治理体系、风险预防控制体系和社会共治体系，依法严惩安全生产领域失职渎职行为，坚决遏制重特大事故频发势头，确保人民群众生命财产安全。

三、"双重预防机制"相关文件

为认真落实党中央、国务院决策部署，坚决遏制重特大事故频发势头，国务院下发了一系列相关文件。

（一）《标本兼治遏制重特大事故工作指南》

国务院安委会办公室于2016年4月28日下发《标本兼治遏制重特大事故工作指南》的通知（安委办〔2016〕3号），《工作指南》要求，坚持标本兼治、综合治理，把安全风险管控挺在隐患前面，把隐患排查治理挺在事故前面，扎实构建事故应急救援最后一道防线。坚持关口前移，超前辨识预判岗位、企业、区域安全风险，通过实施制度、技术、工程、管理等措施，有效防控各类安全风险；加强过程管控，通过构建隐患排查治理体系和闭环管理制度，强化监管执法，及时发现和消除各类事故隐患，防患于未然；强化事后处置，及时、科学、有效应对各类重特大事故，最大限度减少事故伤亡人数、降低损害程度。

《工作指南》提出，要着力构建安全风险分级管控和隐患排查治理双重预防性工作机制，一是健全安全风险评估分级和事故隐患排查分级标准体系。二是全面排查评定安全风险和事故隐患等级。依据相应标准，分别确定安全风险“红、橙、黄、蓝”（红色为安全风险最高级）4 个等级，分别确定事故隐患为重大隐患和一般隐患，并建立安全风险和事故隐患数据库，切实解决“想不到、管不到”问题。三是建立实行安全风险分级管控机制。按照“分区域、分级别、网格化”原则，实施安全风险差异化动态管理，明确落实每一处重大安全风险和重大危险源的安全管理与监管责任，强化风险管控技术、制度、管理措施，把可能导致的后果限制在可防、可控范围之内。健全安全风险公告警示和重大安全风险预警机制，定期对红色、橙色安全风险进行分析、评估、预警。落实企业安全风险分级管控岗位责任，建立企业安全风险公告、岗位安全风险确认和安全操作“明白卡”制度。四是实施事故隐患排查治理闭环管理。推进企业安全生产标准化和隐患排查治理体系建设，建立自查、自改、自报事故隐患的排查治理信息系统。

（二）《关于实施遏制重特大事故工作指南构建双重预防机制的意见》

国务院安委会根据《标本兼治遏制重特大事故工作指南》的要求，于 2016 年 10 月 9 日下发《关于实施遏制重特大事故工作指南构建双重预防机制的意见》（安委办〔2016〕11 号），进一步确定了工作的总体思路和工作目标以及构建企业双重预防机制等方面的要求。

《意见》提出，准确把握安全生产的特点和规律，坚持风险预控、关口前移，全面推行安全风险分级管控，进一步强化隐患排查治理，推进事故预防工作科学化、信息化、标准化，实现把风险控制在隐患形成之前、把隐患消灭在事故前面。

《意见》要求，尽快建立健全安全风险分级管控和隐患排查治理的工作制度和规范，完善技术工程支撑、智能化管控、第三方专业化服务的保障措施，实现企业安全风险自辨自控、隐患自查自治，形成政府领导有力、部门监管有效、企业责任落实、社会参与有序的工作格局，提升安全生产整体预控能力，夯实遏制重特大事故的坚强基础。

在构建企业双重预防机制方面，一是全面开展安全风险辨识，指导推动各类企业按照有关制度和规范，针对本企业类型和特点，制定科学的安全风险辨识程序和方法，全面开展安全风险辨识。企业要组织专家和全体员工，采取安全绩效奖惩等有效措施，全方位、全过程辨识生产工艺、设备设施、作业环境、人员行为和管理体系等方面存在的安全风险，做到系统、全面、无遗漏，并持续更新完善。二是科学评定安全风险等级，企业要对辨识出的安全风险进行分类梳理，参照《企业职工伤亡事故分类》(GB 6441—1986)，综合考虑起因物、引起事故的诱导性原因、致害物、伤害方式等，确定安全风险类别。对不同类别的安全风险，采用相应的风险评估方法确定安全风险等级。安全风险评估过程要突出遏制重特大事故，高度关注暴露人群，聚焦重大危险源、劳动密集型场所、高危作业工序和受影响的人群规模。安全风险等级从高到低划分为重大风险、较大风险、一般风险和低风险，分别用红、橙、黄、蓝四种颜色标示。其中，重大安全风险应填写清单、汇总造册，按照职责范围报告属地负有安全生产监督管理职责的部门。要依据安全风险类别和等级建立企业安全风险数据库，绘制企业"红橙黄蓝"四色安全风险空间分布图。三是有效管控安全风险。企业要根据风险评估的结果，针对安全风险特点，从组织、制度、技术、应急等方面对安全风险进行有效管控。要通过隔离危险源、采取技术手段、实施个体防护、设置监控设施等措施，达到回避、降低和监测风险的目的。要对安全风险分级、分层、分类、分专业进行管理，逐一落实企业、车间、班组和岗位的管控责任，尤其要强化对重大危险源和存在重大安全风险的生产经营系统、生产区域、岗位的重点管控。企业要高度关注运营状况和危险源变化后的风险状况，动态评估、调整风险等级和管控措施，确保安全风险始终处于受控范围内。四是实施安全风险公告警示。企业要建立完善安全风险公告制度，并加强风险教育和技能培训，确保管理层和每名员工都掌握安全风险的基本情况及防范、应急措施。要在醒目位置和重点区域分别设置安全风险公告栏，制作岗位安全风险告知卡，标明主要安全风险、可能引发事故隐患类别、事故后果、管控措施、应急措施及报告方式等内容。对存在重大安全风险的工作场所和岗位，要设置明显警示标志，并强化危险源监测和预警。五是建立完善隐患排查治理体系。风险管控措施失效或弱化极易形成隐患，酿成事故。企业要建立完善隐患排查治理制度，制定符合企业实际的隐患排查治理清单，明确和细化隐患排查的事项、内容和频次，并将责任逐一分解落实，推动全员参与自主排查隐患，尤其要强化对存在重大风险的场所、环节、部位的隐患排查。要通过与政府部门互联互通的隐患排查治理信息系统，全过程记录报告隐患排查治理情况。对于排查发现的重大事故隐患，应当在向负有安全生产监督管理职责的部门报告的同时，制定并实施严格的隐患治理方案，做到责任、措施、资金、时限和预案"五落实"，实现隐患排查治理的闭环管理。事故隐患整治过程中无法保证安全的，应停产停业或者停止使用相关设施设备，及时撤出相关作业人员，必要时向当地人民政府提出申请，配合疏散可能受到影响的周边人员。

（三）《关于推进安全生产领域改革发展的意见》

2016 年 12 月 9 日中共中央国务院颁布了《关于推进安全生产领域改革发展的意见》，是新中国成立以来第一个以党中央、国务院名义出台的安全生产工作的纲领性文件，《意见》第二十一条要求，强化企业预防措施。企业要定期开展风险评估和危害辨识。针对高危工艺、设备、物品、场所和岗位，建立分级管控制度，制定落实安全操作规程。树立隐患就是事故的观念，建立健全隐患排查治理制度、重大隐患治理情况向负有安全生产监督管理职责的部门和企业职代会双报告制度，实行自查自改自报闭环管理。

第二节 危害因素辨识

危害因素的辨识是预防事故发生的第一步，只有全面识别危害因素的存在，查找导致事故的根源，才能有效控制事故的发生。危害因素具有普遍性、多样性、隐蔽性和随机性，许多危害因素不容易被发现，需要采取一些特定的方法对其识别。

一、危害因素的基本概念

危害因素，也称危险源，是指可能造成人员伤害或疾病、财产损失、工作环境破坏的根源、状态、行为或其组合。

根据在事故发生中的作用不同，可分为第一类危险源和第二类危险源。

第一类危险源：生产过程中客观存在的、可能发生意外释放的能量（动能、电能、压缩能、势能、热能等能量源或能量载体）或危险物质（易燃易爆、有毒、窒息、自燃等）。如人员高危作业、吊装物、可燃或有毒气体、压力容器等。第一类危险源无法消除，只能控制在合理并尽可能低的范围内。

第二类危险源：导致约束、限制能量和危险物质措施失控的各种不安全因素，如人的失误、物的故障、环境不良、管理缺陷等。

事故的发生是两类危险源共同作用的结果，第一类危险源是事故发生的前提，没有危险物质与危险能量，就不会有事故的发生，且危险能量越高、危险物质量越多，发生事故的后果越严重。第二类危险源是事故发生的必要条件，是发生事故的原因，第二类危险源出现的频率越高，发生事故的可能性越大。由于第一类危险源是客观存在的，危险特性是固有的，第二类危险源则可变的，通常是管理和控制的重点。

二、危害因素的分类

为便于危害因素的全面辨识与分析，通常将危害因素进行分类。

（一）按导致事故的原因划分

根据《生产过程危险和有害因素分类与代码》（GB/T 13861—2009），生产过程中的危险、有害因素可分为人的因素、物的因素、环境因素和管理因素四大类。

1. 人的因素

（1）心理、生理性危险和有害因素。包括负荷超限（体力负荷超限、听力负荷超限、视力负荷超限等）、健康状况异常、心理异常（情绪异常、冒险心理、过度紧张等）、辨识功能缺陷（感觉延迟、辨识错误等）、其他心理、生理性危险和有害因素。

（2）行为性危险和有害因素。包括指挥错误、指挥失误、违章指挥等、操作错误（误操作、违章作业等）、监护失误、其他行为性危险和有害因素。

2. 物的因素

（1）物理性危险和有害因素。包括设备、设施、工具、附件缺陷（强度不够、刚度不够、稳定性差、密封不良、应力集中、外形缺陷、外露运动件、操纵器缺陷、制动器缺陷、控制器缺陷等）、防护缺陷（无防护、防护装置设施缺陷、防护不当、支撑不当、防护距离不够、其他防护缺陷）、电危害（带电部位裸露、漏电、静电和杂散电流、电火花、其他电伤害）、噪声危害（机械性噪声、电磁性噪声、流体动力性噪声、其他噪声）、振动危害（机械性振动、电磁性振动、流体动力性振动、其他振动危害）、电离辐射、非电离辐射（紫外辐射、激光辐射、微波辐射、超高频辐射、高频电磁场、工频电场）、运动物伤害［抛射物、飞溅物、坠落物、反弹物、土、岩滑动、料堆（垛）滑动、气流卷动、其他运动物伤害］、明火、高温物体（高温气体、高温液体、高温固体、其他高温物体）、低温物体（低温气体、低温液体、低温固体、其他低温物体）、信号缺陷（无信号设施、信号选用不当、信号位置不当、信号不清、信号显示不准、其他信号缺陷）、标志缺陷（无标志、标志不清晰、标志不规范、标志选用不当、标志位置缺陷、其他标志缺陷）、有害光照、其他物理性危险和有害因素。

（2）化学性危险和有害因素。爆炸品、压缩气体和液化气体、易燃液体、易燃固体、自然物品和遇湿易燃物品、氧化剂和有机过氧化物、有毒品、放射性物品、腐蚀品、粉尘与气溶胶、其他化学性危险和有害因素。

（3）生物性危险和有害因素。致病微生物（细菌、病毒、真菌、其他致病微生物）、传染病媒介物、致害动物、致害植物、其他生物性危险和有害因素。

3. 环境因素

（1）室内作业场所环境不良。室内地面滑、室内作业场所狭窄、室内作业场所杂乱、室内地面不平、室内梯架缺陷、地面、墙和天花板上的开口缺陷、房屋地基下沉、室内安全通道缺陷、房屋安全出口缺陷、采光照明不良房屋安全出口缺陷、作业场所空气不良、室内温度、湿度、气压不适、室内给、排水不良、室内涌水、其他室内作业场所环境不良。

（2）室外作业场地环境不良。包括恶劣气候与环境、作业场地和交通设施湿滑、作业场地狭窄、作业场地杂乱、作业场地不平、航道狭窄、有暗礁或险滩、脚手架、阶梯和活动梯架缺陷、地面开口缺陷、建筑物和其他结构缺陷、门和围栏缺陷、作业场地基础下沉、作业场地安全通道缺陷、作业场地安全出口缺陷、作业场地光照不良、作业场地空气不良、作业场地温度、湿度、气压不适、作业场地涌水、其他室外作业场地环境不良。

（3）地下（含水下）作业环境不良。含隧道 / 矿井顶面缺陷、隧道 / 矿井正面或侧壁缺陷、隧道 / 矿井地面缺陷、地下作业面空气不良、地下火、冲击地压、地下水、水下作业供氧不当、其他地下（含水下）作业环境不良。

（4）其他作业环境不良。主要包含强迫体位、综合性作业环境不良等。

4. 管理因素

包括职业安全卫生组织机构不健全、职业安全卫生责任制未落实、职业安全卫生管理规章制度不完善（建设项目“三同时”制度未落实、操作规程不规范、事故应急预案及响应缺陷、培训制度不完善等）、职业安全卫生投入不足、职业健康管理不完善、其他管理因素缺陷。

（二）参照事故类别进行分类

参照《企业职工伤亡事故分类标准》（GB 6441—1986），综合考虑起因物、引起事故的诱导性原因、致害物、伤害方式等，将危险因素分为 20 类。

（1）物体打击。指物体在重力或其他外力的作用下产生运动，打击人体，造成人身伤亡事故，不包括因机械设备、车辆、起重机械、坍塌等引发的物体打击。

（2）车辆伤害。指企业机动车辆在行驶中引起的人体坠落和物体倒塌、下落、挤压伤亡事故，不包括起重设备提升、牵引车辆和车辆停驶时发生的事故。

（3）机械伤害。指机械设备运动（静止）部件、工具、加工件直接与人体接触引起的夹击、碰撞、剪切、卷入、绞、碾、割、刺等伤害，不包括车辆、起重机械引起的机械伤害。

（4）起重伤害。指各种起重作业（包括起重机安装、检修、试验）中发生的挤压、坠落（吊具、吊重）、物体打击等。

（5）触电。指电流流经人体，造成生理伤害的事故，包括雷击伤亡事故。

（6）淹溺。包括高处坠落淹溺，不包括矿山、井下透水淹溺。

（7）灼烫。指火焰烧伤、高温物体烫伤、化学灼伤（酸、碱、盐、有机物引起的体内外灼伤）、物理灼伤（光、放射性物质引起的体内外灼伤），不包括电灼伤和火灾引起的烧伤。

（8）火灾。指造成人员伤亡的企业火灾事故，不包括非企业原因造成的火灾。

（9）高处坠落。指在高处作业中发生坠落造成的伤亡事故，包括脚手架、平台登高与地面的坠落，也包括由地面坠入坑、洞、沟等情况，不包括触电坠落事故。

（10）坍塌。指物体在外力或重力作用下，超过自身的强度极限或因结构稳定性破坏而造成的事故，如挖沟时的土石塌方、脚手架坍塌、堆置物倒塌等，不适用于矿山冒顶片帮和车辆、起重机械、爆破引起的坍塌。

（11）冒顶片帮。矿井工作面、巷道侧壁由于支护不当、压力过大造成的坍塌，称为片帮顶板垮落为冒顶。二者常同时发生，简称为冒顶片帮。适用于矿山、地下开采、掘进及其他坑道作业发生的坍塌事故。

（12）透水。矿山、地下开采或其他坑道作业时，意外水源带来的伤亡事故。适用于井巷与含水岩层、地下含水带、溶洞或与被淹巷道、地面水域相通时，涌水成灾的事故。

（13）放炮。施工时，放炮作业造成的伤亡事故。适用于各种爆破作业，如采石、采矿、采煤、开山、修路、拆除建筑物等工程进行的放炮作业引起的伤亡事故。

（14）火药爆炸。指火药、炸药及其制品在生产、加工、运输、储存中发生的爆炸事故。

（15）瓦斯爆炸。可燃性气体瓦斯、煤尘与空气混合形成了达到燃烧极限的混合物，接触火源时，引起的化学性爆炸事故。主要适用于煤矿，同时也适用于空气不流通，瓦斯、煤尘积聚的场合。

（16）锅炉爆炸。锅炉发生的物理性爆炸事故。适用于使用工作压力大于 0.07MPa、以水为介质的蒸汽锅炉。

（17）容器爆炸。压力容器破裂引起的气体爆炸，即物理性爆炸。包括容器内盛装的可燃性液化气在容器破裂后，立即蒸发，与周围的空气混合形成爆炸性气体混合物，遇到火源时产生的化学爆炸，也称容器的二次爆炸。

（18）其他爆炸。凡不属于上述爆炸的事故均列为其他爆炸事故，如：①可燃性气体如煤气、乙炔等与空气混合形成的爆炸；②可燃蒸气与空气混合形成的爆炸性气体混合物如汽油挥发气引起的爆炸；③可燃性粉尘以及可燃性纤维与空气混合形成的爆炸性气体混合物引起的爆炸；④间接形成的可燃气体与空气相混合，或者可燃蒸气与空气相混合（如可燃固体、自燃物品，当其受热、水、氧化剂的作用迅速反应，分解出可燃气体或蒸气与空气混合形成爆炸性气体），遇火源爆炸的事故。炉膛爆炸，钢水包、亚麻粉尘的爆炸，都属于上述爆炸方面的，亦均属于其他爆炸。

（19）中毒和窒息。人接触有毒物质，如误吃有毒食物或呼吸有毒气体引起的人体急性中毒事故，或在废弃的坑道、暗井、涵洞、地下管道等不通风的地方工作，因为氧气缺乏，有时会发生突然晕倒，甚至死亡的事故称为窒息。两种现象合为一体，称为中毒和窒息事故。不适用于病理变化导致的中毒和窒息的事故，也不适用于慢性中毒的职业病导致的死亡。

（20）其他伤害。凡不属于上述伤害的事故，均称为其他伤害，如扭伤、跌伤、咬伤、扎伤等。

此种分类方法所列的危险、有害因素与企业职工伤亡事故处理（调查、分析、统计）和职工安全教育的口径基本一致，为安全生产监督管理部门、行业主管部门、职业安全卫生管理人员和企业广大职工、安全管理人员所熟悉，易于接受和理解，便于实际应用。

（三）按职业健康分类

参照国家卫生健康委员会颁发的《职业危害因素分类目录》，将危害因素分为粉尘、化学因素、物理因素、放射性物质、生物因素、其他职业危害因素等6类。

三、岗位危害因素的辨识

危害因素辨识是指识别危害因素的存在并确定其性质的过程，只有识别各类危险源的存在，才能有效控制事故的发生。

岗位危害因素识别的主要任务是辨识岗位涉及的工艺操作作业活动和设备设施，重点结合日常操作中可能造成人身伤害、中毒、危化品泄漏、火灾爆炸、财产损失等危险事件，以及初期应急处置的风险。岗位职责所涉及的所有作业活动和相关设备、设施要全覆盖，要逐区域、逐专业、逐设备、逐操作、逐维修和施工作业开展风险识别。

岗位危害因素的辨识包括危险源识别、可能导致事件的因素、危险事件的识别三个步骤。

（一）岗位危险源识别

识别岗位实际存在的危险物质与能量，应覆盖岗位所能涉及的危险化学品、物理化学性质、自然环境、生物疾病、安保等方面的危险源，识别岗位危险源可参考表4–1–1。

表4–1–1　岗位危险源识别参考表

序　号	分　类	来源示例
1	碳氢化合物（未加工）	
1.1	液化天然气	低温设施，罐
1.2	凝液	罐，气井，气体管线，气体分离器
1.3	碳氢气体	油气藏，油气井，油/气分离器，气体处理设施，压缩机，气体管线
1.4	煤	采矿活动，锅炉燃料
1.5	原油	油气藏，油气井，管线，压力容器，储罐
1.6	页岩油/气	采矿活动，页岩油藏开采
1.7	油砂	焦油砂，沥青砂（黏土，砂，水，沥青）
1.8	其他碳氢化合物	海底天然气水合物
2	碳氢化合物（加工）	
2.1	液化石油气	分馏工艺设备，储罐，运输卡车和铁路槽车
2.2	汽油	加油站，车辆维修
2.3	煤油/喷气燃料	便携式炉具，便携式灯笼，加热系统，储罐

续表

序 号	分 类	来源示例
2.4	柴油（柴燃料油 / 加热油）	加油站，车辆维修
2.5	重质燃油	船舶燃料，燃料库，加热系统，储罐
2.6	润滑油基础油	发动机和转动设备，液压活塞，液压油箱和泵
2.7	芳烃	重燃料油，石油沥青和树脂
2.8	蜡油和相关产品	过滤分离器，油井管，管线
2.9	沥青和沥青衍生物	道路铺设
2.10	石油焦	加热炉，锅炉
3	爆炸品	
3.1	雷管	地震勘探作业，管道施工
3.2	工业炸药材料	地震勘探作业，爆破，施工，火焰表演
3.3	射弹孔 / 成型炸药	完井活动，拆除
4	其他危险化学品	
5	压力	
5.1	带压气体	焊接瓶，实验室气体，运行管道，空气管路，气闸、气枪、潜水作业（空气罐）
5.2	带压液体	水处理，注水作业，管道强度测试，油井压裂和处理
5.3	真空	罐，收集器
5.4	高压下作业	潜水作业
5.5	低压环境（如大气稀薄）下作业	在海拔 2000m 以上的高度作业
6	高度差	
6.1	人员在 2m 以上高度作业	脚手架、悬吊通道、梯子、平台、栏杆、扶手、塔、堆垛、屋顶作业、舷外作业，二层平台作业
6.2	人员在 2m 以下高度作业	滑湿 / 不平表面，攀爬 / 下行梯子，障碍物，松散的栅栏
6.3	头顶上方存在的物体 / 设施	物体提升 / 处理时掉落或者工作平台上方有人员、设备或工艺系统，升降工作平台，吊挂，起重
6.4	地面 / 边坡稳定性	管沟开挖，修复埋地设施
7	应力作用下的物体	
7.1	拉伸作用下物体	拉索和支撑电缆，锚链，拖驳绳，吊索、处理卡钻事故
7.2	压缩作用下物体	弹簧作用设施，如泄压阀，执行器和液压操作设备
8	运动状态	
8.1	陆运（驾驶）	厂内车辆驾驶，运送材料，供给产品，野外施工搬迁，移动钻机和工作台
8.2	水运（船）	目的地和工厂之间的来回船运，运送材料和产品，水上地震施工，驳船移动钻机和工作台，船碰撞
8.3	含有移动或旋转部件的设备	发动机，马达，压缩机，钻柱，转盘，船上的推进器
8.4	用使用手工工具	划船，地震线清理，挖掘作业

续表

序 号	分 类	来源示例
8.5	非通航航道（狭窄 / 浅的水域）	搁浅，使用当地的独木舟运送人员 / 设备 / 材料到狭窄水域
9	自然环境	
9.1	恶劣天气	台风，极端温度，雨、暴风雨，雪，沙尘暴
9.2	海上 / 水上状态	波浪、潮汐或其他海况，河流水流、洪水、海啸的物理影响
9.3	地质灾害，包括地震	地震、滑坡或其他地质灾害
9.4	火灾	潜在的野外森林、草原自然火灾
9.5	雷击	在开敞空间作业，临近电力线、树等
9.6	沼泽 / 淤泥	流沙、淤区，沼泽，湿地，池塘（围堵漏油，清理和现场修复活动，地震测线）
10	电力	
10.1	电压 >50V	电力电缆、临时电力线、开关设备、电动机、变压器、办公和家用电器设备等
10.2	静电	储罐和管道，产品输送软管，未接地的设备，高速气体排放，塑料盛油桶等
11	物理	
11.1	X 射线 <10nm（电离）	医用扫描仪，检测仪器
11.2	紫外线，波长 400~780nm（非电离）	电弧焊，阳光
11.3	可见光，波长 100~400nm（非电离）	电弧焊，阳光，泛光照明，夜间照明
11.4	红外线，波长 400~1400nm(非电离）	火焰，激光棒
11.5	微波	家用、工业用厨房设备
11.6	激光，波长 100~1000nm（非电离）	仪器，测量，金属切割
11.7	无线电波 / 微波辐射，波长 1mm~30km	电信，移动电话
11.8	极端低频电磁辐射，波长 >30km	变压器，电力电缆
11.9	α、β 粒子	测井、成像、光密度计、仪器接口
11.10	伽马射线	测井、成像
11.11	中子辐射	测井
11.12	自然产生的电离辐射	氡气（花岗岩），采矿活动的油 / 气 / 煤 / 矿物沙，磷酸盐，废钢回收
11.13	噪声	包括冲击噪声（急性）和背景噪声（慢性），来自减压阀，压力控制阀，发动机室，压缩机室，钻井刹车，空气工具
11.14	振动	手持电动工具，划船
11.15	低温温差	工艺管道，储存容器，罐，蒸汽管线，低温设施，冷藏 / 进入冰柜，海水 <10℃
11.16	高温温差	靠近火炬，在二层甲板，开放的暴露区域，炎热夏天，工艺管道，蒸汽出口，排放口，受限密闭空间，乙二醇再生，蒸汽发生器，热油加热系统，再生气

续表

序 号	分 类	来源示例
11.17	湿度	潮湿气候导致汗液蒸发率过低，可能导致中暑，水分不足（寒冷干燥气候）
11.18	纤维素物质	包装材料，木板，纸垃圾
11.19	自燃物	酸性环境容器中的金属垢，酸性环境过滤器上的垢，脱硫设施上的垢，如硫化亚铁
12	大气、环境、媒介	
12.1	空气或媒介中氧浓度 / 氮气和氧气缺乏	密闭空间、储罐、氮气灭火系统
12.2	水	河流、小溪、泳池中溺水风险
12.3	其他窒息性气体	焊接用氩、氦等惰性气体
12.4	大气中的毒物（CO、硫化氢、重金属等）	焊接 / 燃烧操作，有毒的下料系统，排气管，故障加热设备，不通风的车间，冷凝蒸汽、酸性气体、燃料加注点、铝氧化物
12.5	空气 / 粉尘中颗粒物	烟雾、烟尘、油烟、切割砖及混凝土，道路行驶产生的扬尘，喷砂，除锈，催化剂生产过程，矿物纤维、粉末泥浆添加剂，硫回收装置，粉料装卸、清扫
13	生物、疾病方面	
13.1	植物	致死的茄属植物，真菌（如蘑菇和霉），花粉过敏原
13.2	动物	野生动物、蛇、老鼠、昆虫、蜘蛛、蝎子、蜜蜂等
13.3	血吸虫病	疫水
13.4	细菌、病毒	污染的食物、水、空气等
13.5	传染性疾病（霍乱、鼠疫、结核病、肝炎、艾滋病）	病人或病原携带者
13.6	地方性疾病（地方性甲状腺肿、地方性克汀病、地方性氟中毒、大骨节病、克山病）	地下水、地方性食物、媒介昆虫以及病原动物等
14	人机工程	
14.1	工作场所	不方便、困难或不舒服的工作条件，不充足的光线条件、噪声等
14.2	需要体力的任务	对于工作所需的体力未知或不合理的期望
14.3	人机界面	在正常和异常条件期间，操作者无法发现和理解的机械 / 设备信息和状态（通过视觉、声光等），从而导致人因错误
14.4	长时间 / 无规律的工作时长	过长或繁重的工作时间。超时、夜班加班、疲劳导致人因失误的风险
14.5	控制 / 显示设计	控制面板、刻度盘、报警等的设置使工作人员无法监测到异常事件
14.6	操作和行动的现场位置	期望工人能够有效完成相应应急操作，而没有考虑将操作者置于更加危险的境地
14.7	人员响应时间 / 能力	在可用的时间内，操作这无法完成所需的工作
15	公共安全	

续表

序 号	分 类	来源示例
15.1	恐怖袭击	对公众、政府的暴力袭击
15.2	刑事、治安事件	盗窃物质、破坏设施、伤害人员
15.3	群体性事件	游行、上访等带来社会秩序动乱
15.4	无关人员随意出入	门禁失控
15.5	输油管道破坏	打孔盗油（气）、第三方施工
16	输油气管道安全	
16.1	泄漏、火灾、爆炸、环境污染	工作人员误操作、第三方破坏、管道本土缺陷、腐蚀、自然与地质灾害

（二）岗位危害因素的识别

全面识别岗位危险源后，应详细分析每个危险源可能导致事故事件的因素。针对每一个危险源，从工艺、设备、外部影响、环境因素、操作与施工、其他等方面识别可能导致危险（源）释放的危害因素，常见危害因素识别参见表 4-1-2。

表 4-1-2 常见危害因素

序号	类型	危害因素
1	人的不安全行为	操作错误，忽视安全，忽视警告； 造成安全装置失效； 使用不安全设备； 手代替工具操作； 物体（指成品、半成品、材料、工具、切屑和生产用品等）存放不当； 冒险进入危险场所； 攀、坐不安全位置（如平台护栏、汽车挡板、吊车吊钩） 在起吊物下作业、停留； 机器运转时加油、修理、检查、调整、焊接、清扫等工作； 有分散注意力行为； 在必须使用个人防护用品用具作业或场合中，忽视其使用； 不安全装束； 对易燃、易爆等危险物品处理错误； 作业前联系确认不到位； 其他
2	物的不安全状态	防护、保险、信号等装置缺乏或有缺陷； 设备、设施、工具、附件有缺陷； 设备或工具布局问题； 个人防护用品用具防护服、手套、护目镜及面罩、呼吸器官防护用品、听力防护用品、安全带、安全帽、安全鞋等缺少或有缺陷； 其他

续表

序号	类型	危害因素
3	不良环境	照明光线不良； 通风不良； 作业场所狭窄； 作业场地杂乱； 交通线路的配置不安全； 操作工序设计或配置不安全； 地面滑； 储存方法不安全； 环境温度、湿度不当； 其他
4	管理缺陷	技术和设计上有缺陷； 教育培训不够，未经培训，缺乏或不懂安全操作技术知识； 劳动组织不合理； 对现场工作缺乏检查或指导错误； 没有安全操作规程或不健全； 没有或不认真实施事故防范措施，对事故隐患整改不力； 其他

（三）岗位危险事件识别

根据危险源、危害因素，识别每个危险源可能发生的危险事件，并识别预防危险事件发生或减轻其后果的各种措施（包括硬件措施、个体防护和管理程序等），形成岗位危害因素清单，见表 4–1–3。

表 4–1–3　岗位危险事件清单

岗位名称				岗位职责			
岗位作业活动				岗位设备设施			
外部环境							
序号	危险源	存在位置	危害因素	可能发生的危险事件	主要措施与程序	初期应急处置	备注

（四）岗位危害因素辨识的要求

（1）危害辨识应坚持“横向到边、纵向到底、不留死角”的全覆盖原则。应包括所有设备（装置、电气、特种设备等）和所有场所（办公室、锅炉房、配电间等）以及所有操作及作业活动，涵盖所有常规和非常规状态的作业活动。

（2）不良环境应考虑内部环境和外部环境。

（3）管理缺陷应考虑与法律法规的符合性、自身管理需要及更新情况。

（4）识别时要考虑的活动、产品或服务产生（或可能产生）在不同时态（过去、现在、将来）和状态（正常、异常、紧急）的影响。

四、岗位危害因素辨识的方法

危害识别过程中，由于受到识别人员的经验和技术的限制，常常识别不够充分，岗位中应根据具体情况选择一些合适的方法进行识别，这里介绍安全感官（经验）法、安全检查表法（SCL）、作业安全分析法（JSA）等。

（一）感官（经验）法

即充分利用人的感官功能——视觉、听觉、触觉、嗅觉和味觉，对工作环境保持警惕，提高对危害的辨识能力，辨识可能造成伤害的人或物，注意各类异常情况，从而识别岗位危害因素。

1. 视觉

视觉是最重要的感官，由于人接到信息大多数是通过眼睛获得，岗位大多数危害因素可通过视觉观察，员工可以观察人的不安全行为、设备设施的不安全状态和作业环境的不良，尤其是人的不安全行为，通过认真观察人的站位是否危险、设备和工具使用是否正确、是否合理穿戴劳保用品、是否遵守安全标准和规定等，若有发现应及时关注并提醒。

2. 听觉

听觉对员工识别岗位危害因素也非常重要，通过辨别工艺设备的正常和异常声音（如管线或设备泄漏时的“嘶嘶声”）确定是否存在危险。

3. 嗅觉

嗅觉使人能感知到某些气体的存在，如臭鸡蛋味的硫化氢气体、芳香味的苯等，经过培训，员工在嗅到异常气味时可粗略判定危险气体的存在，但不得仅用嗅觉来确定气体是安全的。

（二）安全检查表法（SCL）

1. 安全检查表

安全检查表（Safety Check List，缩写 SCL）是一种最基础、应用最广泛的风险辨识和评价方法，为了系统地找出系统中的不安全因素，把系统加以剖析，分解，并根据理论知识、实践经验、有关标准、规范和事故情报进行周密细致的思考，列出各层次的不安全因素，把各项目按系统的组成顺序编制成表，以便进行辨识检查，这种表就叫安全检查表，如表 4–1–4 所示的站场储罐区安全检查表。

表 4–1–4　站场储罐区安全检查表

序　号	项　目	检查情况
1	消防通道畅通无阻、消防设施齐全完好	
2	防雷防静电设施良好	
3	照明设施齐全并符合防爆要求	
4	呼吸阀、检测口、通风口、排污孔、高低出入口、切水阀、加热盘管、液位计、报警仪完好	
5	储罐符合压力容器有关规定	
6	可燃气体监测报警系统布点及安装符合规范	
7	切水系统可靠好用，水封井及排水闸完好可靠	
8	喷淋冷却设施齐全好用	
9	罐区整洁，无脏、乱差、锈、漏、杂草等易燃物	

安全检查表由于能够事先编制，故可有充分的时间组织有经验的人员来编写，做到系统化、完整化，不致漏掉能导致危险的关键因素；可以根据规定的标准、规范和法规，检查遵守的情况，准确地进行危害辨识。

2. 安全检查表编制依据

（1）国家、地方的相关法规、标准、规范及规定，行业、企业的规章制度及安全操作规程；

（2）国内外同行业事故案例和企业经验教训；

（3）系统分析确定的危险部位及防范措施；

（4）分析人员的经验和可靠的参考资料；

（5）有关研究成果，同行业或类似行业检查表等。

3. 安全检查表编制的步骤

（1）确定编制人员，组建编制小组，包括熟悉系统的主管、安全员、技术员、设备员等各方面人员。

（2）熟悉系统，包括系统的结构、功能、工艺流程、操作条件、布置和已有的安全消防设施。

（3）收集资料，收集有关安全法律、法规、规程、标准、制度及本系统过去发生的事故事件资料，作为编制安全检查表的重要依据。

（4）划分单元，按功能或结构将系统划分为若干个子系统或单元，逐个分析潜在的危害因素。

（5）编制检查表，确定检查项目、检查标准、不符合标准的情况及后果、安全控制措施等要素。

（三）工作安全分析（JSA）

1. JSA 概述

工作安全分析（Job safety Analysis，简称 JSA）又称作业安全分析，主要用于作业活动过程中的危害因素识别，它事先对作业活动的每一步骤进行分析，从而辨识潜在的危害因素，并根据辨识结果制定和实施相应的控制措施，达到最大限度消除或控制风险的方法。

JSA 分析时应采用集体讨论的方式进行。由多个有作业经验的人员在一起对所从事的工作进行讨论，分解作业步骤，识别潜在危害，制定相应的控制措施，如表 4–1–5 所示的吊装作业工作安全分析。

表 4–1–5　吊装作业工作安全分析

作业安全分析（JSA）记录表				编号
作业名称：吊装作业				区域 / 工艺过程：
分析组长：　　成员：				日期：
序号	作业步骤	危害因素	控制措施（技术、管理和个体防护）	执行人
1	起吊前的准备	吊装限位、安全装置失灵发生事故 ……	检查试验确保有效 吊装前检查吊车各安全保护装置是否有效 ……	
2	吊车钩头保险销检查	绳套易弹出发生事故 ……	检查确认其可靠灵活并处于正常位置 ……	
3	吊索检查	索具有问题或与吊重不匹配而断裂或绳套不等长造成事故 ……	检查索具的断丝、磨损、锈蚀和弯曲是否超标，使用符合安全要求的吊索吊具 ……	
4	认真评估所吊设备质量及扒杆角度与起重物质量关系确认	所吊设备超重，角度不合理，造成起重超载，造成事故 ……	吊运前认真评估，角度与吊重的关系，起重物的质量是否符合吊车吊重要求和扒杆角度 ……	
5	货物捆绑、挂专用绳套	捆绑位置不对称，或者捆绑不牢固导致货物滑落、货物尖锐部位割断吊带吊索 ……	对称捆绑或者使用专用吊具，在货物尖锐的部位加衬垫保护、钢丝绳吊索肢间夹角不应大于 120° ……	
6	指挥人员要与吊车司机保持良好的沟通	货物失控，导致严重后果 ……	吊车司机操作时要看清指挥人员并明白手势，必须专人指挥 ……	
7	挂钩、绑牵引绳	人员被吊钩碰到，绳套从钩内滑出、物品吊运时碰撞伤人或损坏设备 ……	人员指挥吊车时需配合好，人员需站到安全位置、检查吊钩防脱钩装置处于正常状态，系足够长的牵引绳到合适部位，牵引绳另一端不能有打结 ……	

续表

序号	作业步骤	危害因素	控制措施（技术、管理和个体防护）	执行人
8	起吊	货物重心不均产生倾斜，被吊物品碰撞旁边的物品，导致损坏、人员被起吊物挤压受伤 吊车操作速度不当造成大钩剧烈摆动挂到横拉杆 货物被磕碰，人员被飞出的货物弹伤 作业环境不良（雨、雾、风等）导致碰撞或事故 ……	调整吊钩位置尽量垂直起吊、专人指挥、专人扶正被吊物品并用尾绳调整，进行试吊，相关人员应站在安全的位置 吊车司机保持操作平稳，慢起慢放，防止钩头剧烈抖动 人员相互配合，注意站位，留出后退空间 保证良好作业环境，当确实影响吊装作业时，视情况停止作业 ……	
9	吊运	摇摆过大，起吊物易碰撞车厢结构或其他设备物品，货物坠落、失控 甲板指挥人员不能及时识别吊钩及扒杆顶端不安全状态造成设备损坏和人员伤害 人员站位不当被货物砸伤 ……	吊车需尽量平稳吊运、应起吊到合适高度、牵拉牵引绳需注意货物方向 指挥人员时刻关注大钩及扒杆状态，防止出现危险状态 人员注意站位，不要站在吊物或吊臂下方 ……	
10	到位摆放	吊车视线被阻挡，出现误操作、压到人员或其他物体、下放过猛砸坏货物或设备 ……	专人指挥，指挥信号准确、专人拉牵引绳扶正、吊车司机平稳操作 ……	
11	解钩	吊钩下放过猛，砸到货物或人员 ……	专人指挥、吊车平稳操作，吊钩需放到货物旁边空旷位置，并下放到合适高度 ……	
12	工作完成后，清理场地	使人摔倒和滑倒 ……	把吊具放回原处，清理场地 ……	
……	……	……	……	
告知确认：				

2. 作业安全分析的范围

（1）企业规定的特殊作业，如用火作业、进入受限空间作业、临时用电作业、吊装作业、动土作业等；

（2）企业规定的需要办理许可的高风险作业，如设备封头拆卸，设备清洗、直接接触放射源（酸、碱）、长输管道清管等；

（3）非常规作业（无制度或操作规程的）；

（4）临时性作业；

（5）新工作或变更后的工作（设备、工艺）；

（6）执行交叉作业；

（7）长时间没有操作的设备的作业；

（8）长时间未进行作业的区域内作业；

（9）作业过程中对异常情况处理的作业。

3. 作业安全分析的基本步骤

（1）成立JSA小组。JSA分析前，作业基层单位负责人应指定JSA小组组长。JSA组长通常是作业方代表或技术人员、熟悉现场工艺的属地单位工程师或属地主管、安全专业人员、完成工作任务的班组长及其他相关人员等。JSA组长负责选择熟悉JSA方法的管理、技术、设备、仪表、电器、安全、操作、监护等3~5名人员组成JSA小组。

（2）识别工作任务。小组成员应详细了解工作任务及工作任务所在区域环境、设备和相关的操作规程。对于现场作业，JSA小组应实地考察作业现场，核查以下内容：

①作业使用的设备设施，特别应检查是否使用新设备。

②作业中可能涉及的危险化学品、放射性物质等危险物质。

③工作环境、空间、光线、空气流动、出口和入口等。

④现场作业环境的临近设施、地下管网等隐蔽设施。

⑤是否有严重影响本作业安全的交叉作业。

⑥实施此项作业任务的关键环节。

⑦实施此项作业任务的人员是否有足够的知识技能。

⑧是否需要作业许可及作业许可的类型。

⑨以前此项作业任务中出现的健康、安全、环境问题和事故。

⑩其他。

（3）分解工作任务。按照工作顺序把一项作业分成几个步骤，必须从头到尾列出每一工作步骤，每一步骤要具体而明确，简明扼要说明做什么，而不是如何做。步骤分解不宜过于笼统，否则分解步骤太少、太粗，可能忽略某些活动中的潜在危害。也不可过于细节化，使分析工作琐碎重复，通常步骤不超过10步，最多不超过15步。

（4）识别每一步骤的潜在危害。将各个步骤的潜在危害列在工作安全分析表中。这是作业危害分析法的关键步骤，必须针对每一个步骤，进行“辨识危害—防范措施”的分析，直到所有的步骤都分析到为止。要尽量做到不遗漏。工作安全分析需充分考虑到人员、方法、机械设备、材料物料、作业环境等各种要素和正常、异常、紧急三个状态，以尽可能做到全面、准确。

（5）确定防范措施。JSA小组应针对识别出的每项危害及其风险制定针对性的控制措施，将风险降低到可接受的范围。确定防范措施时要识别现有的安全措施是否满足要求，是否需要整改来采取新的措施，确定防护措施应从工程控制、管理措施、个体防护等几个方面来考虑。制定风险控制措施后仍考虑，是否全面有效地制定了所有的控制措施，对作业人员还应有哪些要求，风险是否得到有效控制。若残余风险不可以接受，则应制定附加控制措施。在控制措施实施后，如果每个风险在可接受范围之内，并得到 JSA 小组成员的一致同意，方可进行作业前准备。

（6）作业风险沟通与现场监控。作业前应召开风险沟通，确保：

①让参与此项工作的每个人理解完成该工作任务所涉及的活动细节及相应的风险、控制措施和每个人的职责。

②参与此项工作的人员进一步识别可能遗漏的危害因素。

③作业人员意见不一致时，应待异议解决后，方可作业。

④当实际工作中条件或者人员发生变化，或原先假设的条件不成立时，则应对作业风险进行重新分析。

作业时应严格落实控制措施，根据作业许可的要求，指派相应的负责人监视整个工作过程，特别要注意工作人员的变化和工作场所出现的新情况以及未识别出的危害。

（7）JSA 反馈与完善。作业任务完成后，作业人员应进行总结，若发现 JSA 过程中的缺陷和不足，及时向 JSA 小组反馈。如果作业过程中出现新的隐患或发生未遂事件和事故，JSA 小组应审查 JSA 分析表，重新进行 JSA 分析。根据作业过程中发生的各种情况，JSA 小组提出完善该作业程序的建议。工作安全分析只是一种分析手段，本身不能控制事故的发生，它需要作业人员切实贯彻实施 JSA 要求的各项控制措施、操作规程。

第三节　风险评价

风险评价是依据现存的专业经验、评价标准和准则，分析特定危害事件发生的可能性及其后果的严重性，从而确定风险的大小和等级以及是否可容许的全过程。通过风险评价寻求最低事故率、最少的损失和最优的风险控制措施，为风险控制措施提供科学的依据。

一、风险及风险评价

（一）风险

在安全生产管理中，“风险”是指某一特定危害事件发生的可能性与其可能后果严重程度的组合。风险的大小可用危险度（R）来衡量，风险度是事件发生的概率 P 与后果严重度 D 的函数，即：$R=f(P, D)$。

（二）风险评价

风险评价是确定风险的大小并确定是否可容许的全过程，对识别出的风险采用相应的评价方法和工具进行定性、定量评估，准确描述风险，确定风险等级，其分析的内容主要有：

可能性分析：一般可以根据事故的统计来分析，也可以按照事故的“4M”要素来分析，即人失误、物故障、环境不良、管理缺陷等出现的越多，事故发生的可能性越大。

严重度分析：分析特定危害事件在一定环境下可能导致的各种事故后果及其可能造成的损失。包括人员伤害、环境污染、企业声誉、财产损失，一般危险物质越多、危险性越大，危险能量越大，则造成事故的后果越严重。

风险评价中对事件的发生概率与后果严重程度的分析，需要得到有关的资料，资料的来源包括企业管理人员和安全专家的经验，组织内部资料或数据库，行业的发生频率和失控率数据统计，有关社团组织的规范和导则等。

风险评价的过程需要考虑的内容应包括活动、产品和服务的生命周期全过程；强调人和物产生的风险和影响；考虑来自风险区有关的人的建议；由具有能力的人员来实施，按照规定的程序和方法进行；定期进行。

通过风险分析，得到特定系统中所有危险的风险估计。然后根据相应的判别准则判断各类风险是否可容许，是否需要采取进一步的控制措施并根据风险值的高低确定风险控制的优先顺序。

（三）风险分级

风险评估是根据危险源可能发生的每种事故类型的可能性和后果严重程度确定风险的大小和等级的过程。按照风险的不同级别、所需管控资源、管控能力、管控措施复杂及难易程度等因素，从而确定不同管控层级的风险管控方式和管控责任。

依据国务院安委会《关于实施遏制重特大事故工作指南构建双重预防机制的意见》（安委办〔2016〕11号）的要求，将安全风险等级从高到低划分为重大风险、较大风险、一般风险和低风险，分别用红、橙、黄、蓝四种颜色标示。

重大风险 / 红色风险，评估属不可容许的危险；必须建立管控档案，明确不可容许的危险内容及可能触发事故的因素，采取安全措施，并制定应急措施；当风险涉及正在进行中的作业时，应暂停作业。

较大风险 / 橙色风险，评估属高度危险；必须建立管控档案，明确高度危险内容及可能触发事故的因素，采取安全措施；当风险涉及正在进行中的作业时，应采取应急措施。

一般风险 / 黄色风险，评估属中度危险；必须明确中度危险内容及可能触发事故的因素，综合考虑伤害的可能性并采取安全措施，完成控制管理。

低风险 / 蓝色风险，评估属轻度危险和可容许的危险；需要跟踪监控，综合考虑伤害的可能性并采取安全措施，完成控制管理。

常用的风险评价方法有风险矩阵法、作业条件危险性分析法（LEC）等。

二、ALARP 原则

对于风险分析和评价的结果，人们往往认为风险越小越好。实际上这是一个错误的概念。减少风险是要付出代价的。无论减少危险发生的概率还是采取防范措施使发生危险造成的损失降到最小，都要投入资金、技术和劳务。通常的做法是将风险限定在一个合理的、可接受的水平上，即风险评价的 ALARP（As Low As Reasonably Practicable，经济合理、尽可能低）原则，也称为“二拉平原则”。如图 4-1-1 所示，风险区域分为三个。

1. 不可接受区域

指容忍风险值（Tolerable Risk）以上的区域，这个风险区域，除非特殊情况，风险是不可接受的，需要采取措施降低风险，较大及重大风险等级属于不可接受风险。容忍风险是 ALARP 区域的上限值，依据中国石化有关规定，人员伤害的容忍风险：界区内人员（主要指在厂界内工作的人员，包括内部员工、承包商员工等）年度累计死亡风险不超过 10^{-3}/a。界区外人员（主要指厂界外的社会人员）年度累计死亡风险不超过 10^{-4}/a。

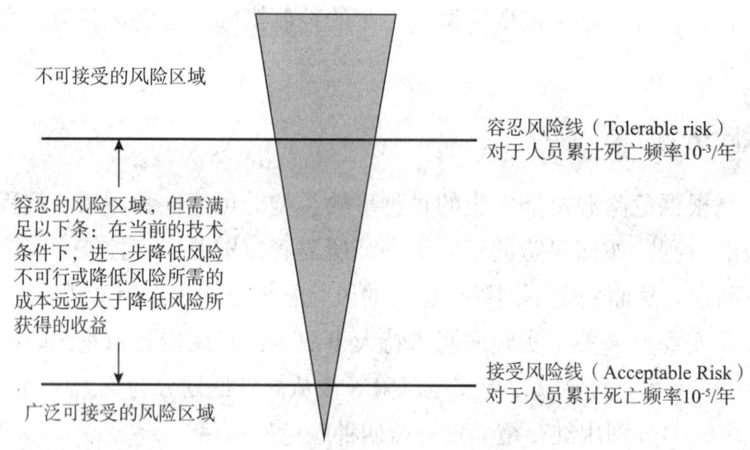

图 4-1-1　ALARP 原则示意图

2. 有条件容忍的风险区域

指容忍风险值与接受风险值之间的风险区域，可接受风险（Acceptable Risk）是 ALARP 区域的下限值，中国石化规定人员伤害的可接受风险为，界区内人员年度累计死亡风险不超过 10^{-5}/a，界区外人员年度累计死亡风险不超过 10^{-6}/a，该区域内必须满足以下条件之一，风险才是可以容忍：当前的技术条件下，进一步降低风险不可行，或者降低风险所需的成本远远高于降低风险所获得的收益。

3. 广泛可接受的风险区域

指接受风险值以下的低风险区域，这一风险通常是可忽略的，不要求进一步降低，但应保持警惕以确保风险维持在这一水平。

根据 ALARP 原则，可接受风险区域指广泛可接受的风险区域和满足 ALARP 原则的容忍风险区域。

三、风险矩阵法

风险矩阵是一种以可能性与后果的叠加来表示风险的图表，是安全风险等级量化的最常用工具之一，这种方法将决定危害事件的风险的严重性和可能性划分为相对的等级，形成安全风险评价矩阵，并赋予一定的加权值，以此定性衡量风险的大小。为合理评价企业的风险等级，在应用风险矩阵法时，企业应根据实际情况设定危害事件的可能性与后果严重度的取值准则及风险的分级准则。图 4–1–2 为中国石化安全风险矩阵，体现了中国石化容忍安全风险准则和可接受安全风险准则，在评估企业生产经营活动的初始风险和剩余风险等级应统一采用该风险矩阵。

安全风险矩阵		发生的可能性等级 -- 从不可能到频繁发生 ⇒							
		1	2	3	4	5	6	7	8
事故严重性等级（从轻到重）↓	后果等级	类似的事件没有在石油石化行业发生过，且发生的可能性极低	类似的事件没有在石油石化行业发生过	类似事件在石油石化行业发生过	类似的事件在中国石化曾经发生过	类似的事件在本企业相似设备设施（使用寿命内）或相似作业活动中发生过	在设备设施（使用寿命内）或相同作业活动中发生过 1 或 2 次	在设备设施（使用寿命内）或相同作业中发生过多次	在设备设施或相同作业活动中经常发生（至少每年发生）
		$\leqslant 10^{-6}$/a	10^{-6}~10^{-5}/a	10^{-5}~10^{-4}/a	10^{-4}~10^{-3}/a	10^{-3}~10^{-2}/a	10^{-2}~10^{-1}/a	10^{-1}~1/a	>1/a
	A	1	1	2	3	5	7	10	15
	B	2	2	3	5	7	10	15	23
	C	2	3	5	7	11	16	23	35
	D	5	8	12	17	25	37	55	81
	E	7	10	15	22	32	46	68	100
	F	10	15	20	30	43	64	94	138
	G	15	20	29	43	63	93	136	200

图 4–1–2 中国石化安全风险矩阵

1. 后果严重程度分级

为了能相对准确判定风险等级，中国石化分别给出了后果严重程度及发生概率的分级标准，见表 4–1–6，其中伤害后果需要考虑健康和安全影响（人员损害）、财产损失影响、非财务影响和社会影响 3 个方面，按严重程度从轻微到特别严重分为 7 个等级，依次为①②③④⑤ F 和 G，对于具体的某一危害，应取 3 种影响后果中最为严重的等级。

表 4-1-6　后果严重性分级表

后果等级	健康与安全影响（人员损害）	财产损失影响	非财务影响和社会影响
A	轻微影响的健康/安全事故： 1. 急救处理或医疗处理，但无须住院，不会因事故伤害损失工作日； 2. 短时间暴露超标，引起身体不适，但不会造成长期健康影响	事故直接损失在 10 万元以下	引起周围社区少数居民短期内不满、抱怨或投诉（如抱怨设施噪声超标）
B	中等影响的健康/安全事故： 1. 因事故伤害损失工作日； 2. 1~2 人轻伤	事故直接损失在 10 万以上，50 万元以下；局部停车	1. 当地媒体的短期报道； 2. 对当地公共设施的日常运行造成干扰（如导致道路 24h 无法通行）
C	较大影响的健康/安全事故： 1. 3 人以上轻伤，1~2 人重伤（包括急性工业中毒，下同）； 2. 暴露超标，带来长期健康影响或造成职业相关的严重疾病	事故直接损失在 50 万及以上，200 万元以下；1~2 套装置停车	1. 存在合规性问题，不会产生严重的安全后果或不会导致地方政府相关监管部门采取强制性措施； 2. 当地政府的长期报道； 3. 在当地造成不利的社会影响，对当地公共设施的日常运行造成严重干扰
D	较大的安全事故，导致人员死亡或重伤： 1. 界区内 1~2 人死亡；3~9 人重伤； 2. 界区外 1~2 人重伤	事故直接损失在 200 万及以上，1000 万元以下；3 套及以上装置停车；发生局部区域的火灾爆炸	1. 引起地方政府相关监管部门采取强制性措施； 2. 引起国内或国际媒体的短期负面报道
E	严重的安全事故，导致人员死亡或重伤： 1. 界区内 3~9 人死亡；10 人及以上，50 人以下受伤~9 人重伤； 2. 界区外 1~2 人死亡，3~9 人重伤	事故直接损失在 1000 万及以上，5000 万元以下；发生失控的火灾或爆炸	1. 引起国内或国际媒体的长期负面报道； 2. 造成省级范围的不利社会影响，对省级公共设施的日常运行造成严重干扰； 3. 引起省级政府相关监管部门采取强制性措施； 4. 导致失去当地的生产、经营和销售许可证
F	非常重大的安全事故，导致工厂界区内和界区外多人伤亡： 1. 界区内 10 人及以上，30 人以下死亡；50 人及以上，100 人以下重伤； 2. 界区外 3~9 人死亡，10 人及以上，50 人以下重伤	事故直接损失在 5000 万及以上，1 亿元以下	1. 引起国家相关部门采取强制性措施； 2. 在全国范围内造成严重的社会影响； 3. 引起国内或国际重点跟踪报道或系列报道
G	特别重大的灾难性安全事故，导致工厂界区内和界区外大量人员伤亡： 1. 界区内 30 人及以上死亡，100 人及以上重伤； 2. 界区外 10 人及以上死亡，50 人及以上重伤	事故直接损失在 1 亿元以上	1. 引起国家领导人关注，或国务院、相关部委领导作出批示； 2. 导致吊销国内国际主要市场的生产、销售或经营许可证； 3. 引起国内国际主要市场上公众或主要投资人的强烈愤慨和谴责

其中重伤标准执行原劳动部《关于重伤事故范围的意见》(〔60〕中劳护久字第 56 号)；事故直接损失按《中国石化安全事故管理规定》的相关规定执行。

2. 伤害后果发生的可能性分级

中国石化将伤害后果发生的可能性从低到高分为 8 个等级，依次从 1 到 8，具体分级详见表 4–1–7。

表 4–1–7 发生的可能性等级分级表

可能性分级	定性描述（仅作为初步评估风险等级使用）	定量描述
		发生的频率 F（次 / 年）
1	类似的事件没有在石油石化发生过，且发生的可能性极低	$\leqslant 10^{-6}$
2	类似的事件没有在石油石化发生过	$10^{-5} \geqslant F > 10^{-6}$
3	类似事件在石油石化发生过	$10^{-4} \geqslant F > 10^{-5}$
4	类似事件在中国石化曾经发生过	$10^{-3} \geqslant F > 10^{-4}$
5	类似的事件发生过或者可能在多个相似的设备设施使用寿命中发生	$10^{-2} \geqslant F > 10^{-3}$
6	在设备设施的寿命中可能发生 1 或 2 次	$10^{-1} \geqslant F > 10^{-2}$
7	在设备设施的寿命中发生多次	$1 \geqslant F > 10^{-1}$
8	在设备设施中经常发生（每年都发生）	>1

3. 风险等级判别

评估危害事件的后果严重性等级与可能性等级后，根据中国石化安全风险矩阵可确定该危害事件对应的具体数据则为风险指数值 RS，该数值表征了每一风险等级的相对大小，最小为 1，最大为 200。如某危害事件后果严重性为 D 级，发生的可能性为 3 级，则矩阵中 D3 对应的数值 12，即为该危害的风险数值 RS，由风险数值再依据相应的风险等级判别准则确定风险等级，中国石化风险等级判别准则见表 4–1–8。

表 4–1–8 风险等级的判别准则

风险级别	风险值 RS	颜色	是否可容忍	控制要求	风险控制负责部门
低风险	$RS<10$	蓝	广泛可接受	执行现有管理程序，保障措施有效，防止风险升级	基层单位
一般风险	$10 \leqslant RS<20$	黄	可容忍	按照 ALARP 原则，尽可能降低风险	二级单位
较大风险	$20 \leqslant RS<40$	橙	不可容忍	进一步降低风险至可容忍风险区域	企业主管部门
重大风险	$RS \geqslant 40$	红	不可容忍	立即采取措施降低风险	企业领导

四、作业条件危险评价法（LEC 评价法）

LEC 评价法是一种简单易行的评价人们在具有潜在危险性环境中作业时的危险性评价方法，用与系统风险有关的三种因素指标值的乘积来评价风险大小，这三种因素分别是：L（Likelihood，事故发生的可能性）、E（Exposure，人员暴露于危险环境中的频繁程度）和 C（Consequence，发生事故可能造成的后果）。给三种因素的不同等级分别确定不同的分值，再以三个分值的乘积 D（Danger，危险性）来评价风险大小，即：

$$D=L\times E\times C$$

D 值越大，说明系统的危险性越高，需要增加安全措施，进一步降低事故的可能性，或减少人体暴露于危险环境中的频率，或减轻事故后果，直至调整至允许范围。

1. 事故发生或危险事件的可能性

当用概率来表示事故发生的可能性大小（L）时，绝对不可能发生的事故概率为 0；而必然发生的事故概率为 1。从系统安全角度考虑，绝对不发生事故是不可能的，所以人为地将发生事故可能性极小的分数定为 0.1，而必然要发生的事故的分数定为 10，介于这两种情况之间的情况指定为若干中间值，见表 4–1–9。

表 4–1–9　事故发生的可能性

分数值	事故发生的可能性
10	完全可能预料
6	相当可能
3	可能，但不经常
1	可能性小，完全意外
0.5	很不可能，可能设想
0.2	极不可能
0.1	实际不可能

2. 暴露于危险环境的频率

一般来说，作业人员暴露于危险作业条件的次数越多，时间越长，则受到伤害的可能性越大，LEC 法把频繁程度分为 6 个等级，见表 4–1–10，非常罕见地出现危险环境定为 0.5，连续出现在危险环境的情况定为 10。

表 4–1–10　暴露于危险环境的频率

分数值	事故发生的可能性
10	连续暴露
6	每天工作时间内暴露
3	每周一次或偶然暴露
2	每月一次暴露
1	每年几次暴露
0.5	非常罕见暴露

3. 可能造成的后果

事故造成的人身伤害及财产损失变化范围很大，分值范围为 1~100，分为 6 个等级，将需要人员救护及较小财产损失的分数值定为 1，把造成多人死亡或重大财产损失的分数值定为 100，见表 4–1–11。

表 4-1-11　发生事故产生的后果

分数值	事故发生的可能性
100	大灾难，多人死亡，或造成重大财产损失
40	灾难，数人死亡，或造成很大财产损失
15	严重，1 人死亡，或造成一定损失
7	严重，重伤，或较小财产损失
3	重大，伤残，或很小财产损失
1	引人注意，需救护，较小财产损失

4. 风险值计算与分级

根据公式 $D=L \cdot E \cdot C$ 就可以计算作业的危险程度，并判断评价危险性的大小，D 值越大，说明系统危险性越大，需要增加安全措施，直至调整到允许范围。风险值（D）求出之后，企业应根据实际情况确定风险级别的界限值，表 4-1-12 可作为确定风险级别界限值的参考。

风险值确定后，其危险程度可参考表 4-1-12 进行级别划分。

表 4-1-12　风险等级表

D 值	风险等级	危险程度
>320	重大风险	极其危险，不能继续作业
160～320	较大风险	高度危险，要立即整改
70～160	一般风险	显著危险，需要整改
<70	低风险	稍有危险，可以接受

值得注意的是，LEC 风险评价法对危险等级的划分，一定程度上凭经验判断，应用时需要考虑其局限性，根据实际情况予以修正。

第四节　风险控制

风险控制是在危害因素识别和风险评估的基础上，充分利用现有的技术、能力和管理水平，采取工程技术、教育培训、管理制度、个体防护及应急等措施等手段消除、消减和控制危险源，从而避免或减少人员伤亡、财产损失或环境破坏。风险控制是风险管理的最终目标，目的是将风险控制在可允许的范围内。

风险控制有两条途经，一是降低事故发生的概率，即预防事故的发生，二是降低事故造成的后果，即在损失发生后，采取一系列措施使后果降至最低。

一、风险控制的基本原则

为了控制系统存在的风险，必须遵循以下基本原则。

（1）闭环控制原则。系统应包括输入、输出、通过信息反馈进行决策并控制输入这样一个完整的闭环控制过程。显然，只有闭环控制才能达到系统优化的目的。搞好闭环控制，最重要的是必须要有信息反馈和控制措施。

（2）动态控制原则。充分认识系统的运动变化规律，适时正确地进行控制，才能收到预期的效果。

（3）分级控制原则。根据系统的组织结构和危险的分类规律，采取分级控制的原则，使得目标分解，责任分明，最终实现系统总控制。

（4）多层次控制原则。多层次控制可以增加系统的可靠程度。通常包括 6 个层次：根本的预防性控制、补充性控制、防止事故扩大的预防性控制、维护性能的控制、经常性控制以及紧急性控制。各层次控制采用的具体内容随事故危险性质不同而不同。在实际应用中，是否采用 6 个层次以及究竟采用哪几个层次，则视具体危险的程度和严重性而定。表 4–1–13 是控制爆炸危险的多层次方案。

表 4–1–13　控制爆炸危险的多层次方案

顺序	1	2	3	4	5	6
目的	预防性	补充性	防止事故扩大	维护性能	经常性	紧急性
分类	根本性	耐负荷	缓冲、吸收	强度与性能	防误操作	紧急撤退、人身防护
内容提要	不使产生爆炸事故	保持防爆强度、性能、抑制爆炸	使用安全防护装置	对性能作预测监视及测定	维持正常运转	撤离人员
具体内容	①物质性质 a. 燃烧 b. 有毒 ②反应危险 ③起火、爆炸条件 ④固有危险及人为危险 ⑤危险状态改变 ⑥消除危险源 ⑦抑制失控 ⑧数据监测 ⑨其他	①材料性能 ②缓冲材料 ③结构构造 ④整体强度 ⑤其他	①距离 ②隔离 ③安全阀 ④安全装置的性能检查 ⑤材质蜕化否 ⑥防腐蚀管理	①性能降低否 ②强度蜕化否 ③耐压 ④安全装置 ⑤材质蜕化否 ⑥防腐蚀管理	①运行参数 ②工人技术教育 ③其他条件	①危险报警 ②紧急停车 ③撤离人员 ④个体防护用具

二、风险控制的策略性方法

风险控制就是对风险实施风险管理计划中预定的规避措施。风险控制的依据包括风险管理计划、实际发生了的风险事件和随时进行的风险识别结果。风险控制的手段除了风险管理计划中预定的规避措施外，还应有根据实际情况确定的控制措施。

（一）减轻风险

该措施就是降低风险发生的可能性或减少后果的不利影响。对于已知风险，在很大程度上企业可以动用现有资源加以控制；对于可预测或不可预测风险，企业必须进行深入细致的调查研究，减少其不确定性，并采取迂回策略。

（二）预防风险

运用工程技术法、教育法和程序法，增加可供选用的行动方案。

（三）转移风险

借用合同或协议，在风险事故一旦发生时将损失的一部分转移到第三方的身上。转移风险的主要方式有：出售、发包、开脱责任合同、保险与担保。

（四）回避

回避是指当风险潜在威胁发生可能性太大，不利后果也太严重，又无其他规避策略可用，甚至保险公司亦认为风险太大而拒绝承保时，主动放弃或终止项目或活动，或改变目标的行动方案，从而规避风险的一种策略。避免风险是一种最彻底的控制风险的方法，但与此同时企业也失去了从风险源中获利的可能性。所以回避风险只有在企业对风险事件的存在与发生、对损失的严重性完全有把握的基础上才具有积极的意义。

（五）自留

即企业把风险事件的不利后果自愿接受下来。如在风险管理规划阶段对一些风险制定风险发生时的应急计划，或风险事件造成的损失数额不大、不影响大局而将损失列为企业的一种费用。自留风险是最省事的风险规避方法，在许多情况下也最省钱。当采取其他风险规避方法的费用超过风险事件造成的损失数额时，可采取自留风险的方法。

（六）后备措施

有些风险要求事先制定后备措施，一旦项目或活动的实际进展情况与计划不同，就动用后备措施。主要有费用、进度和技术后备措施。

三、选择风险控制措施的原则

对各种风险尤其是重大风险应制定针对性的管控措施，常用的管控措施包括工程技术措施、安全管理措施、培训教育措施、个体防护措施、应急处置措施。这些管控措施既可单独使用也可联合使用。

风险控制方式方法多种多样，按照采取措施的先后顺序，控制措施可为三类：

首先是消除风险，这是最理想的控制措施；其次是降低风险，使之达到可接受的程度；最后是个体防护，这是一种相对比较被动的措施。当采取前两项措施仍不能达到可接受的程度时，可使用个体防护。风险控制措施的优先顺序如图 4-1-3 所示。

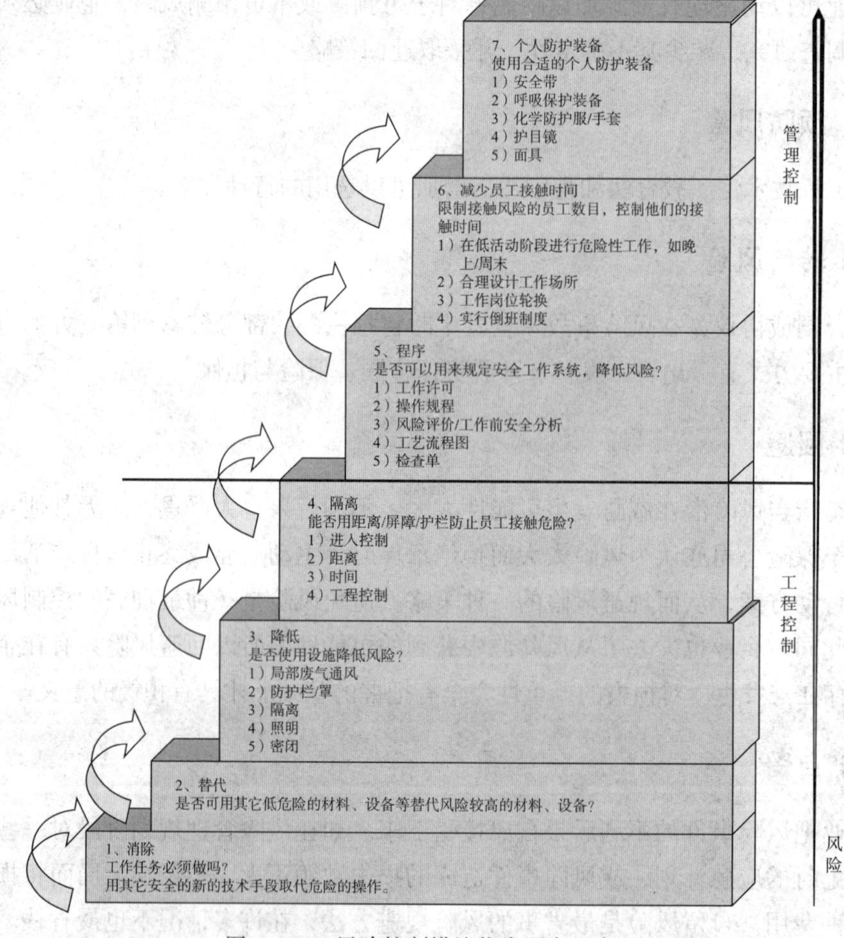

图 4-1-3 风险控制措施优先顺序示意图

不管采取什么控制措施，首先是尽可能使风险消除，在不能消除的情况下考虑如何降低风险，而个体防护则是最后应采取的手段。以上三类措施与危险源的控制目标是关联的。如果针对某一危险源的控制目标是“消除风险”，则应采取“消除风险”的具体措施。如果风险不能消除，则目标控制措施要落实。

选择控制措施时应考虑的因素如下：

（1）如果可能，完全消除危险源或风险，如用安全品取代危险品。

（2）如果不可能消除，应努力降低风险，如使用低压电器。

（3）在可能的情况下，使工作适合于人，如考虑人的心理和生理接受能力。

（4）利用技术进步，改善控制措施。

（5）保护每个工作人员的措施。

（6）将技术管理与程序控制结合起来。

（7）引入诸如机械安全防护装置的维护需求。

（8）对于个人防护设备的使用，只有在所有其他可选择的控制措施均被考虑之后才可作为最终手段予以考虑。

（9）考虑建立应急和疏散计划，提供与有关的应急设备。

（10）风险控制措施必须具有可行性、可靠性、先进性、安全性、针对性和经济合理性以及符合国家有关法规、标准的规定。

四、安全技术措施

安全技术措施是以工程技术手段解决安全问题，预防事故的发生及减少事故造成的伤害和损失，是预防和控制事故的最佳安全措施。安全技术措施应遵循的原则如下：

（一）安全技术措施等级顺序

当安全技术措施与经济效益发生矛盾时，应优先考虑安全技术措施上的要求，并应按下列安全技术措施等级顺序选择安全技术措施：

（1）直接安全技术措施。生产设备本身应具有本质安全性能，不出现任何事故和危害。

（2）间接安全技术措施。当不能或不完全能实现直接安全技术措施时，必须为生产设备设计出一种或多种安全防护装置，最大限度地预防、控制事故或危害的发生。

（3）指示性安全技术措施。间接安全技术措施也无法实现或实施时，须采用检测报警装置、警示标志等措施，警告、提醒作业人员注意，以便采取相应的对策措施或紧急撤离危险场所。

（4）若间接、指示性安全技术措施仍然不能避免事故、危害发生，则应采用安全操作规程、安全教育、培训和个体防护用品等措施来预防、减弱系统的危险、危害程度。

（二）根据安全技术措施等级顺序的要求应遵循的具体原则

（1）消除。通过合理的设计与科学管理，尽可能从根本上消除危险和有害因素。如采用无害化工艺技术，实现自动化、遥控技术等，这是预防事故的最优选择。

（2）预防。消除危害因素有困难时，可采取预防性技术措施预防事故的发生，如使用安全阀、漏电保护装置、事故排风装置等。

（3）减弱。当危险、有害因素无法根除时，则采取措施使之降低到人们可接受的水平。如以低毒性物质代替高毒性物质、降温措施、减震装置等。

（4）屏蔽和隔离。当根除和减弱均无法做到时，则对危险、有害因素加以屏蔽和隔离，使之无法对人造成伤害或危害。如安全罩、隔离操作室等。

（5）设置薄弱环节。利用薄弱元件，使危险因素未达到危险值之前就预先破坏防止重大破坏性事故。如保险丝、安全阀、爆破片。

（6）联锁。以某种方法使一些元件相互制约以保证机器在违章操作时不能启动，在危险状态时自动停止。如起重机械的超载限制器和行程开关。

（7）防止接近。使人不能落入危险或有害因素作用的地带，或防止危险或有害因素进入人的操作地带。例如安全栅栏、冲压设备的双手按钮。

（8）时间防护。使人处在危险或有害因素作用的环境中的时间缩短到安全限度之内，如对重体力劳动和严重有毒有害作业，实行缩短工时制度。

（9）距离防护。增加危险或有害因素与人之间的距离以减轻、消除它们对人体的作用，如对放射性、辐射、噪声的距离防护。

（10）取代操作人员。对于存在严重危险或有害因素的场所，用机器人或运用自动控制技术来取代操作人员进行操作。

（11）传递警告和禁止信息。运用组织手段或技术信息告诫人避开危险或危害，或禁止人进入危险或有害区域。如向操作人员发布安全指令，设置声、光安全标志、信号。

这些原则可以单独采用，也可综合应用。如在增加结构强度的同时，设置薄弱环节；在减弱有害因素的同时，增加人与之的距离等。

第五节　隐患排查治理

隐患是导致事故发生的条件，隐患排查治理是预防事故的第二道防火墙，企业各级、各岗位人员应树立隐患就是事故的理念，以隐患排查和治理为手段，认真排查风险管控过程中出现的缺失、漏洞和风险控制失效环节，把隐患消灭在事故发生之前。

一、隐患及分类

隐患是指企业违反安全生产法律、法规、规章、标准、规程和安全生产管理制度的规定；或者因其他因素在生产经营活动中存在可能导致事故发生的物的危险状态、人的不安全行为和管理上的缺陷。隐患可分为基础管理类隐患和生产现场类隐患两大类。

（一）生产现场类隐患

主要包括以下几个方面：

设备设施，场所环境，操作行为，消防及应急设施，供配电设施，职业卫生防护设施，辅助动力系统，现场其他方面。

（二）基础管理类隐患

主要包括以下几个方面：

企业的资质证照，安全生产管理机构和人员，安全生产责任制，安全生产管理制度，教育培训，安全生产档案管理，安全生产投入，应急管理，职业卫生基础管理，相关方管理，基础管理的其他方面。

二、隐患分级

依据中国石化相关规定，按照危害大小、治理难易程度和紧迫性将隐患分为一般、较大和重大隐患三个级别。

一般隐患是指危害和整改难度较小，发现后能够立即整改消除的隐患。

较大隐患是指危害较大，整改有一定难度，不能即查即改，但又急需整治的隐患。

重大隐患指符合国家、集团公司规定的重大隐患判定标准或经评估可能导致较大以上事故，必须及时整治的隐患。

依据国家、行业及中国石化相关规定，以下情况应判定为重大生产安全事故隐患：

（1）单位主要负责人和安全生产管理人员未依法经考核合格或未正确履行安全职责的。

（2）未依法取得安全生产许可证的。

（3）未建立与岗位相匹配的全员安全生产责任制或者职责不清的。未制定实施生产安全事故隐患排查治理制度或排查不全面、治理不彻底的。

（4）未制定操作规程和工艺控制指标，或操作规程指导性不强、与实际不符的。

（5）特种作业人员未持证上岗或作业人员实际操作技能不满足岗位要求的。

（6）安全评价报告或安全设施竣工验收中明确整改的问题未整改的。

（7）未按照国家标准制定动火、进入受限空间等特殊作业管理制度，或者制度未有效执行的。

（8）安全设施未投用或未定期校验、监测和维护的。

（9）特种设备未按期检验、或使用检验结论为不符合要求的压力容器。大型机组、重要设施、电力、仪表系统未按期维护的。

（10）使用淘汰落后安全技术工艺、设备目录中的工艺、设备的。

（11）涉及可燃气体场所和有毒有害气体泄漏的场所未按国家规定设置检测报警装置。爆炸危险场所未按国家规定安装使用防爆电气设备的。

（12）有可燃有毒气体、液体的密闭空间未绘制分布图和定期排查的。

（13）地区架空电力线路穿越生产区且不符合国家标准要求的。

（14）生产装置未按国家标准设置双重电源供电、自动控制系统未设置不间断电源的。

（15）生产、储存、经营易燃易爆危险品的场所与人员密集场所、居住场所设置在同一建筑物内的。

（16）人员密集的居住场所采用彩钢夹芯板搭建，且彩钢夹芯板的燃烧性能低于 GB8624 规定的 A 级的。

（17）未经正规设计、设计与实际不符或不能低于当地极端天气（雨雪风）的罩棚等构筑物的。

（18）未对发生泥石流、滑坡等地质灾害地下、海底管线绘制分布图的。

（19）未定期检测和情况不清的超过设计使用年限的设备、设施，未经专项评估继续使用的。

（20）企业应急预案、现场应急处置方案和实际不符，缺乏针对性；人员现场应急处置能力不足；应急处置设施与企业经营活动不匹配的。

（21）可能发生急性职业损伤、有毒、有害工作场所、放射工作场所及放射性同位素的运输、储存未配置或使用防护设备和报警装置的。

（22）安排有职业禁忌证、严重心脑血管疾病和心理问题员工在高风险岗位的。

（23）油气输送管道直接与城镇雨（污）水管涵、热力、电力、通信管涵交叉且没有采取防护措施的。

（24）油气长输管道被占压的。

三、隐患排查

企业应组织安全生产管理人员、工程技术人员、岗位员工以及其他相关人员依据国家法律法规、标准和企业管理制度，对照风险分级管控措施的有效落实情况，对本单位的事故隐患进行排查。

（一）排查要求

隐患排查应做到全面覆盖、责任到人，定期排查与日常管理相结合，专业排查与综合排查相结合，一般排查与重点排查相结合。当出现下列情况时，企业应及时组织开展隐患排查：

（1）法律法规、标准规范和上级制度颁布执行或修订发布时，应当组织开展法规、制度符合性隐患排查。

（2）同类单位发生生产安全事故时，应当组织开展事故类比性隐患排查。

（3）生产作业场所外部环境发生重大变化时，应当组织开展环境适应性隐患排查。

（二）隐患排查类型

隐患排查类型主要日常隐患排查、综合性隐患排查、专项隐患排查、事故类比隐患排查、安全承包隐患排查、HSSE体系审核、专家隐患排查、安全督查及各种隐患排查活动等。

1. 日常隐患排查

班组、岗位员工按照本单位的交接班检查和班中巡回检查制度进行巡检，对排查出的隐患进行记录并上报。基层单位领导和专业技术人员的日常性检查。基层单位直接管理人员和工艺、设备、消防、电气、仪表、安全等专业技术人员每天至少一次对装置现场进行相关专业检查，对排查出隐患进行记录并组织整改、上报。日常隐患排查要加强对关键装置、要害部位、关键环节的检查和巡查。

2. 综合性隐患排查

综合性隐患排查是指以保障安全生产为目的，以安全责任制、各项专业管理制度和安全生产管理制度落实情况为重点，各有关专业和部门共同参与的全面检查。综合性隐患排查分为企业级和基层单位级，分别按照不同的周期定期开展。

3. 专项隐患排查

专项检查包括专业隐患排查、季节性隐患排查、重大活动及节假日前隐患排查。

专业隐患排查主要是指对区域位置及总图布置、工艺、设备、电气、仪表、储运、消防和公用工程等系统分别进行的专业检查。可由企业各业务部门定期组织开展。

季节性隐患排查。根据各季节特点开展的专项隐患排查，由各业务部门的负责人组织本系统相关人员进行。春季检查以防雷、防静电、防解冻泄漏、防解冻坍塌为重点；夏季检查以防雷暴、防设备容器高温超压、防洪、防暑降温为重点；秋季检查以防雷暴、防火、防静电、防凝保温为重点；冬季检查以防火、防爆、防雪、防冻防凝、防滑、防静电为重点。

重大活动及节假日前隐患排查。主要是在重大活动和节假日前，对装置生产是否存在异常状况和隐患、备用设备状态、备品备件、生产及应急物资储备、保运力量安排、企业保卫、应急工作等进行的检查。

4. 事故类比隐患排查

事故类比隐患排查是对企业内和同类企业发生事故后的举一反三的安全检查。当获知同类企业发生伤亡及泄漏、火灾爆炸等事故时，及时进行事故类比隐患专项排查。

5. 安全承包隐患排查

企业领导层、机关科室负责人、基层单位负责人应分级承包关键装置、要害部位，定期开展对承包单位的事故隐患排查，督促、指导基层安全工作的开展，并将检查情况进行记录。

6. HSSE 体系审核

企业可以通过 HSSE 体系审核，每年对体系涉及的所有部门和单位至少应进行一次全面审核。HSSE 体系审核也可与企业的综合性隐患排查相结合。

审核员通过访谈、查阅文件、现场检查等方法收集客观证据，填写记录。审核结束，审核组应分析审核情况，评价审核证据，明确审核结果。发现不符合时，对照 HSSE 管理体系文件，详细描述不符合事实，经受审核部门的负责人确认。

受审核部门或单位接到不符合报告后，应及时分析不符合原因，制定不符合处置措施及预防不符合再发生的措施，并对拟采取的措施进行风险评价，报审核组长或审核员评审认可。受审核部门或单位应立即组织实施纠正措施计划确保实施的有效性，并在规定时间内将不符合项报告反馈给审核员。审核组长或指定的审核员对纠正措施的实施情况进行跟踪验证，在不符合报告“验证”栏中记录验证结果并签字。

7. 专家隐患排查

企业可成立安全专家库，建立专家定期检查制度，定期组织专家开展隐患排查，参与企业相关活动。重点检查和监督安全生产中存在的问题和事故隐患，提出防范事故的管理方法和技术措施，以及分析研究安全生产工作的难点和存在的问题并提出对策建议。

8. 安全督查

企业安全监管部门就各项安全相关制度标准在基层现场的执行情况，开展日常动态督查，及时发现、纠正、惩处违章作业、违章指挥、违反劳动纪律等违章行为，对各类隐患排查出的问题整改工作进行督导落实。

（三）建立隐患清单

各级单位应当对排查出的隐患进行分级，建立基层单位、二级单位和企业级隐患清单。

（1）基层班组和岗位自查发现的隐患，由基层单位负责列入隐患清单，录入安全管理信息系统。

（2）二级单位组织专项排查发现的隐患，由二级单位业务主管部门分析评估、分类分级列入隐患清单，分别录入安全管理信息系统。

（3）企业及上级部门组织开展的体系审核、各类检查及安全评估发现的隐患，由检查组织部门和评估单位负责提出隐患清单，由各专业管理部门进行分级、分类后分别录入。

四、隐患治理

（1）隐患治理应做到方法科学、资金保证、措施有效、责任到人、按时完成。本部门能够治理的不能推给上级部门；能当场纠正的必须当场纠正，无法立即治理的，治理前要制定防范措施，落实管控责任，防止隐患发展成事故。

（2）各单位对排查出的隐患实行动态管理，要建立隐患治理台账，按照轻重缓急，落实“五定”要求（定方案、定资金、定期限、定责任人、定预案），及时组织治理，实行闭环管理。

（3）无法立即整改的隐患，按照评估—治理方案论证—资金落实—限期治理—验收评估—销号的工作流程，明确每一工作节点的责任人。

（4）一般隐患由二级单位或隐患所在的基层单位负责人、有关人员及时组织整改；较大隐患由二级单位或业务主管部门负责组织整治；重大隐患上报相关事业部和安全监管局，并专题研究，落实“五定”要求，公示和挂牌督办。

（5）对重大隐患，企业应及时组织评估并编写重大隐患评估报告书。评估报告书主要内容应包括隐患的类别、影响范围、风险程度和对隐患的监控措施、治理方式、治理期限等内容。企业应根据评估报告书制定重大隐患治理方案。治理方案主要包括下列内容：①治理的目标和任务；②治理的方法和措施；③经费和物资的落实；④负责治理的机构和人员；⑤治理时限和要求；⑥防止整改期间发生事故的安全措施。重大隐患治理工作结束后，企业应组织技术人员和专家对隐患治理情况进行验收，保证按期完成和治理效果。

（6）凡需要地方政府协调解决的较大以上隐患，应将隐患清单和风险程度、需要协调解决事项等，及时报送当地政府并抄报企业主管部门。

五、隐患治理验收

隐患治理验收执行“谁主管谁负责”的原则，由各级主管部门负责验收隐患整改的实施情况，评估其有效性，确认其符合相关法律、法规、标准规定的要求。

验收采用现场检查验收和记录相结合的方式，验收人员对验证结论签字确认，必要时，还应收集措施实施及效果的相关证据。

重大隐患治理应组织验收或者委托依法设立的安全生产服务机构进行验收。

重大事故隐患治理工作结束后，企业应组织相关专业技术人员对隐患治理情况进行验收，并召开重大事故隐患治理效果的评估会议，可聘请相关专业的专家参与评估工作，保证治理效果符合相关法律、法规的要求。隐患治理实施后，主管部门应及时告知相关人员，并做好记录。

隐患排查结束后，将隐患名称、存在位置、不符合状况、隐患等级、治理期限、治理措施和应急处置方案等信息向从业人员进行通报。隐患排查组织部门应制发隐患整改指令书，对隐患整改责任单位、措施建议、完成期限等提出要求。隐患存在单位在实施隐患治理前应当对隐患存在的原因进行分析，并制定科学的治理方案和有效的治理措施。

六、事故隐患上报

（1）企业应当建立事故隐患报告和举报奖励制度，鼓励、发动职工发现和排除事故隐患。

（2）企业应当建立事故隐患治理信息台账，及时将识别出的事故隐患纳入台账，每月对事故隐患治理情况进行统计分析，并通过“隐患排查治理信息系统”向属地安全生产监督管理部门上报。事故隐患治理信息台账应包括下列内容：

①事故隐患排查的时间、具体部位或者场所；

②发现事故隐患的数量、级别和具体情况；

③参加事故隐患排查的人员及其签字；

④风险评估记录；

⑤事故隐患治理方案；

⑥事故隐患治理情况和复查验收时间、结论、人员及其签字；

⑦事故隐患排查治理统计信息报表。

七、隐患排查治理文件管理

企业在隐患排查治理工作的策划、实施及持续改进过程中，应完整保存隐患排查全过程的记录资料，并分类建档管理。至少应包括：隐患排查治理制度；隐患排查治理台账；隐患排查项目清单等内容的文件成果。

企业应对对重大事故隐患登记建档，将重大事故隐患治理方案、整改完成情况、验收报告等应及时归入重大事故隐患档案。档案应包括以下信息：隐患名称、隐患内容、隐患编号、隐患所在单位、专业分类、归属职能部门、评估等级、整改期限、治理方案、整改完成情况、验收报告等。事故隐患排查、治理过程中形成的传真、会议纪要、正式文件等，也应归入档案。

第二章　天然气管道运行风险管控

第一节　天然气管输系统

一、天然气管输系统基本组成及功能

管道输送主要有输油管道、输气管道和固体浆料管道输送等，其根据不同的输送介质采用不同的输送设备及组成部件。

天然气管输系统是一个联系油气田与用户间的由复杂而庞大的管网及设备组成的采、输、供气系统。一般而言，天然气从气井中采出至输送到用户，其基本输送过程（即输送流程）是：

气井（或油井）→油气田矿场集输管网→天然气净化及增压→输气干线→城镇或工业区配气管网→用户，其流程如图 4-2-1 所示。

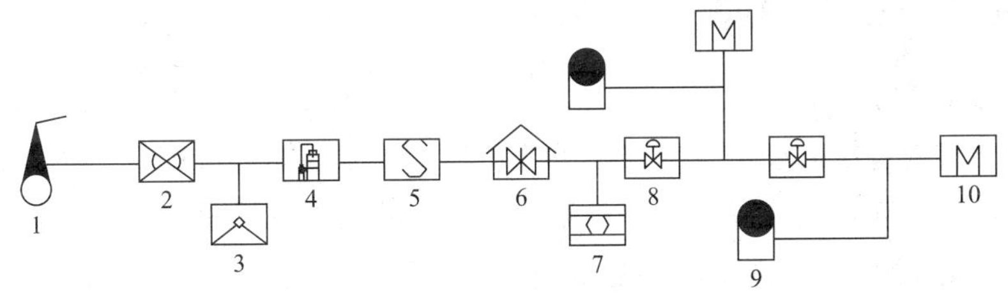

图 4-2-1　天然气管输系统流程图

1—井场装置；2—集气站；3—矿场增压站；4—天然气处理厂；5—首站；6—阀室；7—清管站；8—调压站；9—地下储气库；10—末站

天然气长输管道是连接气体处理厂和城市门站之间的管道，它的任务是根据用户的需求把净化处理的符合标准的天然气输送到城市或大型用户。一般而言，需要具有计量、增压、接收和分输、截断、调压、清管、储气调峰等功能。典型的长输管道系统构成如图 4-2-2 所示。

（一）输气管道系统的组成

天然气管输系统虽然复杂而庞大，但将其分类归纳，一般可以分为矿场集气网、干线输气管道（网）、城市配气管网以及与此相关的站、场等组成。

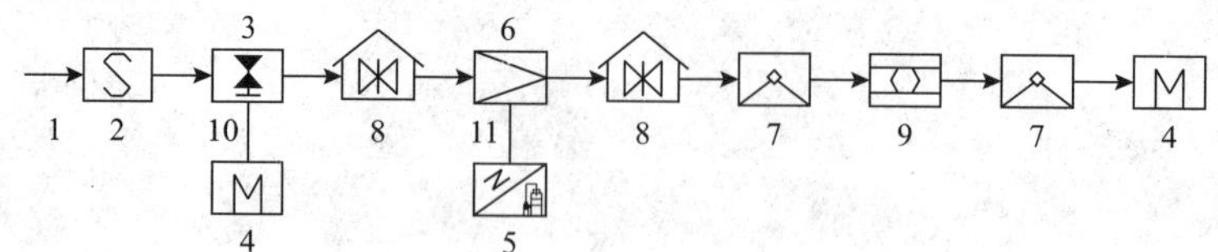

图 4-2-2 长输管道的系统构成示意图

1—输气首站；2—输气干线；3—气体分输站；4—城市门站（末站）；5—气体处理厂；6—气体接收站；7—增压站；8—阀室；9—清管站；10—输气支线；11—进气支线

（1）矿场集气网是天然气集输系统的一个子系统，是整个系统的源头部分，它的主要功能是将各气井的天然气集输至集气站，然后在处理厂进行脱水、脱油、脱硫等预处理，最后经计量后外输。

（2）干线输气管道（网）是由输气站、库、线路工程、通信工程和监控系统等四个基本部分构成。输气站、库包括输气首站、增压站（压气站）、清管站、分输计量站、阴极保护站以及调峰用的储气库；线路工程包括管道（输气干线、输气支线）、截断阀室、穿跨越工程、隧道工程和管道标志等；通信工程包括通信基站、通信线路和内交换系统。监控系统包括数据采集系统、数据传输系统、终端监控三大部分。

（3）城市配气管网通常由配气末站或城市门站、各种类型的储气和调峰设施、配气管网及用户支线及气体调压站等组成。

城市配气管网按形状分为树枝状和环状管网，按压力分为低压管网、中压管网、次高压管网和高压管网。

（二）各组成部分的功能

1. 矿场集气管网

矿场集气管网包括矿场集输支线、干线、集气站、气体处理厂等。矿场集气支线是气井井口装置到集气站的管线，它将各气井采出来的天然气输送到集气站做初步处理，如分离除掉杂质和游离水，脱出凝析油，并节流降压和对气、油、水进行计量。

矿场集气干线是集气站到天然气处理厂或增压站或输气干线首站的管线。含硫天然气通过天然气矿场集输干线送往处理厂（压力较低的天然气要增压后再送往天然气处理厂）；气质达到要求的天然气直接由集气站供往输气干线首站（根据压力高低确定是否设置增压机组）。

集气站可分为常温分离和低温分离两种集气站。集气站的任务是将各气井输送来的天然气进行节流调压，分离天然气的液态水和凝析油，对气、油、水进行计量。低温集气站可分离出天然气中的水蒸气和凝析油。

天然气处理厂，亦称天然气净化厂，它的任务是将天然气中的含硫成分和气态水脱出，使之达到天然气管输气质要求，减缓天然气中所含杂质成分对管线设备的腐蚀作用，同时从中回收硫黄等，供工农业等使用。

2. 输气干线管网

输气干线管网包括输气首站、储气库、增压站、清管站、分输计量站和防腐站等。

输气干线是天然气处理厂或输气干线首站到城镇配气站或工矿企业一级输气站的管线。它将符合管输气质要求的天然气，由天然气处理厂或输气干线首站输往城镇配气站或工矿企业一级输气站等。

输气干线首站主要是对进入干线的气体的质量进行检测控制并计量，同时具有分离、调压和清管发送功能。

输气干线中间分输站其功能和首站差不多，主要作用是给沿线城镇供气（或接受其他支线和气源来气）。

天然气增压站的任务是增加天然气的压力，提高管道输气能力。根据管线输气压力及用户需求来确定增压站的设置。

输气管道末站通常和城市门站合建，除具有分离、调压和计量功能外，还要给各类用户配气。有时，为了提高管道末段储气调峰能力，给末站进行增压。

在输气干线管网中，为了满足调峰作用，有时也和地下储气库和储配气站相连接，在用气低峰时，将天然气暂时储存起来，高峰时将天然气抽出来供应。

干线截断阀室是为了及时进行事故抢修、检修而设置。

输气站和配气站通常相结合建设，它的主要任务是将上游站场输来的天然气分离除尘，调压计量后输往下一站，同时根据用户要求平稳供气。也可起到干线截断阀站作用，排放干线中的天然气，以备检修输气干线等。

清管站的目的是定期清除管道中的杂物，以满足和提高管输效率。站内一般设置有收发球装置，利用发球装置向下游管道内发送清管器，清除管线内的污水等杂质。为了节约投资和场地，一般和输气站合建。

防腐站的任务是对输气管线进行阴极保护和向输气管道内定期注入缓蚀剂，从而防止和延缓埋在地下的输气管线外部遭受电化学腐蚀及天然气中少量酸性气体分子成分及水的结合物对输气管线内壁的腐蚀。

3. 城市配气系统

城市配气指从配气末站（即干线终点）开始，通过各级配气管网和气体调压所按用户要求直接向用户供气的过程。配气末站是干线的终点，也是城市配气的起点与枢纽（又称城市配气系统的首站，它主要用于城市燃气配送、计量、调压、添加臭味添加剂等）。气体在配气站内经分离、调压气计量和加臭味剂后输入城市配气管网。城市一般均设有储气设施，可调节输气与供气之间的不平衡。

二、天然气管输工艺

天然气管输工艺指实现天然气管道输送的技术和方法。主要是根据气源条件及天然气组分，确定输气方式、流程和运行方案；确定管材、管径、设备、沿线设站的类型及站距等。现代天然气管道输送普遍采用增压机组提供压力，对所输送的天然气的质量有严格的要求。主要涉及输气流程的选定、输气相关能力的计算、输气配套站场的确定以及管道末端储气能力等方面。

（一）输气流程的选定

一般情况下，天然气管输系统工艺流程为：将来自气井的天然气在集气站进行加热、降压、分离，计量后进入天然气处理厂，脱除水、硫化氢、二氧化碳等杂质，然后进入增压站，除尘、增压、冷却，再输入输气干线管道。在沿线输送过程中，压力逐渐下降，经中间增压站增压，输至终点调压计量站和储气库，再输往用户配气管网。

具体天然气管输流程取决于整个管输系统所外输天然气的气源条件及天然气组分、管道末段的储气容量要求、输送能力、用户要求等。

（二）增压站设置

为提高天然气压力或补充天然气沿管道输送所消耗的压力，需要设置增压站。首站是否需要建设增压站，取决于气田压力，当气田压力能满足外输压力的需要时，可暂不设置增压首站。长距离输气管道根据压力损耗情况，在沿线建设若干个中间增压站，增压站的数量取决于输送距离和压缩比。站间距主要由输气量确定，每个增压站都要消耗一部分天然气作燃料，因此输气量逐站减少，从而使各站间距也有所不同。在确定站间距时，应根据通过该站的实际输气量和进出口压力值，按输气量公式计算，还应综合考虑增压站址的地理、水源、电力、交通等条件。

（三）末端储气

利用输气管道末端的工作特点作为临时储气手段。末端储气的作用是气体外输量少时，多余的天然气就积存在末端；外输量大于输气管前段的输气量时，不足就由积存在末端的储量进行弥补。末端长度对管道管径及增压站站数的确定有影响，因此也是输气工艺应考虑的问题。

第二节　天然气站场操作安全

一、输气站场

输气站场是输气管道工程中各类工艺站场的总称，主要功能是接收达到输配要求的天然气（商品天然气）、给输气干线管道天然气增压、分输、配天然气、储气调峰、发送和接收清管器等。

(一)站场类别及流程

输气站场按它们在输气管道中所处的位置分为输气首站、中间站(中间站又分增压站、气体分输站、清管站等)和输气末站 3 大类型及一些附属站场(如储气库、截断阀室、防腐站)。按站场自身具有的功能可分为:增压站、分输站、清管站、清管分输站、配气站等。

1. 首站

首站是天然气管道的起点站,它接收来自矿场、净化厂或其他气源的净化天然气,其主要工艺流程为:天然气经分离、计量后输往下游站场。通常还有发送清管器、气体组分分析等功能。当进站压力不能满足输送要求时,首站还具有增压功能。

2. 分输站

分输站是在输气管道沿线,为分输气体至用户而设置的站场。其主要的工艺流程为:天然气经分离、调压、计量后分输至用户。有时还具有清管器接收、清管器发送、配气等功能。当与清管站合建时,便为清管分输站。

3. 末站

末站是天然气管道的终点设施站场,它接收来自管道上游的天然气,转输给终点用户(一般为某城市门站或直供的工业用户),其主要工艺流程是:天然气经分离、调压、计量后输往用户。通常还有清管器接收等功能。

4. 增压站

增压站主要功能是给管道天然气增压,提高管道输送能力。其主要工艺流程为:天然气经分离、增压后输往下游站场。

5. 清管站

输气管道投运中,管道内会发生锈蚀、滞留一些粉尘、杂质,影响管道的气质,降低输气能力,凝结水还会加剧管道内壁腐蚀。因此需要通过清管器清除管道中的积液、粉尘杂质和异物。清管站主要工艺流程为:清管器接收、天然气除尘分离、清管器发送并输往下游站场。

6. 储气库

储气库是长距离输气管道供气调峰的主要配套设施,主要形式有:①枯竭性气田地层储气库;②地下盐穴、岩洞型储气库;③地面压力容器储气库。

7. 阀室

为了便于进行管道的维修,缩短放空时间,减少放空损失,减少管道事故危害的后果,输气管道上每隔一定距离,需设置干线截断阀室。阀室的功能为:干线截断、两端放空。

8. 防腐站

防腐站包括阴极保护和管道缓蚀剂加注等功能,主要是减缓输送介质对管道的腐蚀,从而延长管道的使用寿命。

（二）站场的功能

根据天然气管输工艺及其组成，输气站场根据其不同的位置和作用设有不同的站场功能，通常站场具有分离、调压、计量、放空、排污、清管、阴极保护等各类功能。

1. 分离、过滤

天然气中的杂质不仅会增加管道阻力，降低输气管道的气质，还影响设备、阀门和仪表的正常运转，使其磨损加速、使用寿命缩短，且污染环境。因此，通常在输气站应设置分离装置，分离气体中携带的粉尘、杂质和上游净化装置异常情况下可能出现的液体。输气站用于分离去除天然气中的液体、固体杂质，净化气体的设备有分离器、气体除尘器、气体过滤器。

2. 调压

分输到用户的天然气一般要求保持稳定的输出压力，并规定其压力波动范围。为满足该要求，需设置调压设置。站内调压设计应符合用户对用气压力的要求，并应满足生产运行和检修需要。

3. 计量

天然气不仅是一种洁净的能源，而且还是一种商品，在输配过程中为了便于用户供应控制气量和经济核算，必须通过相关的仪表等进行计量。

4. 放空

天然气在输配过程中为了满足因出现突发事故、压力容器超压安全泄放、进行设备维护保养或更换设备、管路检修等的需要，需要设置相应的放空管路，对其进行放空，以达到安全生产要求。

5. 排污

天然气由于含有杂质，在输送过程中要通过分离器、清管器等设备对杂质进行分离、过滤、吹扫，以提高天然气的气质，提高管道输送能力，而为了保证分离器的持续运转、清管设备的正常使用，必须对其设置排污系统，对其进行定期的排污。

6. 清管

管线通过清管后，使管道免遭输送介质中有害成分的腐蚀，延长使用寿，改善管道内部的光洁度，减少摩阻，提高管道的输送效率。

7. 阴极保护

输气管道在输送天然气过程中，由于土壤、金属结构以及杂散电流等原因发生的电化学腐蚀，造成管线穿孔泄漏，极大地威胁着天然气管道的安全运行。通过阴极保护可避免或降低管线受到的影响，延长管道使用寿命。工业上常用强制电流保护法和牺牲阳极保护法。

二、输气站工艺流程

输气工艺流程就是输气站的设备、管线、仪表等的布置方案。在天然气管输过程中，按照管输工艺要求建立不同的管输工艺流程，合理布置输气站的设备、仪表及相应的工艺流程，包括清管工艺流程、正常生产工艺流程、站内设备检修工艺流程、输气干线和站场内事故处理工艺流程等，就可完成输气站承担的各种生产任务。按照站场在管输工艺中位置的分布，最典型的工艺流程有首站工艺流程、末站工艺流程、阀室工艺流程。

（一）首站工艺流程

首站是天然气管道的起点设施，气体通过首站进入输气干线。通常，首站具有分离、计量、清管器发送、调压、放空、排污、安全泄放、阴极保护等功能。根据接收净化后天然气压力情况，首站可分为两种工艺流程：一种是接收净化后天然气压力达到外输压力要求，直接进行外输，不设置增压功能；另一种是由于接收净化后天然气压力达不到外输压力要求，无法满足直接进行外输要求，需要设置增压功能，带有增压站。

1. 无增压站的首站工艺流程

当油气田来气压力较高，不用加压就可以直接将天然气输到末站时，该输气首站将不设压缩机。输气干线首站工艺流程如图 4-2-3 所示。

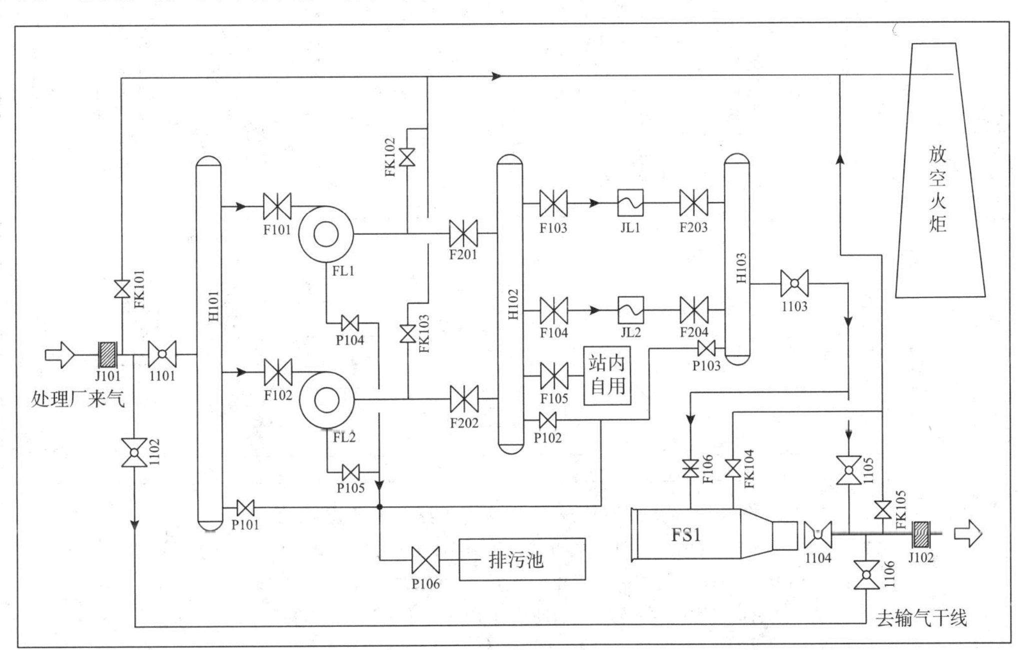

图 4-2-3 不设压缩机的输气干线首站工艺流程

FL1 ~ FL2—分离器；1101 ~ 1106—控制阀门；F101 ~ F106，F201 ~ F204—流程控制阀；P101 ~ P106—排污阀；JL1 ~ JL2—流量计；FK101 ~ FK105—放空阀；J101 ~ J102—绝缘法兰；H101 ~ H103—汇管；FS1—发球筒

主要工艺流程：

（1）正常生产流程：油田外输天然气通过集输管线进入首站站内流程为进入进站汇管 H101，通过分离器进行初步分离后进入计量汇管 H102，再通过流量计进行流量计量后，进入外输汇管 H103 中，然后进入外输主管线进行外输。

（2）站内事故应急流程（越站流程）：关闭进站、出站所有设备控制阀门，打开越站控制球阀将上游来气直接供往外输主管线。

（3）发送清管器流程：通过放空阀门，将球筒放空，然后打开球筒快开盲板，将清管器塞入清管器发送筒，关闭球筒快开盲板，上游来气走正常生产流程，通过球筒加压阀门将清管器送入外输主管线进行清管工艺。

2. 带增压站的首站工艺流程

当天然气供气压力较低，满足不了天然气外输压力要求时，需增设压缩机组进行天然气增压。外输天然气至末站距离较远、压降过大时，输气站需要设置压缩机。该工艺与不带增压站的首站工艺流程的区别是在外输时天然气通过压缩机增压后外输。其工艺流程图如图 4-2-4 所示。

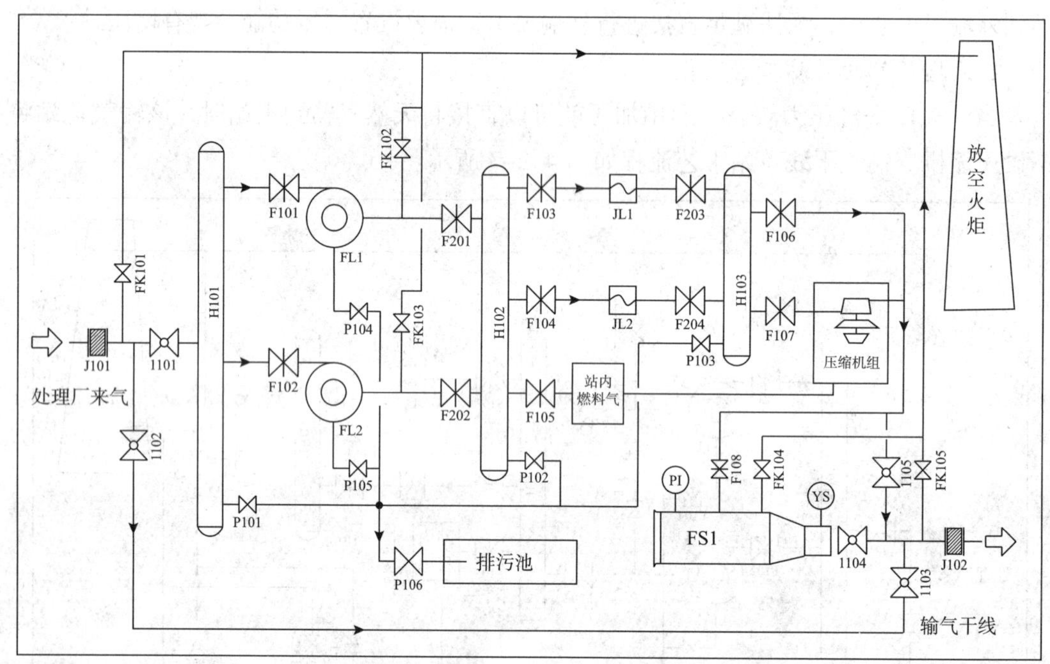

图 4-2-4　设有压缩机的输气干线首站工艺流程

FL1 ~ FL2—分离器；1101 ~ 1104—控制阀门；F101 ~ F108，F201 ~ F204—流程控制阀；
P101 ~ P106—排污阀；JL1 ~ JL2—流量计；FK101 ~ FK105—放空阀；
J101 ~ J102—绝缘法兰；H101 ~ H103—汇管；FS1—发球筒

主要工艺流程：

（1）正常生产流程。包括增压机组增压流程和不使用增压机组流程。①利用压缩机增压：油田来气进入首站站内汇管 H101，通过分离器进行初步分离后进入汇管 H102，再通过流量计进行流量计量后，进入汇管 H103 中，然后进入压缩机组进行增压后进入外输管线；②不使用压缩机流程：油田来气进入首站站内汇管 H101，通过分离器进行初步分离后进入汇管 H102，再通过流量计进行流量计量后，进入汇管 H103 中，越过增压机组，直接进入外输管线进行外输。

（2）站内事故应急流程（越站流程）。关闭进站、出站所有设备控制阀门，打开越站控制球阀将上游来气直接供往外输主管线。

（3）发送清管球流程。通过放空阀门，将球筒放空，然后打开球筒快开盲板，将清管器塞入清管器发送筒，关闭球筒快开盲板，上游来气走正常生产流程，通过球筒加压阀门将清管器送入外输主管线进行清管工艺。

（二）末站工艺流程

末站是天然气管道的终点站，一般设置在人口密集区，下游用户一般为城市燃气管道或工厂用户。通常，末站具有分离、计量、调压、清管器接收、配气等功能。根据下游用户需求可设或不设压缩机。其工艺流程如图 4-2-5 所示。

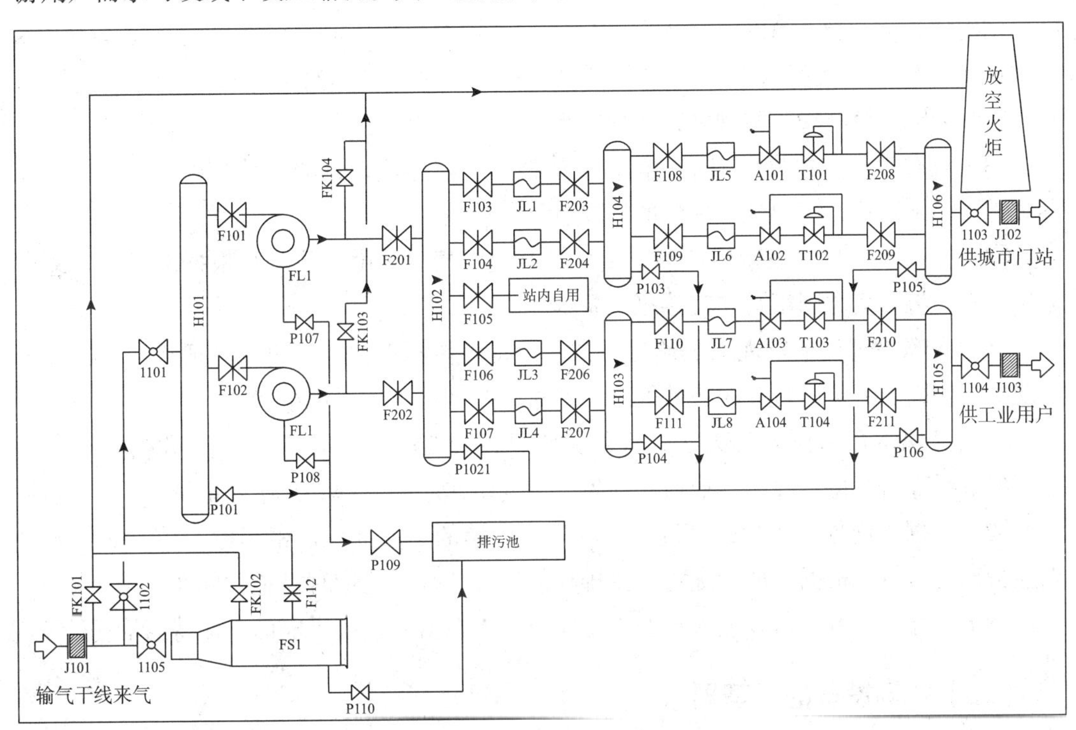

图 4-2-5　输气干线末站工艺流程

FL1～FL2—分离器；1101～1105—控制阀门；F101～F112，F201～F211—流程控制阀；P101～P110—排污阀；JL1～JL8—流量计；A101～A104—安全切断阀；T101～T104—调压阀；FK101～FK104—放空阀；J101～J103—绝缘法兰；H101～H106—汇管；FS1—收球筒

主要流程：

正常生产流程：上游站场来气通过进站总阀进入集气汇管，经过分离设施分离后进入

配送汇管，然后根据下游用户情况分别进行计量和调压后供往城市门站或工业用户用气。

三、输气站场管理

输气站场的安全运行主要取决于站场的安全管理和维护，影响供气管输系统的安全平稳供气，应确保输气站安全平稳地完成正常输气活动。

（一）站场的巡回检查

站场设备在投入运行后，为了确保安全平稳运行，需对各类设备、工艺流程及时进行巡回检查，按照设计和运行参数的要求进行设备动态数据的巡回检查和调整，以确保安全平稳运行。主要巡回检查内容包括：

（1）岗位人员定时对各巡查点巡查一遍，并记录相关压力、温度等参数，检查工艺流程、设备等是否正常工作，各生产参数是否在控制范围内。

（2）巡回检查人员应按巡回检查路线；做到“该看到的要看到、该听到的要听到、该摸到的要摸到、该走到的要走到”；依据工艺技术参数要求进行逐点检查并具备以下条件：①各设备的运行参数在正常范围之内；②各种安全附件、仪表灵活可靠；③设备、管线无跑、冒、滴、漏现象；④现场无其他异常情况。

（3）对有生产参数自动记录的岗位，巡检后应将巡检记录的参数与计算机自动录取参数进行详细对比，对出现不一致的情况进行分析处理。

（4）在巡查过程中发现生产参数偏离控制范围情况，由岗位人员根据现场情况进行分析上报，将偏离原因填写在交接班记录本上。

（5）在巡检过程中发现工艺流程异常，设备工作不正常，密封点出现跑、冒、滴、漏现象，由岗位人员进行及时有效处理，并将异常及处理情况记录清楚。

（6）发现本班岗位人员无法处理的异常情况时，应及时通知大班人员或本单位调度、值班干部。紧急情况应尽快通知厂生产调度室作应急处理，并做好记录。

（7）根据本岗位冬季生产情况，对易出现冻堵的生产部位加密巡检次数，并作为重点巡检部位对待。根据生产情况对需要排液的计量装置，巡检时一定做到准时排液。

（8）巡检时，有 2 名以上人员的岗位应留一人在值班室接听电话，保持通信畅通。

（二）站场设备的管理要求

输气站场的设备是输气站安全平稳地完成正常输气活动的基础。输气站场的设备管理要做到一准、二灵、三不漏。

（1）一准是指站场所涉及的各类计量器具、调压装置、仪表等使用严格按照工作状态要求，做到准确无误。具体包括：①计量装置各部分的尺寸、规格、材质的选择和加工、安装应符合计量规程要求；②计量仪表中的微机、变送器、节流装置应配套，计量简便、快捷、准确；③调压装置的规格、型号选择合理，安装正确，适应工作条件，保证有足够的流通能力和输出压力，调压波动在允许值内；④各种仪表选择、安装、配套、调校正确，在最佳范围内工作，误差不超过允许值。

（2）二灵是指站内设备或阀门灵活好用，通信设施灵敏、畅通无阻。具体包括：①各类阀门的驱动机构灵活、可靠，开关中无卡、堵、跳动等不良现象；②调压装置动作灵活、可靠性强；③收发球装置开关灵活、密封性好；④安全装置、报警装置应随时处于良好工作状态，对压力变化反应灵敏、报警快；⑤通信设备灵敏畅通；⑥阀门开关指示牌与现场阀门阀位一致，电动阀门平时应将阀门操作旋钮置于“STOP”位置，防止误操作或突然断电时阀门自动开关，防止异常事故的发生。

（3）三不漏是指站场工艺设备及流程不漏油水、不漏天然气、不漏电。具体包括：①法兰、接头、盘根严密，设备管线固定牢固，试压合，不得出现跑、冒、滴、漏现象；②电气设备不得有外层残缺和漏电现象，站场防雷接地保护好；③所有设备、仪表内外防腐良好，无锈蚀和防腐层脱落。

（4）盲板管理。盲板是中间不带孔的法兰，用于封堵管道口。盲板的密封性能好，对于需要完全隔离的系统，一般都作为可靠的隔离手段。盲板就是一个带柄的实心的圆，用于通常状况下处于隔离状态的系统。而 8 字盲板，形状像 8 字，一端是盲板，另一端是节流环，但直径与管道的管径相同，并不起节流作用。8 字盲板，使用方便，需要隔离时，使用盲板端，需要正常操作时，使用节流环端，同时也可用于填补管路上盲板的安装间隙。另一个特点就是标识明显，易于辨认安装状态。

四、输气站场操作安全

输气站场操作应根据站场生产实际和运行状态严格按照岗位安全技术操作规程进行。注意事项概括包括：在操作前及时向调度室及有关领导申请，得到批准后方可实施相关作业；在进行操作时，在相应的操作区域内设置隔离警示带和安全警示牌，禁止一切闲杂人员入内；必须穿戴好相应的防护用品，佩戴正压式空气呼吸器、便携式可燃气体（硫化氢）检测仪等；操作时必须一人操作，一人监护，操作完成后由监护人再次确认阀位开关到位。

（一）输气站开气

新改、扩建后的输气站场，完成所有设备试压、氮气置换、投产置换合格交付使用时或输气站场关气后再次启用时，按照下述操作规程进行操作生产。

1. 准备工作

（1）接到生产调度室指令，操作人员立即上岗就位。

（2）与输气干气管线上下游站场或用户取得联系，明确开气有关情况，组织检查本站工艺流程、设备、仪表是否完好，放空阀、排污阀是否处于关闭状态；装好温度计，压力表取压阀开启，计量仪表处于停运状态；安全阀已调试合格，其根部控制阀开启；自力式压力调节器系统关闭，旁通阀门开启；流程中的其他阀门处于正常开关状态。

（3）检查站内是否存在火源，清除影响生产的物品，与生产无关的人员离开现场。

（4）对站场检查完毕，确认已做好开气前的准备工作后，上报生产调度室。

2. 操作步骤

（1）按生产调度指令，缓慢开启供气阀门，按要求调节气量。

（2）观察压力表起压情况。

（3）观察排污、放空及其他部位是否泄漏，发现问题及时处理。

（4）待气压平稳后，按操作规程投运计量仪表。

（5）认真检查并确认流程正确，设备、仪表工作正常无泄漏、无堵塞。

（6）操作完毕向调度汇报情况，并将时间、操作内容等情况做好记录。

3. 技术要求

（1）开关进出站阀门必须缓慢，使设备、管线、仪表逐渐升压，不得猛开蛮干。

（2）开关操作必须依据调度指令，并与上下游站场配合进行，无调度指令及未与上下游站场取得联系，不得随意开气操作。

（3）站场严禁带入火种、火源。

（4）启动流量计和调压设备必须符合设备安全操作程序。

（5）安全阀未调校合格不得开气。

（6）站内进气后各种设备、仪表连接部位不得有漏气现象。

4. 风险和管控措施

输气站开气风险和管控措施见表 4–2–1。

表 4–2–1　输气站开气风险和管控措施

序号	风险	消减措施
1	没有和相关站场联系，造成管线憋压或影响用户生产	严格按照操作规程进行操作，及时联系相关单位
2	没有确认阀门开关状态，造成重大安全事故	严格按要求进行站场检查
3	安全阀根部控制阀门开关不到位，造成安全阀失效，有可能造成管网憋压	及时检查流程并打开安全阀根部控制阀
4	正对阀门操作，可能造成人身伤害	严禁正对阀门
5	放空速度过快，造成系统中污油或污水喷出，污染环境	缓慢打开阀门，平稳操作
6	放空区无人监护，易发生安全事故	设置专人负责监护，要求范围内清理干净污油及火源

（二）输气站停气

1. 准备工作

（1）接到生产调度指令后，立即与上、下游站场取得联系。

（2）如需检修放空，派人检查放空管线，观察是否稳固，周围是否有火源、人畜并劝其熄灭火源，离开放空管线，退至安全区域。

（3）操作人员到位。

2. 操作步骤

（1）接到生产调度停气指令后，检查站内系统压力，重新调整配气方案，做好停气准备工作。

（2）熄灭站内所有火源并仔细检查确认无误。

（3）按生产调度指令，进行停气操作，关闭配气管路进出口阀门，停止向下游供气。

（4）关闭节流装置上、下流阀门，停运计量仪表，并将计量管段内气体放空。

（5）检查关闭后的阀门是否关闭不严，是否内漏，并及时整改。

（6）做好停气记录，及时向调度汇报。

3. 技术要求

（1）关气操作必须根据调度指令，并与上下游站场配合进行，不得随意关气。

（2）必须按停计量仪表操作步骤要求进行停表。

（3）阀门关闭时不得用猛力或用超加力杆操作。

（4）操作过程中不得使用管钳、扳手等随意敲打设备、管线、仪表。

（5）放空管口周围应无火种，居民及其他无关人员应撤至安全区域，并安排专人监视放空管线，防止人员进入。

4. 风险和管控措施

输气站停气风险和管控措施见表 4–2–2。

表 4–2–2　输气站停气风险和管控措施

序号	风险	消减措施
1	没有与相关站场取得联系，造成管线憋压或影响用户生产	严格按照操作规程进行操作，及时联系相关单位
2	阀门开关不到位，造成放空不彻底	依据被泄压设备或管线的压降情况，及时检查流程并调整放空阀开度
3	正对阀门操作，可能造成人身伤害	严禁正对阀门进行阀门操作
4	放空速度过快，造成系统中污油或污水喷出，污染环境	缓慢打开阀门，平稳操作，严禁猛开猛关
5	放空区无人监护，易发生安全事故	放空区域设置专人负责监护，要求范围内清理干净污油及火源

（三）流程切换

1. 准备工作

（1）接到生产调度指令后，立即进行准备流程切换方案。

（2）如需检修放空，派人检查放空管线，观察是否稳固，周围是否有火源、人畜并劝其熄灭火源，离开放空管线，退至安全区域。

（3）操作人员到位。

2. 操作步骤

（1）接调度指令后，确定流程切换方案。

（2）检查需切换的流程中的阀门、设备、仪表等完好无误。

（3）平稳开启备用流程，阀门开启顺序为先开下游阀后开上游阀。

（4）平稳关闭原流程，阀门关闭顺序为先关上游阀后关下游阀。

（5）停运原流程计量仪表，投运备用流程计量仪表。

（6）认真检查各压力、温度的变化，确认无误。

（7）做好流程切换顺序、时间的记录，及时向调度汇报。

3. 技术要求

（1）关气操作必须根据调度指令，不得随意更换流程。

（2）必须按要求和停计量仪表操作步骤进行停表。

（3）阀门关闭时不得用猛力或用超加力杆操作。

（4）操作过程中不得使用管钳、扳手等随意敲打设备、管线、仪表。

（5）放空管口周围应无火种，居民及其他无关人员应撤至安全区域，并安排专人监视放空管线，防止人员进入。

4. 风险和管控措施

流程切换风险和管控措施见表 4-2-3。

表 4-2-3　流程切换风险和管控措施

序号	风险	消减措施
1	流程切换错误，造成憋压或大量天然气外泄	严格按照操作规程进行操作
2	阀门开关不到位，造成放空不彻底	依据被泄压设备或管线的压降情况，及时检查流程并调整放空阀开度
3	正对阀门操作，可能造成人身伤害	严禁正对阀门进行阀门操作
4	放空速度过快，造成系统中污油或污水喷出，污染环境	缓慢打开阀门，平稳操作，严禁猛开猛关
5	放空区无人监护，易发生安全事故	放空区域设置专人负责监护，要求范围内清理干净污油及火源

（四）流程放空

放空流程的设置主要有三种：设备放空、站内放空、站外管线放空。放空主要分为事故状态和正常状态下的放空，事故状态下主要由自控系统发生动作或超压设定自动进行放空操作，在此主要介绍手动放空的过程。

1. 准备工作

（1）检查站场放空系统是否正常。

（2）检查需要放空的设备进出口阀门是否已关闭。

（3）检查需要放空的设备各类仪表显示是否正确。

（4）检查放空管线的固定状态和各处连接情况。

2. 操作步骤

（1）设备放空。

①进行检修时手动放空的设备主要有分离器、压缩机组、收发球筒等。

②放空前应依据相应的设备切换或停运操作手册，切换站内流程，确保正常输气，同时切断需要放空设备的进出口阀门。

③放空时，缓慢打开节流截止放空阀，控制适当的放空流量；根部球阀应保持常开状态，当节流截止放空阀发故障时，方可关闭球阀再对节流截止放空阀进行维修保养、更换。

④观察压力表是否落零，落零后，放空结束。

⑤关闭设备的节流截止放空阀。

⑥操作完毕后，向调控中心汇报，并做好值班记录。

（2）站场放空。

①站内设有 BDV 紧急放空阀，在站场发生重大事故时，自控系统控制立即开启，紧急放空站内天然气；所有自动紧急放空失灵时，执行手动放空，同时站内设有手动放空，以便检修时放空站内天然气。

②放空前应关闭站内进出口阀，需要向下游保持供气的应按照越站工艺操作手册要求，确保向下游供气。

③打开站场手动放空阀门，对站内天然气进行放空。

④放空时，缓慢打开节流截止放空阀，控制适当的放空流量；根部球阀应保持常开状态，当节流截止放空阀发故障时，方可关闭球阀再对节流截止放空阀进行维修保养、更换。

⑤观察压力表是否落零，落零后，放空结束。

⑥关闭节流截止放空阀，完成放空操作。

⑦操作完毕后，向调控中心汇报，并做好值班记录。

（3）站外管道放空。

①根据需要放空管线不同管段位置，选择关闭相应的进出站阀，并确认管段另一端的阀门关闭。

②打开相应的站外管道放空阀，进行管线放空。

③放空时，缓慢打开节流截止放空阀，控制适当的放空流量；根部球阀应保持常开状态；当放空阀发故障时，可关闭球阀对节流截止放空阀进行维修保养、更换。

④观察压力表是否回零，回零后，放空结束。

⑤关闭节流截止放空阀，完成放空操作。

⑥操作完毕后向调控中心汇报，并做好值班记录。

3. 技术要求注意事项

（1）放空时缓慢操作放空阀控制流量。

（2）如放空阀组有球阀和截止阀（闸阀），应先开球阀，用截止阀控制放空，球阀保持常开状态，减少球阀的操作次数。

（3）阀门开关不宜过猛。

（4）站内放空一般进高压火炬系统点火燃烧，若因特殊原因没有点火作业进行放空时，应根据放空时间长短，放空气量多少，适当安排警戒人员。200m 范围内不得有行人和明火。

（5）放空结束后，根据安排恢复流程。

4. 风险和管控措施

流程放空风险和管控措施见表 4–2–4。

表 4–2–4　流程放空风险和管控措施

序号	风险	消减措施
1	流程切换错误，造成憋压或大量天然气外泄	严格按照操作规程进行操作
2	阀门开关不到位，造成放空不彻底	根据被泄压设备或管线的压降情况，及时检查流程并调整放空阀开度
3	正对阀门操作，可能造成人身伤害	严禁正对阀门
4	放空速度过快，造成系统中污油或污水喷出，污染环境	缓慢打开阀门，平稳操作
5	放空区无人监护，易发生安全事故	设置专人负责监护，要求范围内清理干净污油及火源

（五）置换作业

1. 准备工作

（1）确定最佳的置换方案及置换管段。

（2）计算所需的氮气量，准备好氮气。

（3）准备好相应的检测仪器，0~0.6MPa 压力表 1 块。

2. 氮气置换步骤

操作流程如图 4–2–6 所示。

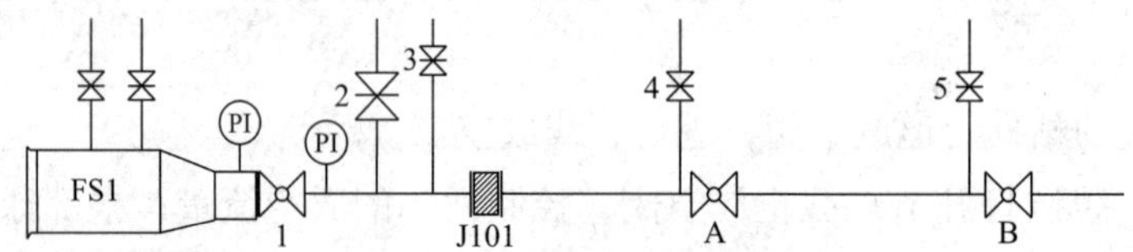

图 4–2–6　置换流程示意图

1—球筒控制总阀；2—主管线进气阀；3—注氮气控制阀；4、5—放空取样阀；A、B—置换管段控制阀；J101—绝缘法兰；FS1—发球筒

（1）管线第一段置换作业（首站发球筒至某个截止阀门或阀室）。

①确认相关阀门处于关闭状态；

②在阀门 A 靠近首站一侧安装放气取样口；

③打开放气取样口的阀门，以待取样检测；

④打开发球筒后的阀门；

⑤用制氮车（风机）将高纯度氮气（99.9%）从首站发球筒控制阀门注入管线内，当氮气注入量等于该段管线容积时，在放气口处用便携式测氧仪检测，直至置换合格，并做好记录；

⑥关闭取样口的阀门，安装相应的设备，并检查严密性；

⑦第一段置换结束。

（2）管线第二段置换作业（阀门 A—阀门 B）。

①确认阀门 B 处于关闭状态；

②在阀门 B 靠近首站一侧安装放气取样口；

③打开放气取样口的阀门，以待取样检测；

④打开阀门 A；

⑤用制氮车（风机）将高纯度氮气（99.9%）从首站发球筒控制阀经第一段管道注入第二段管线内，当氮气注入量等于该段管子容积时，在放气口处用便携式测氧仪检测，直至置换合格；

⑥关闭取样口的阀门，安装相应的设备，并检查严密性；

⑦第二段置换结束。

（3）管线第三段、第四段置换作业……，重复上述过程，直到最后一段置换完成。

（4）全线氮气置换合格后，管线内氮气的压力保持正压力。因此，继续用制氮车将高纯度氮气（99.9%）从首站注入管线内，当氮气的压力大于 0.05MPa 时，停止注入氮气，然后静置 6 h 以上。最后在收球筒放气口处用含氧分析仪检测，测得管线收球筒出口处气体氧气体积含量小于 1%，管线全线置换合格。管线置换结束。

3. 天然气置换氮气

（1）管线第一段置换作业（首站发球筒至某个截止阀门或阀室）。

①确认相关阀门处于关闭状态；

②在阀门 A 靠近首站一侧安装放气取样口；

③打开放气取样口的阀门，以待取样检测；

④打开站内天然气供外输干线的控制阀门，将天然气缓慢注入管道；

⑤在放气口处用含氧测试仪和天然气含量检测仪每 5min 进行一次检测，当检测点检测到气体含氧量连续三次低于 1% 和天然气含量达到 90% 以上时，置换合格，并做好记录；

⑥关闭取样口的阀门，安装相应的设备，并检查严密性；

⑦第一段置换结束。

（2）管线第二段置换作业（阀门 A—阀门 B）。

①确认阀门 B 处于关闭状态；

②在阀门 B 靠近首站一侧安装放气取样口；

③打开放气取样口的阀门，以待取样检测；

④打开阀门 A；

⑤站内继续供应天然气经第一段管道注入第二段管线内，在放气口处用天然气含量检测仪每 5min 进行一次检测，当检测点检测到气体含氧量连续三次低于 1% 和天然气含量达到 90% 以上时，置换合格，并做好记录；

⑥关闭取样口的阀门，安装相应的设备，并检查严密性；

⑦第二段置换结束。

（3）管线第三段、第四段置换作业……，重复上述过程，直到最后一段置换完成。

（4）全线天然气置换合格后，管线内天然气的压力保持正压力，管线置换结束。

4. 技术要求

（1）制定完善的施工方案，做好人员安排。

（2）严格控制氮气置换速度，将速度控制在 3~5m/s。

（3）进行放空时应根据放空时间长短，放空气量多少，适当安排警戒人员。

（4）必须定时进行设备验漏。

5. 风险和管控措施

置换作业风险和管控措施见表 4-2-5。

表 4-2-5　置换作业风险和管控措施

序号	风险	消减措施
1	施工方案不完善，人员安全教育不到位，技术交底不清，易造成施工困难或出现事故	制定切实可行的施工方案，及时进行技术交底，做好人员布置安排及培训工作
2	置换气体量准备不足，造成天然气与空气混合，发生爆炸事故	根据管径、运行距离等参数计算出氮气量并留有 10% 的余量
3	置换速度过大或过慢，造成混气头过大，影响置换	严格控制置换速度为 3~5m/s
4	气体置换运行检测不及时，造成工作困难	根据注入的置换气体量和运行时间，测算出到达的地点，及时用设备进行检测，直至天然气含量达 100%
5	放空区无人监护，易发生安全事故	设置专人负责监护，要求范围内清理干净污油及火源
6	未验漏设备，有可能造成人员中毒	及时验漏，确保设备无渗漏

（六）发球操作

1. 准备工作

（1）熟悉通球清管方案。

（2）清管器，测量清管器直径和质量，使清管器直径过盈量达到要求，准备 1~2 个清管器。

（3）与有关输气站及用户取得联系，仔细检查发球装置有关设备仪表，对球筒进行严密性试压合格后排空至压力为零，做好消防及安全警戒工作，准备好开启球筒的专用扳手、活扳手、黄油等工具和材料。

2. 操作步骤

操作流程如图 4–2–7 所示。

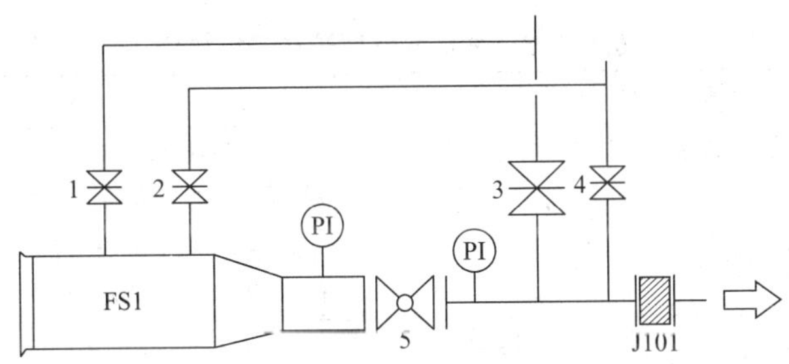

图 4–2–7　发球筒流程示意图

1—球筒进气阀；2—球筒放空阀；3—主管线进气阀；4—主管线放空阀；5—球筒控制总阀；J101—绝缘法兰；FS1—发球筒

（1）检查清管器是否破损；检查填充物是否泄漏；检查清管器过盈量是否达到要求，以此判定清管器是否合格。

（2）发球前，将管道输气压力调整到方案要求的压力。

（3）检查确定球筒阀 5 是否关闭，打开阀 2，确认球筒压力为零；按照开启盲板操作规程开启盲板。

（4）把清管器送入球筒底部大小头处，检查确认球筒内无其他遗留物。

（5）关快开盲板，检查确认盲板关闭到位，检查楔块是否固定到位。

（6）确认下游收球站做好收球准备，听取现场发球操作负责人发球指令后开始发球操作。

（7）接到指令后，关阀 2。

（8）开阀 1，平衡筒压与阀 5 后压力。

（9）待球筒压力与管线输气压力平衡后，全开阀 5。

（10）关阀 3 发球。

（11）确认球发出后，打开阀 3，关 5 阀及阀 1。

（12）开阀 2 泄压至零，检查阀 5 确已关闭不漏气。

（13）按照开启盲板操作规程开启盲板；检查确认清管器是否发出，若未发出，则重复上述步骤；若已发出，记录好发球时间，关闭快开盲板，关闭放空阀，并电话联系调度，通知收球站做好收球准备工作。

3. 技术要求

（1）严禁使用不合格的清管器。

（2）必须对管道基本状况进行描述，编制合适的通球方案。

（3）操作盲板时，人体不能正对发球筒，应站立于开闭机构一侧。

（4）发球结束后，球筒应处于不受压状态。

（5）清洗保养发球设备。

4. 风险和管控措施

发球操作风险和管控措施见表 4-2-6。

表 4-2-6　发球操作风险和管控措施

序号	危害识别	管控措施
1	施工方案不完善，人员安全教育不到位，技术交底不清，造成施工困难或出现事故	制定切实可行的施工方案，及时进行技术交底，做好人员布置安排及培训工作
2	清管球或清管器过盈量不足，导致通球失败	清管球或清管器根据管径有 3%~5% 的过盈量并进行逐个检查，确保无损伤
3	打开发球筒时，站位不对，造成机械伤害	打开盲板时，人员不得正对发球筒盲板
4	操作程序错误，造成发球组件爆破开，造成物体打击	严格按照操作规程进行
5	推球压差控制不好，易造成球体破裂	控制好推球压差，根据高程差来制定通球压力

（七）收球操作

1. 准备工作

（1）材料准备：棉纱、黄油、汽油、水适量。

（2）工具准备：活动扳手两把，螺丝刀一把，开关机构手柄一把，防爆铲一把。

（3）熟悉通球清管方案。

（4）与有关输气站及用户取得联系，仔细检查收球装置有关设备仪表，对球筒进行严密性试压合格后排空至压力为零，做好消防及安全警戒工作。

（5）估算管线排污量、管线放空量。

2. 操作步骤

操作流程如图 4-2-8 所示。

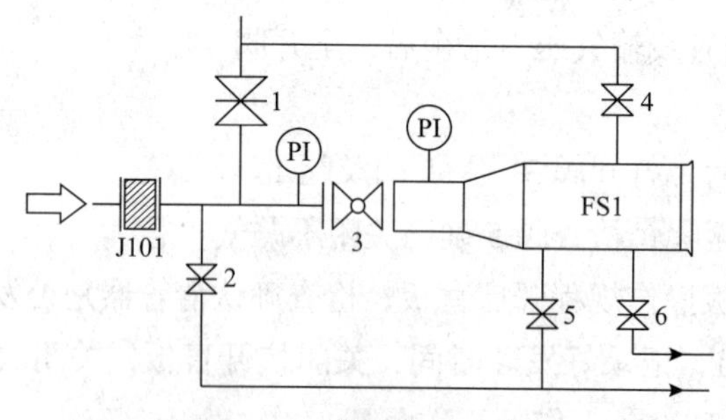

图 4-2-8　收球流程示意图

1—进站控制阀；2—主管线放空阀；3—球筒控制总阀；4—球筒进气阀；5—球筒放空阀；6—球筒排污阀；J101—绝缘法兰；FS1—收球筒

（1）关闭阀 5、阀 6，打开收球筒阀 4 平衡收球筒压力，全开阀 3，关闭阀 1，使球筒处于收球状态。

（2）一般情况下，关闭阀 4，打开阀 6 排污；如果遇到污水、污物较多情况，应当在污水、污物到达接收站前，关闭阀 4，全开阀 6 排污。

（3）设监控点，确认清管器进入接收筒后，关闭阀 6 及阀 3。

（4）打开阀 1，恢复正常输气。

（5）打开阀 5、阀 6，当接收球筒压力降为零时，打开快开盲板，如果球筒中有硫化铁粉，必须用湿式作业法排除；有污物，利用清水冲洗或防爆铲将其铲出；利用收球工具取出清管器；通知发球站是否收到清管器。

（6）利用清水冲洗收球筒内污物，排除积水；检查内壁腐蚀、损伤情况；清除排污口、放空口积物。

（7）收球后保养球筒，检查盲板楔块有无损伤，给快开盲板涂抹黄油。

（8）关上快开盲板，上好防松楔块。

（9）关闭阀 5、阀 6，检查阀 1 是否关闭到位；保养所有阀门。

（10）做好收球记录。

（11）检查清管器是否损伤并保养清管器。

（12）按环保要求处理硫化铁等污物，清管污物排入排污池，打扫现场卫生。

3. 技术要求

（1）操作前应仔细检查收球设备、仪表，保证正确无误。

（2）操作盲板时，人体不能正对收球筒，应站立于开闭机构一侧。

（3）收球结束后，应对球筒、盲板及开闭机构进行清洗保养，防止腐蚀生锈。

4. 风险和管控措施

收球操作风险和管控措施见表 4–2–7。

表 4–2–7 收球操作风险和管控措施

序号	风险	管控措施
1	施工方案不完善，人员安全教育不到位，技术交底不清，造成施工困难或出现事故	制定切实可行的施工方案，及时进行技术交底，做好人员布置安排及培训工作
2	打开收球筒时，站位不对，造成机械伤害	在打开盲板时，人员不得正对发球筒盲板位置
3	操作程序错误，造成发球组件爆破开，造成物体打击	严格按照操作规程进行
4	收球时，清管器推出的硫化亚铁处理不当，造成自燃；液体处理不当，易造成环境污染	收球时，过球指示器显示后，关闭收球筒接球阀门，液体通过排污管线排除，经放空管线放空，确认压力表回零后，缓慢打开收球筒盲板；硫化亚铁等杂物应妥善处理；液体排入污水池

（八）汇管排污

1. 准备工作

（1）观察排污管地面管段的牢固情况。

（2）准备安全警示牌、可燃气体检测仪、隔离警示带等。

（3）检查过滤器区及排污罐放空区域的周边情况，杜绝一切火种火源。

（4）检查、核实排污罐液位高度。

（5）准备相关的工具。

2. 操作步骤

（1）缓慢打开阀套式排污阀。

（2）操作阀套式排污阀时，要用耳仔细听阀内流体声音，判断排放的是液体或是气体，一旦听到气流声，立即关闭阀套式排污阀。

（3）同时安排人在排污罐处观察排污罐液位变化。

（4）待排污罐液面稳定后，记录排污罐液面高度。

（5）最后按规定做好记录。

（6）排污完成后再次检查各阀门状态是否正确。

（7）整理工具和收拾现场。

（8）向调控中心汇报排污操作的具体时间和排污结果。

3. 注意事项

（1）开启阀套式排污阀应缓慢平稳，阀的开度要适中。

（2）一旦听到气流声音，应快速关闭过滤器阀套式排污阀，避免天然气冲击波动。

（3）设备区、排污罐附近严禁一切火种。

（4）做好排污记录，以便分析输气管道内天然气气质和确定排污周期。

4. 风险和管控措施

汇管排污风险和管控措施见表 4-2-8。

表 4-2-8 汇管排污风险和管控措施

序号	风险	管控措施
1	站位不当开关阀门，有可能造成人身伤害	侧身操作，严禁正对阀门
2	开压油阀时操作过猛，气体进入污油罐冲击液面，可导致冒罐	开关阀门应缓慢、平稳操作
3	压油排污不当，导致排污不彻底或气体进入污油罐，影响后续工作	严格按照操作规程进行

第三节 天然气管道巡查及维护

天然气管道输送是通过输气管道连接上下游站场、沿线用户及下游门站，管道输送天然气到使用地点的一种运输方式，和其他运输方式的重要区别在于管道设备是静止不动的。

一、天然气管道输送方式

天然气管道输送的方式主要有以下三种：

（1）不增压输送：直接利用天然气已具有的压力不加压输送满足用户的用气需求。

（2）增压输送：天然气压力不能满足输气或用气压力要求时需设置增压装置来对天然气增压。

（3）两者同时兼备输送。

二、管道日常管理

集输气管线是天然气生产系统的重要组成部分，为加强集输气管线的运行管理，及时处理管线运行中存在的问题，确保管线安全平稳运行，需持续加强管道巡查及维护等日常管理。

（一）资料管理

（1）管线管理单位应建立所有管线管史台账，台账内容：管径、管长、壁厚、材质、设计压力、投产时间、历年的输气量、清管通球情况、管线运行中发生的问题、处理措施、管线维修情况（包括防腐层维修）等。管史台账要录入到单位生产信息系统内，实行动态管理，至少每季度将新信息补充完善 1 次。

（2）每条管线要建立日常运行记录，包括维修、补伤、覆土、补强、检测防腐层等内容，作为填写管史资料的依据，每年在规定日期内要以正式报告的形式总结每条管线上年运行情况、出现的问题、处理的结果，上报上级相关部门。维修记录按规定格式每季度填报 1 次。

（3）管道单位工程或技术部门负责新建集输气管线竣工资料、历次技术改造资料以及基层上报的管线运行情况报告资料的收集与管理。

（二）巡线管理

（1）每天对天然气主管线、燃料气管线等进行日常巡查，检查管道有无地面沉降、露管、位移、破损。

（2）每天对管线所经阀室、穿跨越、桁架、悬索、隧道、水工保护等配套工程进行日常巡查，掌握阀室运行数据，按日录取阀室 RTU 参数并做好记录，发现问题及时汇报。

（3）每天检查管道沿线阴极保护桩、里程桩、拐角桩、穿跨越桩、交叉桩、结构桩、设施桩、警示牌是否有缺失、偏移、倾斜、沉降、破损、字迹不清。

（4）每天对管线沿线保护电位、管道防腐涂层、沿线自然电位进行检测，保护电位应控制在 $-1.25 \sim -0.85$V，录取相关参数并做好记录，正确使用 PCM 管道电流测绘仪等仪器，并妥善保管。

（5）管线巡查过程中，如有不需材料投入且自身能够解决的小隐患，应主动整改落实（如小范围地面坍塌露管、阀室截水沟疏通、阀室排水等），负责阀室、穿跨越、桁架编号喷涂更新。

（6）巡检时两人一组，保持 5~10m，并且处于两人视线范围之内。巡检时尽量靠近管道中心线 5m。巡检并掌握站场周边 300m，管线、阀室周边 100m，跨越周边 200m 范围内占压情况以及管线两侧 100m 以内的民居拆迁统计工作，发现拆迁区内居民私自搭建违章建筑、开挖等情况及时制止并上报。

（7）巡检时佩戴气防器具、可燃气体检测仪（H_2S 检测仪器）、点火材料和相应工具。当检测出天然气（硫化氢）泄漏后，立即向所在的场（站）及管理处调度室汇报，逐级上报并进行警戒，在得到授权后开展相应工作。发现占压施工、盗窃管道配备物资时，及时向场（站）及管理处调度室汇报，并在确保自身安全的前提下进行制止；发现管线、阀室及配套设施出现需维修问题时，及时向场（站）及管理处调度室进行汇报，由场（站）及管理处调度室安排保运队伍进行维修，巡线人员应留在事发地点，向保运队伍进行现场交底，并监督施工，确认工作量。

（8）负责在建管线的施工质量监督和进度控制工作，建成管道及配套设施、阀室道路检维修的监督工作，配合管线的抢险工作，认真填写相关资料台账。

（9）巡线人员对现场做到“七清三无”。“七清”即管线走向清、管道埋深清、管线规格清、周边地质情况清、阀室基本知识清、应急处置程序清、故障判断清。“三无”即管道两侧 5m 内无深根植物、管道无占压、阀室周边无外人随意出入。

（三）异常天气巡检管理

（1）提高巡线人员在非正常情况下的应急反应能力和应急处置水平，要求巡线人员在雨雪天气条件下坚持巡检，对重点部位重点巡查，及时发现上报管道、阀室的异常情况。

（2）大雨、暴雨天气巡线人员在所属输气站待命，如发生紧急情况应立即到达现场。夏季高温天气，携带防暑降温用品，防止中暑。

（3）异常天气巡检注意事项。

①巡线时要求劳保穿戴齐全；

②巡线时防止蛇咬伤，随身携带蛇药、对讲机以及登山杖；

③巡线人员巡线时遇雷雨要迅速关闭手机，禁止在高大建筑物下、大树下避雨，防止滑摔、雷击。

（四）占压管理

（1）发现下列不法行为时，应该及时制止、书面告知相关责任人，并及时上报：

①擅自开启、关闭管道阀门；采用移动、切割、打孔、砸撬、拆卸等手段损坏管道；移动、毁损、涂改管道标志；在埋地管道上方、巡查便道上行驶重型车辆；在地面管道线路、架空管道线路和管桥上行走或者放置重物。

②在管道附属设施上方架设电力线路、通信线路。

③在管道线路中心线两侧各 5m 地域范围内，种植乔木、灌木、藤类、芦苇、竹子或者其他根系深达管道埋设部位可能损坏管道防腐层的深根植物；取土、采石、用火、堆放重物、排放腐蚀性物质、使用机械工具进行挖掘施工；挖塘、修渠、修晒场、修建水产养殖场、建温室、建家畜棚圈、建房以及修建其他建筑物、构筑物。

④在穿越河流的管道线路中心线两侧各 500m 地域范围内，抛锚、拖锚、挖砂、挖泥、采石、水下爆破。

⑤在管道专用隧道中心线两侧各 1km 地域范围内，采石、采矿、爆破。

（2）管道占压处理流程采取层层上报模式，发现管线占压，先对相关责任人进行《中华人民共和国石油天然气管道保护法》宣讲教育，并要求签《管线占压告知书》（签收原件由输气基层单位留存，复印件交公司 HSE 办公室备案；若拒签，巡线员工手持《管线占压告知书》在现场拍照）。

（3）若相关责任人拒绝避让管道、坚持占压行为，管理处编写汇报材料，详细描述管线占压的细节，确保无误后加盖基层单位印章后报公司 HSE 办公室、生产办公室等相关部门。

（五）管线安全检查

（1）每年汛期前由公司机关科室、管线管理单位对管线安全防汛进行检查，并向公司主管领导提供管线防汛报告。

（2）每年入冬前由公司机关科室、管线管理单位对管线过冬需要解决的问题进行全面检查，并向公司主管领导提交管线扫线等方面的报告。

（3）每年地方水利建设期间各基层单位要组织护线队对挖渠与管线交叉处派专人到现场监护，发现有损坏管线的行为立即制止。

（4）国家新建铁路、公路、通信电缆、高压电线、管道、河渠与公司所属管线发生矛盾时，基层单位获知信息后应立即上报公司生产技术办公室等部门，由公司生产技术办公室向上级机关反映，由上级机关组织相关部门同对方交涉。

（5）管线管理单位每年应组织 2 次管线检查，时间可以安排在 4 月和 9 月。4 月份检查，对查出的问题及时处理，为夏、秋雨季管线安全运行做好准备；9 月份检查修复雨季出现的问题，为管线冬季安全运行做好准备，夏、秋可能有损害管线的自然灾害，检查管线人为破坏情况和灾害对管线是否造成安全隐患，并分别写出调查报告，报公司技术办公室等部门。

（六）管线维护

（1）管线维护严格执行相应施工、验收技术规范，管线管理单位维护完成后要形成总结材料向公司技术办公室等部门汇报，并将维护记录录入公司信息系统。

（2）管道内防护必须使用缓蚀剂保护管道内壁，天然气在输送过程中宜再次分离、除尘、排除污物，当管道内有积水或污物时要及时进行清管作业，冬季要防止水化物堵塞管道，要向管道内加注防冻剂。

（3）管道阴极保护率100%，开机率大于98%，管道外防腐应采用绝缘涂层与阴极保护相结合的方法，阴极保护极化电位应控制在 –1.25 ~ –0.85V，站场绝缘、阴极电位、沿线保护电位应每月测 1 次，管道防腐涂层、沿线自然电位应每 3 年检测 1 次。

（4）防腐层修补要有专人负责，并做好每次防腐层修补的记录，防腐层修补要及时，发现一处就修补一处，减少管线的腐蚀损失。石油沥青防腐涂层破损、检修按《埋地钢质管道石油沥青防腐层技术标准》（SY/T 0420—1997）和《埋地钢质管道外防腐层修复技术规范》（SY/T 5918—2004）规定执行。其他类型的外防腐层破损修复、检修按《埋地钢质管道外壁有机防腐层技术规范》（SY/T 0061—2004）的规定执行。

（5）长输管线阀室设备维修，正常情况下每季度保养一次，日常发现问题及时进行维修，确保阀室设备完好。

（6）天然气管线窃气孔要及时发现及时掐除，掐除后焊补部位要进行防腐处理。

（7）管线架空、跨越段防腐应先将防腐部位的锈蚀、污物清理干净，恢复管线原色，然后开始防腐。防腐程序是：先刷防锈漆，待干后刷底漆，底漆干后刷面漆。

（8）集输气管线管架、阀门平台、管架拉绳维护应与架空管线维护同步进行，需防腐的部位相关处置程序执行。

（9）长输管线线路里程桩、检查桩损坏应及时恢复，保证标志准确，阴极电流检测能正常进行，动火按三级动火执行。

（10）管线局部裸露部分采取覆土的办法保护管线，覆土要夯实，底宽应大于管径 4 倍以上，高度高于管顶 50cm。管线两侧要留适当的坡度，必要时裸露部分加套管保护。

（11）管线穿越沟渠段的保护。枯水季节检查管线有无露出，两岸护坡有无裂缝和冲垮。如果有问题，河渠能断流时，可采取排干积水，挖出管线修补防腐层。穿越大河管线主流河道冲刷管线造成的管线悬空露管，严重威胁管线的安全运行，遇到这种情况可利用枯水季节水位浅、流量小，河水可修临时旁通水道引入下游。穿越管段应在每年汛期过后检查，每 2 ~ 4 年应进行一次水下作业检查，检查和施工宜在枯水季节进行。跨越管段及其他架空管段的保护按《油气管道架空部分及其附属设施维护保养规程》（SY/T 6068—2008）执行；挖出管线修补防腐层，管线裸露悬空段采取下沉或其他技术措施处理。

（12）长输管线阀室要定期对阀室房进行检查，发现漏水、渗水、门窗损坏立即组织维修。

三、阀室

（一）阀室分类

阀室在输气管道中，主要功能是接收管输原料气或商品天然气的压力、温度等参数值，检测压力有无异常下降等来判断输气管道运行状态，按它们在输气管道中所处的位置分为干线阀室和支线阀，目前阀室一般采用 RTU 阀室。

（二）阀室的功能

RTU 英文全称 Remote Terminal Unit，中文全称为远程终端单元，是安装在远程现场的电子设备，用来监视和测量安装在远程现场的传感器和设备。RTU 将测得的状态或信号转换成可在通信媒体上发送的数据格式。它还将从中央计算机发送来的数据转换成命令，实现对设备的功能控制。RTU 阀室是指可以通过阀室的 RTU 将阀室区域的压力、温度、安全仪表等的参数远传到中控室，从而实现阀室状况实时监控。

输气管道一旦破裂，快速截断阀能根据管线压降变化速率判断输气管道运行状态，产生报警信号并立即传输到中心控制室，提醒中心控制室人员现场管道出现异常，由中心控制室人员执行远程快速紧急关断操作，关闭后整改异常情况，然后由人工现场复位。选择全通径可通球、顶装式固定球结构的球阀作为截断阀，截断阀执行机构为气、液联动方式，该阀不需供电和外加能源。在管道破裂时依靠管道中的天然气压力，可自动切断管道，防止天然气大量外泄。

（三）阀室管理

阀室的安全运行主要取决于阀室的安全管理和维护。干线阀室是否安全平稳运行，涉及整个供气管输系统的安全平稳供气。

1. 阀室及输气管道的巡回检查

阀室设备和集输管道在投入运行后，需对各类设备及时进行巡回检查，以确保安全平稳运行。主要巡回检查内容为：

（1）巡线人员定时对各阀室及沿线管道进行巡查，检查工艺流程、设备等是否正常工作，各生产参数是否在控制范围内。

（2）中控室值班人员要定期对各阀室进行巡检，重点查看各阀室压力参数情况，并查看其历史数据，对于压力等参数出现长期没有任何变化波动等情况，可以判断是否变送器异常或数据传输异常，及时汇报、处理。

（3）中控室值班人员要定期对各阀室进行巡检，查看各阀室安全仪表系统参数情况，并查看其历史数据。对于固定式硫化氢检测仪、可燃探测器、感烟探测器和感温探测器等参数若出现长期较大飘离等情况，则可以判断为安全仪表异常或数据传输异常，要及时汇报、处理。

2. 阀室管道的管理要求

阀室设备管理要做到一准、二灵、三不漏。

一准是指阀室所涉及的各类计量器具、安全仪表等使用严格按照工作状态要求，做到准确无误。具体要求是：

（1）计量装置各部分的尺寸、规格、材质的选择和加工、安装应符合计量规程要求。

（2）计量仪表中的微机、变送器应配套，计量简便、快捷、准确。

（3）各种仪表选择、安装、配套、调校正确，在最佳范围内工作，误差不超过允许值。

二灵是指阀室设备或阀门灵活好用，通信设施灵敏、畅通无阻。具体要求是：

（1）各类阀门的驱动机构灵活、可靠，开关中无卡、堵、跳动等不良现象。

（2）安全装置、报警装置应随时处于良好工作状态，对压力变化反应灵敏、报警快。

（3）通信设备灵敏畅通。

（4）风机、空调等灵活好用，出现硫化氢泄漏情况时风机能按程序自动开启。

三不漏是指阀室工艺设备及流程不漏酸性天然气、不漏返输燃料气、不漏电。具体要求是：

（1）法兰、接头、盘根严密，设备管线固定牢固，试压合格。不得出现跑、冒、滴、漏现象。

（2）电气设备不得有外层残缺和漏电现象，站场防雷接地保护好。

（3）所有设备、仪表内外防腐良好，无锈蚀和防腐层脱落。

（四）巡线人员的工作标准

（1）巡线人员应该做到十清：

①管线设计基本情况（规格、设计输气量、压力等）清；

②管线材质情况清；

③管线走向清；

④管线埋深清；

⑤管线腐蚀情况清；

⑥阀室基本情况（位置、内部设施）清；

⑦阴极保护测试桩位置清；

⑧管线穿越、跨越（公路、铁路、河流）情况清；

⑨管线周围地形、地貌清；

⑩管线占压情况清。

（2）巡线过程中着装及佩戴安全用具需严格按照工作要求，无迟到、早退、脱岗现象，上级安排的工作完成率100%。

（3）标准化工作开展到位。保持阀室机柜间洁净、设备完好，地面无泥土、积水、污物、纸屑等。阀池地面整洁，不见杂物，无垃圾，阀池内无积水，池壁池底无污迹，排水通畅。BV阀、气缸、燃料气管线、酸气管线及附件整洁、规范，无锈蚀。阀室、隧道口、桁架围栏无锈蚀，警示标识齐全，围栏内地面整洁，无杂物，无垃圾，无杂草。巡线道路平整，无垃圾，无杂草，逃生标志清晰无破损。阀室设施及门窗干净、百叶窗齐全、无损坏；墙壁、灯具、空调、风扇无积尘、蛛网；地面清洁无杂物（纸屑、痰迹等）；工具杂物布局合理，摆放整齐，清洁卫生。

（4）阀室及附属设施设备标识规范、醒目、齐全，设备铭牌完整、清晰，挂牌运行。设备零部件保持完好，阀室设备定期保养，确保设备运行状态良好。

（5）管线配套工程的日常维护工作到位，例如配合拆卸阀室压力表、阀门除锈上漆润滑保养、门锁更换等。

（6）管道沿线“三桩”（转角桩、测试桩、标志桩）、警示标识、水保设施的巡护工作开展到位，“三桩”完好、齐全，管沟内管道无暴露、位移。

（7）阀室、穿跨越、桁架编号喷涂清楚，更新及时。

（8）清楚掌握管道两侧100m、站场周边300m范围内的居民分布情况，复查核实准确，更新及时。

（9）宣传《石油天然气管道保护法》、硫化氢防护相关知识到位，管线周边村民能了解相关知识。

（10）掌握站场、管线、阀室及穿跨越周边地质情况，雨季应加密巡检次数，及时发现隐患并汇报。

（11）掌握管道、阀室抢修，道路状况，发现问题及时汇报。

（12）掌握阀室内有无积水、电控仪表及工艺设备是否运行正常，按时录取有关参数并做好记录，发现问题及时汇报。

（13）按时参加应急预案演练，在应急状态下有自我保护和互救能力，熟悉逃生路线及安全集合点等。

（14）遵守劳动纪律，参加会议以及本单位组织的业务培训，尊重培训人员。参加考试（考核）遵守考试纪律。按时参加厂、区组织或安排的各类会议和活动，按时到站学习上级下发的相关文件，确保上级会议精神能得到贯彻落实。

第四节 场站及管道巡护常见故障处理

天然气输气站场设备主要有分离器（卧式和立式两种），收、发球筒，阀门（包括球阀、旋塞阀、闸阀等），汇管、管线（正常生产流程管线、排污管线、放空管线等），其他的如变送器（压力变送器和温度变送器）、温度表、压力表、计量仪表等，这些设备和仪表之间连接的方式主要有法兰连接、焊接和螺纹连接。最常发生泄漏的位置就是静密封点处，如法兰、螺纹接口处，但管线穿孔泄漏也时有发生，主要是管线弯头处，特别是排污管线和放空管线的弯头处。常见的泄漏有以下几种：

一、法兰间泄漏

1. 原因分析

（1）密封垫压紧力不足，法兰结合面粗糙，安装密封垫时出现偏装，螺栓松紧不一，两法兰中心线偏移。这些泄漏主要是由于施工、安装质量引起的，主要发生在投产阶段。

（2）由于脉冲流、工艺设计不合理，减振措施不到位或外界因素造成管道振动，致使螺栓松动，造成泄漏。

（3）管道变形或沉降造成泄漏。

（4）螺栓由于热胀冷缩等原因造成的伸长及变形，在季节交替时的泄漏主要由这种原因引起的。

（5）密封垫长期使用，产生塑性变形，回弹力下降以及塑片材料老化等造成泄漏，这种泄漏在老管线上比较常见。

2. 处置方法

首先降压和放空，采用重新拧紧螺栓方法处理，对于采用此种方法效果不好的，根据生产情况分别加以处理：如果可以停输，则关闭泄漏处两端阀门，进行放空置换后更换新垫片；对于不可停输的，则要及时采用法兰堵漏技术进行处理。根据现场使用情况，为了减少泄漏，法兰垫片最好根据法兰结构选用缠绕式金属垫片、金属圆环垫片或金属八角垫片。

二、管道泄漏

1. 焊接引起的泄漏

夹渣、气孔、未焊透、裂纹等焊接缺陷引起的泄漏，随着焊接技术的发展和施工质量以及检测手段的提高逐渐减少。

2. 腐蚀引起的泄漏

引起管道腐蚀的原因主要有：周围介质引起的均匀腐蚀；应力引起的腐蚀；氧和水引起的腐蚀；硫和细菌引起的腐蚀；氢引起的腐蚀；其他常见的还有原电池腐蚀等。

3. 冲刷引起的泄漏

由于冲刷原因造成站场泄漏的事故较多，比较容易出现此类故障的部位是管道弯头，特别是流速较快的弯头处，造成这种泄漏主要原因有：

（1）从加工角度来说，对于冲压成型和冷煨、热煨成型的弯头，弯曲半径最大的一侧存在着加工减薄量。

（2）天然气流速较快，流经弯头时，对管壁产生较大的冲刷力，在冲刷力的作用下，管壁金属不断地被带走，壁厚逐渐变薄，最后造成泄漏。

对于下游站场的弯头，由于上游的硫化铁铁粉等杂质跟随管线到达下游，这些杂质的存在，加速了磨损速度。天然气站场排污管线靠近排污池的弯头最容易穿孔，这也是因为排污管线排污频繁、气质脏，靠近排污池的气流速度非常快，造成磨损严重。

（3）预防措施。

①周期性清管，减少硫化铁铁粉；

②根据下游用气量做好管道末端气量的储存，尤其在冬季大气量来临之前，避免气流速度过快，导致管道里边扬尘，造成很大的磨损；

③做好设计，弯头厚度要加厚。

4. 振动引起的泄漏

管道的振动使法兰的连接螺栓松动，垫片上的密封比压下降，振动还会使管道焊缝内缺陷扩展，最终导致严重的泄漏事故。天然气管道振动的成因：

（1）管线内压力脉动引起管道的振动。气流的脉动是引起天然气管道振动的最主要的原因，长输天然气管道上常用压缩机给天然气加压，压缩机周期性地、间歇地进气和排气，结果引起管路内气流压力的脉动，当脉动气流从管线内传播碰到弯头、变径管、汇管以及盲板等处时，管道系统受到周期性的激振力，在激振力的作用下引起管道及其附属设备的振动。

（2）压缩机的振动引起管线的振动。当压缩机工作时，由于活塞存在往复惯性力及力矩的不平衡、旋转惯性力及力矩的不平衡、连杆摆动惯性力的存在以及机器重心周期性移动等各种复杂合力的作用，使压缩机工作时产生机械振动，从而引起与其相连管道的振动。

（3）风力引起的振动。当裸露的管子在受到风力作用时，会产生卡曼涡流效应，引起管子的振动。所谓卡曼涡流是指当流体垂直于管子流动时，在管子的背面将产生有规则的涡流，因而出现交替的横向力，称为卡曼涡流。

（4）共振引起管道剧烈振动。当激振力的频率和管道以及设备的固有频率相同时，会引起管道和设备强烈的振动。如：卡曼涡流的频率、脉动流的频率以及压缩机的振动频率和管道的固有频率相同时，会产生共振，有可能引起管子和设备的破毁。

管道减振可以通过两条途径来解决：控制管流的压力脉动；调整管系的结点，改变固有频率，减少振动，避免产生共振。

三、螺纹泄漏

目前，天然气站场常采用的 API 锥管螺纹连接，锥管螺纹包括圆螺纹、偏梯形螺纹，设计锥度为 1/8（半径方向），其密封是由内、外螺纹啮合的紧密程度决定的。由于结构设计的原因，啮合螺纹间存在一定的间隙。圆螺纹主要在啮合螺纹齿顶和齿底形成螺旋形通道，偏梯形螺纹主要在啮合螺纹导向面间，以及螺纹齿顶和齿底之间存在螺旋形通道。由于泄漏通道的存在，严重影响了 API 螺纹的密封性。在名义尺寸下，圆螺纹齿顶和齿底之间的间隙为 0.0762mm，偏梯形螺纹在齿导向面的间隙为 0.025mm，远大于天然气分子直径。所以从本质上讲，API 螺纹不具备密封能力，其密封性是通过使用螺纹脂里的一些固体物质（如铜、铅、锌和石墨等）来堵塞这些通道来获得，或通过表面处理（如镀铜、锌、锡等软金属）来减小间隙。要提高密封性能，必须有足够大的接触压力和足够小的螺纹间隙。温度变化时，螺纹连接部位可能发生应力松弛，也可能造成接触压力下降，使密封性能下降，振动也造成螺纹连接变松。

管螺纹密封的泄漏跟使用的密封材料有直接关系。我国普遍使用铅油麻丝、聚四氟乙烯胶带密封。铅油麻丝等溶剂型填料在液态时能填满间隙，固化后溶剂挥发，导致收缩龟裂，而且耐化学性能差，很容易渗漏。聚四氟乙烯胶带不可能完全紧密填充，调整时容易断丝，易堵塞管路阀门，而且聚四氟乙烯和金属摩擦系数低，管螺纹很容易松动，密封效果也不是很好。为了减少螺纹连接泄漏，建议采取以下措施：

（1）采用具有弹性密封环结构的螺纹连接；

（2）对于主干线连接的地方，采用焊接。

四、阀门外部泄漏

阀门由于受到天然气温度，压力，冲刷、振动腐蚀的影响，以及由于阀门生产制作中存在的缺陷，在使用过程中不可避免地产生泄漏，常见泄漏多发生在填料密封处、法兰连接处、焊接连接处、丝口连接处及阀体的薄弱部位上。

（1）连接法兰及压盖法兰泄漏，这种泄漏一般在降压情况下，通过拧紧螺栓得以解决。

（2）阀体泄漏：阀体的泄漏主要是由于阀门生产过程中铸造缺陷所引起的，天然气的腐蚀和冲刷造成阀体泄漏，这种泄漏常出现在调节阀上。

（3）填料泄漏：阀门阀杆采用填料密封结构处所发生的泄漏，长时间使用填料老化、磨损、腐蚀等使其失效，通过更换填料及拧紧能够解决。

（4）注脂嘴泄漏：一般是由于单向阀失效造成的，在压力不高的情况下注入密封脂可以解决。

（5）排污嘴泄漏：一旦发现需及时更换。

五、站场设备内漏

（一）阀门内漏的判断

（1）常关阀门后端为不带压管线或压力容器，根据压力容器压力的变化来判断阀门内漏。

平均每小时每英寸公称直径密封面的泄漏量用 V_x 表示：

$$V_x = \frac{0.39(P_2 - P_1)V_0}{TD}$$

式中 P_1——压力容器初始压力，MPa；

P_2——压力容器检查时压力，MPa；

V_0——压力容器容积，m^3；

T——时间，h；

D——管线公称直径，mm。

V_x 大于 $0.0157m^3/（h·mm）$，即认为该阀门内漏。

（2）当无法通过阀门后端的管线或容器来判断阀门是否内漏时，通过排污检查阀门内漏，缓慢打开阀门排污阀将阀腔内气体放空，如阀腔气体无法排空，即认为该阀门内漏。

（二）阀门内漏的处理

（1）通过阀位观察孔或手动检查阀门是否在全开位或全关位，如阀门不在全开位或全关位则进行调节。

（2）将球阀置于全开或全关位置（GROVE 球阀置于全关位置）。

（3）确定阀座密封脂注嘴的数量。

（4）对于已进行清洗、润滑维护的阀门，直接注入阀门密封脂。

（5）如阀门没有进行清洗、润滑维护，用手动或气动注脂枪，均匀地在各个注脂嘴中缓慢注入规定数量的阀门清洗液。

（6）1~2d 后，注入规定数量的阀门润滑脂，将阀门操作大约 2~3 次，使阀门润滑脂通过阀座涂到球上。阀门不能全开关时，应开关到可能的最大位。

（7）检查阀门是否仍存在内漏，如阀门仍存在内漏则执行以下步骤：

①将球阀置于正常运行状态的全开位或全关位。

②按照规定用量，用手动或气动注脂枪等量缓慢地将阀门密封脂注入阀门中。

③检查阀门是否仍存在内漏，如仍存在内漏，可以继续注入 50%~100% 规定用量的密封脂。

（8）如阀门仍存在内漏则说明阀座或球体已存在比较严重的损伤，需要进行更换阀座或维修。

（三）阀门内漏处理中的注意事项

（1）阀门内漏的处理以清洗、活动为主要解决方法，注密封脂密封为辅助手段。

（2）阀门内漏的检查和处理应尽可能在阀门全关的状态下进行。

（3）阀门的活动尽可能做全开关的活动，不能做全开关活动的阀门要尽可能大范围地活动阀门。

（4）清洗液和密封脂必须缓慢注入，尽量使用手动注脂枪进行操作。

（5）清洗液和密封脂在注入时注意观察注入压力的变化，注入压力不能超过阀门最大工作压力。

六、调压阀故障

（一）调压不正常

1. 分析原因

指挥器喷嘴被污物堵塞；指挥器喷嘴及挡板变形，损伤后关不严；阀芯及阀座刺坏；阀杆变形或被污物卡死。

2. 处理方法

清洗指挥器和调节阀，对已损零件进行修理或更换。

（二）调节阀突然开大

1. 分析原因

气开式为节流针阀堵或其导压管被堵；气关式为调节阀皮膜或指挥器膜片破裂，喷嘴被堵或节流阀前管道漏气。

2. 处理方法

清洗节流针阀或导压管；更换膜片，解堵或堵漏。

（三）调节阀突然关闭

1. 分析原因

气开式为喷嘴堵，气关式为针阀堵；气开式调节阀皮膜或指挥器膜皮破，指挥器至针阀导压管或接头漏气。

2. 处理方法

清洗指挥器和节流针阀；更换膜片，堵漏。

（四）调节阀振动

1. 分析原因

启动时振动是操作过急或指挥器开度与针阀开度配合不当；调节阀选择过大或过小。

2. 处理方法

平稳操作，节流针阀开度适当；更换调节阀。

（五）压力周期性波动

1. 分析原因

调压阀的阀后压力出现周期性波动是由于指挥器弹簧太软所致。

2. 处理方法

选择合适的弹簧。

（六）调节性能差

1. 分析原因

挡板与喷嘴不平行；指挥器喷嘴丝扣漏气；调节阀阀杆被下膜盖内的污物堵塞，增大摩擦；调节阀阀芯与阀座被刺坏。

2. 处理方法

进行调整；堵漏；清洗调节阀；更换阀芯或阀座。

（七）自力式调压阀阀后压力降不下来

1. 分析原因

指挥器弹簧变形或指挥器挡板与喷嘴的距离增大；调节阀的阀芯被刺穿；阀杆、阀芯被卡；节流针阀被卡死或堵塞。

2. 处理方法

按操作规程停运调压阀，放空调压阀管段内的余气；检查指挥器挡板与喷嘴的距离，若喷嘴漏气大，应检修指挥器，清洗喷嘴挡板机构；检查指挥器的弹簧是否变形，如果是，应更换相同规格的弹簧；检查调节阀的阀芯是否被刺穿，如果是，应更换阀芯；检查阀杆、阀芯是否被杂质所卡，如果是，应清洗调节阀，校正阀杆；检查节流针阀是否被关死或堵塞，如果是，清洗节流针阀。

七、分离器故障

（一）法兰或盲板泄漏

运行或升压过程中，使用皂液法检查，发现泄漏时必须立即切换流程，停运事故分离器，然后进行放空、排污、氮气置换操作，压力降为零后方可进行维修操作。

（二）分离器前后压差增大或流量减小

运行过程中，由于天然气杂质增多或固体颗粒较多，引起分离器前后压差增大，当超过规定压力值时，表明分离器内部出现堵塞，应及时停运进行检修。若两台以上分离器同时运行，当某台分离器后的流量计的流量值比其他支路小 30%（此设定值可在运行时调整）时，表明这路分离器可能堵塞，需进行检修。

八、输气管线堵塞

（一）输气管线堵塞的原因

（1）管线施工时带进泥土、石块、工具等被气流或者清管器在急转弯处挤到一起造成堵塞。

（2）输气过程中将气井或净化气的水分、污物带到管线，在低洼处或高坡下方集聚造成阻力，在严寒地区还容易结冰堵塞。

（3）在严寒地区，高压输送天然气容易造成水合物堵塞。生成水合物的主要条件是水分、温度和压力，在一定条件下，水合物总是在低温高压下形成，形成的次要条件是高速、紊流、脉动、急剧转弯等。

（二）输气管道堵塞的排除方法

（1）清管通球（器）排出污水、污物。

（2）采用清管通球（器）不能解堵时，则确定管线的堵塞位置。

（3）预防和消除水合物最根本的办法是天然气脱水，即把气体的露点降低到低于输气管线任何一点的温度。

（4）其他解决方法。

①放喷降压，分解已形成的水合物。当压力降低时，形成水合物的温度亦降低，当低于输气管当时的温度时，水合物则分解。

②加热天然气，即提高气体温度来破坏水合物的形成条件。

③向输气管线中加入化学反应剂（如甲醇）等。甲醇的作用在于它的蒸气与水蒸气形成溶液，使水蒸气变成凝析液。甲醇能吸收大量水分而降低气体的露点，使已形成的水合物分解或预防它的产生。

以上三种方法中，以方法③较好，方法②只用在站内设备防止水合物堵塞，长输管线上不采用。方法①的气体损失多，只有在管线堵塞时，作为解除事故的临时紧急措施。

九、管线压力突然升高

（一）一段管线压力突然上升的基本原因

（1）管网内气体流量增大。

（2）管网内有堵塞现象。

（3）管网内水合物增多，造成管线不流畅。

（4）相连管线阀门内漏严重，管线窜气等造成压力上升。

（二）管网压力上升的处理方法

（1）当管网压力的上升是由于管内气体流量增大引起时，则可通过调度，合理调整气源和用户以及装置的负荷来解决。

（2）当管网压力的上升是由于出口堵塞造成时，则应根据实际情况，为备用管线投用作准备，并适当进行放空，调整用户和装置的负荷，再对故障管线进行处理。

十、管线压力突然降低

（一）管线压力降低的基本原因

（1）个别装置停运，管网内气量降低。

（2）管线出现漏点。

（3）用户用气量增大。

（二）管网压力降低的处理方法

（1）当管线压力突然下降是由于个别装置停运造成时，可通过调度对下游用户用量进行适当调整，保证管网压力在规定的范围内。

（2）当管线压力突然下降，并且流量急骤增大时，判断为管线上面出现较大的漏点，需通过调度投用备用管线，当备用线投运正常后，对故障管线进行处理。

十一、清管作业卡球

（一）球停止运行故障

1. 原因

球与管壁密封不严而引起球停止运行。橡胶清管球质地较软，球下可碾进管内硬物

（如石块）而在管线低凹部或弯头处把球垫起，使球与管壁间出现缝隙而漏气，造成球停止运行。

2. 处理办法

（1）发第二个球顶走第一个球。第二个球的质量要好，球径过盈量较第一个球略大。

（2）增大球后进气量，提高推球压力。

（3）放空球前天然气，增大推球压差引球。

（4）（2）、（3）同时使用。

一般情况下，（1）法最好，（2）法次之，（3）和（4）两法尽量不用。

（二）球破裂故障

1. 原因

当清管球制作质量差，清管段焊口内侧太粗糙，或因输气管线球阀未全开时，可能将球剐破或削去一部分。

2. 处理方法

检查和判断球破原因，排除故障，常采用再发一个球推顶破球运行的方法。

（三）球推力不足故障

1. 原因

当输气管线内污水污物太多，球在高差较大的山坡上运行、球前静液柱压头和摩擦阻力损失之和等于推球压差时，球将不能推走而停止运行。此时可根据计算球的位置及管线高差图分析，当推球压力不断上升，推球压差增大，且计算所得球的位置又在高坡下时，可判断为推力不足。

2. 处理方法

一般采取增大进气量的方法，提高推球压力。当球后压力升高到管线允许工作压力时，球仍不能运行，则可采取球前排气的方法，增大推球压差，直到翻过高坡为止。

（四）卡球故障

1. 原因

当球后压力持续上升，球前压力下降，推球压差已高于管线最大高差的净水压头1.2~1.6倍以上时球仍不运行，则球可能因管线变形或石块泥沙淤积堵塞而被卡。

2. 处理方法

首先采取增大进气量的方法，提高推球压力，排放球前天然气引球解卡。在用此法解卡时，要注意球后升压和球前放空都不能猛升猛放，避免球解卡时速度较快而产生很大的冲力，引起设备和管线振动。若此法不能解卡，则只能球后放空，球前停止输气，使球反向运行，再正向运行。若堵塞物太多或管线变形较严重，球正向运行到原卡球处仍然被卡，则应将管线放空，根据容积法计算球的位置，割开管线，清除堵塞物的石块污物或更换变形的管段。

第三章　应急管理

第一节　应急管理概述

多年来，各类突发事件频繁发生，严重影响了社会和人民生命财产安全。如何有效地处理这些突发事件，减轻突发事件所带来的危害，减少和预防此类事件的再度发生，提高面向突发事件的应急应对能力，组织社会多方面资源有效防范和控制各类突发事件的发生及蔓延、全面开展科学的应急管理研究，更是科学发展的迫切需要。

一、突发事件

（一）突发事件的概念

突发，顾名思义就是突如其来的、出乎预料的、令人猝不及防的状态；事件，则是指历史上或社会上发生的大事情。学术界研究的突发事件是指影响到社会局部甚至社会整体的大事件，而不是个人生活中的小事件。在汉语中，关于“突发事件”的近似说法有“紧急事件”“紧急情况”“非常状态”“戒严状态”等。

2007 年我国颁布、实施的《突发事件应对法》将突发事件界定为：“突然发生，造成或者可能造成严重社会危害，需要采取应急处置措施予以应对的自然灾害、事故灾害、公共卫生事件和社会安全事件。”

欧洲人权法院对突发事件的解释是：一种特别的、迫在眉睫的危机或危险局势，影响全体公民，并对整个社会的正常生活构成危险。

澳大利亚在 1999 年的《紧急事件管理法》中明确了紧急事件是指已经发生或者即将来临的，需要做出重大决策、协调一致的事件。

美国对突发事件的定义：由美国总统宣布的、在任何场合、任何背景下，在美国的任何地方发生的需联邦政府介入，提供补偿性援助，以协助州和地方政府挽救生命、确保公共卫生及财产安全或减轻、转移灾难所带来威胁的重大事件。

（二）突发事件的特点

1. 突发性和紧迫性

突发事件往往是平素积累起来的问题、矛盾冲突因长期不能得到有效解决，在突破一定的临界点后突然爆发。它看似偶然，实为必然。突发事件的发生要求应急管理人员能够在巨大的时间、成本和心理压力之下，迅速调动可以掌握的一切人力、物力和财力，进行有效应对，控制事态发展，消除不利的后果与影响。所以，突发事件应急管理要坚持预防为主的原则，防微杜渐。同时，要按照“不求所有、但求所用”的思想，开展应急社会动员。突发事件发生时，应急需求会迅速膨胀；突发事件结束后，应急需求会突然减少。

2. 不确定性

不确定性是人们认识世界的局限性导致的，它是人们在现有知识的基础上对世界以及事物的看法和决定。突发事件从始至终都处于不断的变化的过程中，人们很难根据经验对其发展方向做出明确的判断。特别是在经济全球化背景下，各种因素交织、互动，前所未有的新型突发事件不断涌现，更加剧了突发事件的不确定性。突发事件一旦得不到有效地遏制，就有可能产生“蝴蝶效应”，产生次生、衍生灾害。

3. 危害性

突发事件可能会使社会公众在健康、生命和财产方面遭受重大的损失，并干扰、破坏社会正常运行的秩序，甚至使政府的合法性面临挑战，因其影响对象是社会公众群体，则往往带有很强的社会性。

4. 扩散性

扩散性包括两方面的含义：一是突发事件往往会突破地域限制，向更广的地理范围、空间范围扩张；二是突发事件会引发次生灾害，形成一个灾害的链条。前者要求我们建立区域应急联动、流域应急联动甚至国际应急联动机制，后者要求我们加强各个相关部门之间的应急合作与协调。随着经济全球化、工业化等因素快速发展，当前突发事件呈现出新的特点：强度加大、数量最多、叠加现象时常发生。灾害造成的损失和影响呈现强度大和叠加放大效应。

（三）突发事件的分类

根据发生原因、机理、过程、性质和危害对象的不同，我国突发事件被分为四大类：自然灾害、事故灾害、公共卫生事件和社会安全事件。

1. 自然灾害

自然灾害主要包括：干旱、洪涝、台风、冰雹、沙尘暴等气象灾害，地震、山体滑坡、泥石流等地震地质灾害，风暴潮、海啸、赤潮等海洋灾害，森林草原火灾，农作物病虫害等生物灾害，共五小类。由于所处的自然地理环境和特有的地质构造条件的不同，我国是世界上遭受自然灾害侵袭最为严重的国家之一。特大自然灾害频发，给社会生活造成了巨大的损失，对公众的生命、健康与财产安全提出了严峻的挑战。特别是在全球气候变化的背景下，我们必须着力防范极端天气所引起的自然灾害。这其中以气象灾害最为突出。由气象灾害造成的国民经济损失每年达到千亿元，占国内生产总值的3%~6%。中国每年受到气象灾害损失影响的人口约6亿人次，造成的直接经济损失约为2000亿元。

2. 事故灾害

事故灾害主要包括：公路、铁路、民航、水运等交通运输事故，工矿、商贸等企业的安全生产事故，城市水、电、气、热等公共设施、设备事故、核与辐射事故，环境污染与生态破坏事件等。由于各类企业安全保障能力总体较弱，一些地方和企业安全生产责任不落实、措施不得力、监管不到位，加之市场供求关系等多方面的原因，我国安全生产形势严峻，煤矿、交通等重特大事故频发，给人民群众生命财产安全造成严重损失。

3. 公共卫生事件

公共卫生事件主要包括：传染病疫情、群体性不明原因疾病、食物与职业中毒、动物疫情及其他严重影响公众健康和生命安全的事件。目前，人类消灭的传染病病毒只有天花一种。全球新发的30种传染病中有一半已经在我国发现。重大传染病和慢性病流行仍比较严重，职业病危害呈上升趋势，食品药品安全事故多发。如2008年在我国爆发的“禽流感”属于该类事件。

4. 社会安全事件

社会安全事件主要包括恐怖袭击事件、经济安全事件、民族宗教事件、涉外突发事件、重大刑事案件、群体性事件等。我国正处于人民内部矛盾的凸显期、刑事犯罪的高发期和对敌斗争的复杂期。同时又面临着众多非传统安全因素的挑战，波及范围广、涉及人数多的金融犯罪活动增多，利用计算机网络等高科技手段从事侵财和破坏的犯罪活动频发。因而，绝不能对社会安全事件的防范与处置有丝毫懈怠和麻痹，特别是要建立社会公众的利益表达机制和矛盾协调处理机制，标本兼治，根除社会安全事件滋生的土壤。

（四）突发事件的分级

在我国，按照社会危害程度、影响范围、突发事件性质等，将自然灾害、事故灾害、公共卫生事件分为四级。法律、行政法规或国务院另有规定的，从其规定，比如核事故等级的划分等。

突发事件的4个分级，即Ⅰ级（特别重大）、Ⅱ级（重大）、Ⅲ级（较大）和Ⅳ级（一般），根据颜色对人的视觉冲击力的不同，依次用红色、橙色、黄色和蓝色表示。

（1）蓝色预警（Ⅳ级）。预计将要发生一般以上的突发公共安全事件，事件即将临近，事态可能会扩大。

（2）黄色预警（Ⅲ级）。预计将要发生较大以上的突发公共安全事件，事件即将临近，事态有扩大的趋势。

（3）橙色预警（Ⅱ级）。预计将要发生重大以上的突发公共安全事件，事件即将临近，事态正在逐步扩大。

（4）红色预警（Ⅰ级）。预计将要发生特别重大的突发公共安全事件，事件会随时发生，事态在不断蔓延。

之所以用不同颜色标注不同的突发事件等级。一是比较醒目，方便判断和识别；二是方便弱势群体如文盲辨识。但是，社会公众必须接受一定程度的公共安全教育，否则，难以确知各种不同颜色的含义。

突发事件分级的主要意义在于：规定我国各级人民政府对突发事件的管辖范围。一般和较大的突发事件分别由县和地级市人民政府领导，重大的突发事件由省级人民政府领导，特别重大的突发事件由国务院统一领导。这是因为我国应急资源的配置特点是：政府的行政级别越高，所掌控的应急资源越丰富，处置突发事件的能力也就越强（表 4–3–1）。

表 4–3–1　突发事件等级与响应主体的关系

应急组织	特别重大（Ⅰ级）红色	重大（Ⅱ级）橙色	较大（Ⅲ级）黄色	一般（Ⅳ级）蓝色
国家	√			
省级		√		
市级			√	
县级				√

对于突发事件的分级，我们必须注意以下几点：第一，我国对突发事件分级的具体标准有待进一步明晰化；第二，突发事件处于不断的演进过程，分级是动态的；第三，当突发事件情势不够明朗时，分级应遵循“就高不就低”的原则；第四，分级要突出“三敏感”的原则，即对敏感时间、敏感地点和敏感性质的事件定级要从高。

按照事故性质、严重程度、可控性和社会影响程度，中国石化集团公司事故总体分级一般分为四级：Ⅰ级事故（集团公司级）、Ⅱ级事故（企业级）、Ⅲ级事故（企业下属单位级）、Ⅳ级事故（企业基层站队级）。

（五）突发事件的“蝴蝶效应”

所谓“蝴蝶效应”是指事物未来发展的结果对初始条件具有极为敏感的依赖性，即最初的微不足道只要具备合适的条件，最终的变化发展同样可以影响一种格局。气候学家洛伦兹对这一效应的形象表述是“热带一只蝴蝶偶尔地扇动翅膀可以引起一场龙卷风”。所以一个坏的微小的机制如果不及时加以引导、调节，可能会带来非常大的危害，甚至是“风暴”。由此可见在对个别突发事件的管理时应关注细节，注重关联，控制全局。如果对事件盲目处理，一件小事可能会对其他人产生不良影响，形成“蝴蝶效应”。这不仅影响人们正常生产生活，还会危害社会的安全。所以处理小事件应从多方面着手，谨慎地做好准备与预防工作，避免形成负面影响。社会安全事件经常体现出发展变化的“蝴蝶效应”。

十九届三中全会通过的《中共中央关于深化党和国家机构改革的决定》指出，深化党和国家机构改革是推进国家治理体系和治理能力现代化的一场深刻变革。2018年，应急管理部的挂牌成立，将分散在国家应急管理部、国务院办公厅、公安部（消防）、民政部、自然资源部、水利部、农业农村部、林业局、地震局以及防汛抗旱指挥部、国家减灾委、抗震救灾指挥部、森林防火指挥部等的应急管理相关职能进行整合，在很大程度上实现对全灾种的全流程和全方位的管理，有利于提升公共安全保障能力。重要意义在于一是有利于部门协同，有利于社会组织与政府的对接，提升政府与社会组织的协同绩效；二是有利于流程优化，将应急响应与日常管理统筹起来，有利于提升日常的预防与准备，推动风险的源头治理，从根本上保障人民群众的生命财产安全；三是有利于标准统一，有利于行为标准的统一，提升应急管理的科学性与规范性。

二、应急和应急管理

（一）应急的概念

“应急”由两部分组成：①作为动词的“应”一方面指人受到刺激而发生的活动和变化。“应”的另一方面指对待的意思，如应付、应对。②“急”是指迫切、紧急、重要的事情，是一个相对概念，对于不同大小、类型、复杂程度的组织，“急”的内容有很大差异。

根据对“应”和“急”的解析，现将应急的内涵定义为：人类面对正在发生或预测到的紧急状况时所采取的活动和应对措施。

1. 应急的主体

应急的主体，即个人、组织和社会。根据主体的不同，应急可以分为以下四类：

（1）组织机构应急，即影响单个组织单位的客观紧急事件。

（2）行业应急，即影响整个行业的客观紧急事件。

（3）区域应急，即影响某一区域的客观紧急事件。如火灾、内涝、台风灾害等会影响某个区域，应对这些紧急事件需要调动区域中社会各方面的力量。

（4）国家应急，即影响到国家的客观紧急事件。如甲型HINI流感、SARS事件以及2008年初影响南方诸多省市的低温雨雪灾害等，这类事件影响到国家的各个方面，需要整合国家或世界的力量进行应对。

2. 应急的客体

应急的客体，即客观发生或可能发生的紧急状况。根据应急客体的影响程度不同，主要分为以下两类：

（1）常规应急，即某类事件足以影响主体的利益，但主体可根据经验或事先的准备进行应对处理，使生产生活恢复到正常情况。典型的常规应急主要包括火灾、爆炸、交通事故等，这些事件发生的具体细节可能不尽相同，但训练有素的应急人员通常能够提供结构化的解决方案，知道什么时候该做什么、该如何去做，从而达到将损失减少到最低程度的目的。

（2）非常规应急，即某类事件足以影响主体的利益，但主体无法根据经验或事先的准备进行处理，只能借鉴其他紧急状况的处理方式，根据信息反馈及时调整处理方案。这类事件的应急结果有可能会将损失降到较低程度，也有可能由于决策失误而造成较大的损失。

（二）应急管理

应急管理是近年来管理领域中出现的一门新兴学科，是一门综合了运筹学、战略管理、信息技术以及各种专业知识的交叉学科，它以专门研究突发公共事件现象及其发展规律为基础，旨在以最合理最经济的方式减少紧急状况带来的损失。

1. 应急管理的概念

应急管理是指应用管理学的知识对应急行为人和事务进行管理，在紧急状况发生或预测发生时，确切知道要针对性地去做什么并注意采用最佳最经济的管理方法去应对。这里所说的紧急状况有可能正在发生，如高速公路上突降大雾，对行车、人造成了极大的安全隐患，需要紧急关闭高速公路；也有可能预测将要发生的状况，如台风登陆前，预测到台风登陆地点，需要通过紧急搬迁来确保居民的安全。在紧急状况发生或预测发生时，由于时间紧迫，需要明确各类人员的职责，避免出现混乱，增加指挥协调的难度，同时也需要监督、控制各类人员的行为，提高整体和全局效益。

需要注意的是，灾害发生后，应急行为可以减少个人、组织和社会的损失，它的出发点和目的都是符合人类需要的，但同其他社会行为一样，需要考察这一行为的效益。特别是在日益复杂的法制化社会中，应急行为的效益更加重要，不能因为需要应对紧急事件而制造出更多的紧急事件，也不能不计成本地减少当前紧急事件带来的损失。所以在应对紧急事件时，需要提高应急行为的效益，全面提升应急管理水平。

2. 应急管理的对象

有效地进行应急管理，需要明确具体的管理对象。应急管理对象是指引发应急管理行为的状况。与应急的客体类似，根据状况发生的特点和类型，可将应急管理对象分为两类：一类是突发事件、自然灾害和技术灾害，另一类是社会和经济风险。

（1）突发事件、自然灾害和技术灾害。国务院《国家突发公共事件总体应急预案》

将突发公共事件界定为突然发生、造成或者可能造成重大人员伤亡、财产损失、生态环境破坏、严重社会危害和危及公共安全的紧急事件。将自然灾害归入突发公共事件，在此单独列出，旨在强调自然灾害的重要性。每年自然灾害都会给我国的社会和经济造成严重的危害，重大突发性自然灾害包括：旱灾、洪涝、台风、风暴潮、冻害、雹灾、海啸、地震、火山爆发、山体滑坡、泥石流、森林火灾、农林病虫害等。自然灾害一般具有区域特征，有的自然灾害也可能影响到我国的大部分地区，如 2008 年初的冰冻雨雪灾害。自然灾害也可能会衍生出其他灾害，如大雪阻断交通导致城市居民的日常供给受到影响，如果不能及时解决有可能会造成重大人员伤亡。现代科学技术对工、农业发展产生了极大的推动作用。然而，由于人们在应用科学技术中行为失当和管理失误而造成的各种工业事故，特别是重特大工业事故，带来的是巨大的人员伤亡和经济损失。

突发事件、自然灾害和技术灾害具有以下特点：①事件本身容易识别。当灾害发生时，人们通常能借助仪器或自身感知到灾害传递的信息，并能够比较迅速地进行灾害识别。②事件的影响能够被观察和分析。人们往往具有处理这类紧急事件的先验知识，在事件发生时能够根据历史经验或类似知识进行处理。③事件处理时间具有很强的限制性。如果不能在有限的事件内进行紧急处理，损失将会迅速增加。如运输过程中危险化学品发生泄漏，如果不能及时制止泄漏、并对泄漏的危险品进行稀释等处理，污染范围将会迅速扩大造成人员伤亡。

（2）社会和经济风险。社会和经济风险是指社会和经济在运行过程中，可能发生的影响社会或经济发展的事件。社会和经济风险在很多时候是不易被察觉的，如 2008 年的美国次贷危机，在开始时并没有引起人们警觉，而当事件转变为金融危机时，对其采取应对措施就很难扭转乾坤。社会和经济风险具有以下特征：①风险不易识别。现代社会信息产生的数量极其庞大，且其传递速度非常之快，实时监控社会中的所有动态情况几乎无法实现，需要有组织的系统识别社会经济风险信息。②风险具有累积效应。很多社会经济事件具有累积效应，刚开始并没有表现出其有害的一面。如中国台湾股市曾经疯狂上涨之后又迅速下跌，在上涨时，社会经济一片繁荣景象，直到下跌时，才严重影响到中国台湾的经济。③风险的处理时限是模糊的。此类事件的处理时间并没有严格限制，因为历史本身不可重现，对于同一事件在不同社会环境应该具有不同的处理方法。不过世界各国的历史和现实提供了很多可供参考的案例，所以理论上可以确定比较恰当的处理时间。

（三）应急管理的特征及流程

处理突发事件的应急管理行为，需要广泛动员社会各种力量相互协作地参与其中，通常具有以下特征和基本流程。

1. 应急管理的特征

通过整合组织、资源、行动等各应急要素，所形成的一体化应急管理系统具有以下特征：

（1）多主体的应急组织体系。应急管理活动所形成的组织体系是一个由政府部门和各种社会机构共同组成的多主体形态，其中社会机构包括诸如新闻媒体、工商企业等。

（2）统一指挥、分工协作的应急体制。多主体的组织结构在应急管理活动中需要明确的职责分工，且要求统一指挥和相互协作的工作方式。

（3）快速反应的应急机制。灾害事件的突发性和随机性，决定了应急管理活动必须具有快速反应能力。应急管理多是为应对突发事件，事关生命、全局，应急管理响应速度的快慢直接决定了突发事件所造成危害的强弱。

（4）高效的应急信息系统。及时准确地收集、分析和发布应急信息是应急管理早期预警和制定决策的前提，利用现代化的信息通信技术，建立信息共享、反应高效的应急信息系统是应急管理体系的重要特征。

（5）广泛的应急支持保障。应急管理系统必须要有技术、物资、资金等多方面的支持保障：合理物资储备为应对突发事件提供物力财力保障；调动专业机构和技术人员参与应急活动，为应对突发事件提供技术保障。

（6）健全的应急管理法律法规。应急管理需要决策者采取特殊的应对措施，健全的应急管理法律法规能够为应急活动提供有力的法制支持。

2. 应急管理的基本流程

与一般事件的生命周期相同，突发事件往往也具有潜伏期、形成期、爆发期和消退期。以综合性应对突发事件为目的，应急管理的基本流程可分为预防、准备、应对和恢复四个阶段（见图 4-3-1）。四个阶段构成一个循环，每一阶段都起源于前一阶段，同时又是后一阶段的前提，有时前后两阶段之间会存在交叉和重叠。

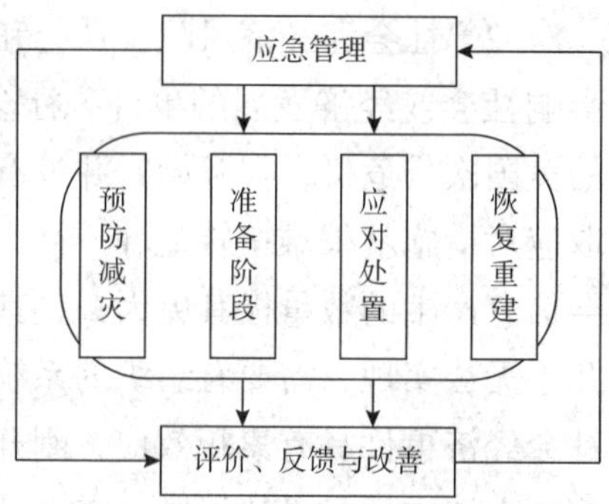

图 4-3-1　应急管理基本流程图

（1）预防阶段。又称为减灾阶段，是指在突发事件发生之前，为了消除突发事件出现的机会或者为了减轻危机损害所做的各种预防性工作。在应急管理中预防有两层含义：第一层是事故的预防工作，即通过安全管理和安全技术等手段，尽可能地防止事故的发生，实现本质安全化；第二层是在假定事故必然发生的前提下，通过预先采取的预防措施，来达到降低或减缓事故的影响或后果严重程度。任何企业都应该在生产过程中对预防工作引起高度的重视，防患于未然。主要内容包括：预防事故发生、降低事故损失、延缓事故进程等所采取的措施；完善和制定规章制度、操作规程、安全责任制；加强教育培训，提高素质，实行标准化作业；“三同时”，满足井下作业安全条件；经常的安全检查和隐患排查、治理；经常性的设备维护保养、定期检验；其他等。预防阶段的主要工作内容可概括为：危险源辨识、风险评价、风险控制。突发事件有多种多样，有些可以被缓解，有些却无法避免，但可以通过各种预防性措施减轻其危害。在这个阶段，尤其要注重风险评估，尽可能预测和事先考虑到在哪些环节会出现哪些风险，并采取相应的预防措施以减少风险，防患于未然。

（2）准备阶段。是指针对特定的或潜在的突发事件所做的各种应对准备工作。主要包括两方面措施：一是制定各种类型的应急预案；二是设法增加灾害发生时可调用的资源（技术支持、物资设备供应、救援人员等）。准备的目标是保障重大事故应急救援所需的应急能力，主要集中在发展应急操作计划及系统上。详细内容包括：危险源的管理；应急预案管理；应急组织机构的建立及职责分工；各类人员的应急知识、技能培训演练；应急设备、物资、器材准备；各项应急管理制度的建立完善；与外部应急救援组织的协调和联络；应急管理体制和机制的建立等。准备阶段的主要工作内容可以概括为：预案编制、建立预警系统、进行应急培训和应急演练。

（3）应对阶段。也称应急响应，是指在突发事件发生发展过程中所进行的各种紧急处置和救援工作。响应的目的，是通过发挥预警、疏散、搜寻和营救以及提供避难所和医疗服务等紧急事务功能，尽可能地抢救受害人员，保护可能受到威胁的人群；尽可能控制并消除事故，最大限度地减少事故造成的影响和损失，维护经济社会稳定和人民生命财产安全。响应阶段的详细内容包括：突发事件信息收集、等级评估、救援方案的制定、现场事态控制、现场受害人员的抢救与治疗、周围群众的疏散、现场贵重或危险物资的抢救、事故现场环境保护与监测、事故现场保护等；应急保障；环境监测；应急救援终止；事故的报告与报警；应急处置等。响应阶段的主要工作内容可以概括为：情况分析、预案实施、展开救援行动、进行事态控制。在应急响应阶段，需要注意的是各种紧急救援行动的实施要防止二次伤害。

（4）恢复阶段。是指在突发事件得到有效控制之后，为了恢复正常的状态和秩序所进行的各种善后工作。恢复工作应在事故发生后立即进行，它首先使事故影响地区恢复相对安全的基本状态，然后继续努力逐步恢复到正常状态。要求立即开展的恢复工作包括事故损失评估、事故原因调查、清理废墟等；长期恢复工作包括厂区重建和社区的再发展以及实施安全减灾计划。恢复阶段主要工作内容为：影响评估、清理现场、常态恢复、预案评审。

三、应急管理工作内容

应急管理工作内容概括起来叫作“一案三制”。

“一案”是指应急预案，就是根据发生和可能发生的突发事件，事先研究制订的应对计划和方案。应急预案包括各级政府总体预案、专项预案和部门预案，以及基层单位的预案和大型活动的单项预案。

“三制”是指应急工作的管理体制、运行机制和法制。

一要建立健全和完善应急预案体系。就是要建立“纵向到底，横向到边”的预案体系。所谓“纵”，就是按垂直管理的要求，从国家到省到市、县、乡镇各级政府和基层单位都要制订应急预案，不可断层；所谓“横”，就是所有种类的突发公共事件都要有部门管，都要制订专项预案和部门预案，不可或缺。相关预案之间要做到互相衔接，逐级细化。预案的层级越低，各项规定就要越明确、越具体，避免出现“上下一般粗”现象，防止照搬照套。

二要建立健全和完善应急管理体制。主要建立健全集中统一、坚强有力的组织指挥机构，发挥我们国家的政治优势和组织优势，形成强大的社会动员体系。建立健全以事发地党委、政府为主、有关部门和相关地区协调配合的领导责任制，建立健全应急处置的专业队伍、专家队伍。必须充分发挥人民解放军、武警和预备役民兵的重要作用。

三要建立健全和完善应急运行机制。主要是要建立健全监测预警机制、信息报告机制、应急决策和协调机制、分级负责和响应机制、公众的沟通与动员机制、资源的配置与征用机制、奖惩机制和城乡社区管理机制，等等。

四要建立健全和完善应急法制。主要是加强应急管理的法制化建设，把整个应急管理工作建设纳入法制和制度的轨道，按照有关的法律法规来建立健全预案，依法行政，依法实施应急处置工作，要把法治精神贯穿于应急管理工作的全过程。

第二节　岗位应急处置卡

应急管理的根本任务就是提出合理方案应对突发事件，且要求此应对方案具有可操作性、准确性和经济性。应急预案平时导引应急准备，战时指导应急救援，是应急管理的核心和基础。基层单位是企业的细胞，基层的生产安全是企业安全生产的基石，基层的现场应急处置方案和岗位应急处置卡是做好企业应急准备的前提条件。

一、应急预案体系

（一）应急预案的特点

应急预案是为有效预防和控制可能发生的事故，最大程度减少事故及其造成损害而预先制定的工作方案。它是在危害识别的基础上，针对发生或可能发生的具体应急事件制定的由组织机构、职责、程序和方法组成的，应对紧急情况预先做好的行动方案。其特点如下：

（1）合法性：符合中华人民共和国宪法和有关的法律法规、标准。

（2）合理性：在符合法律、法规、标准和规章制度的基础上，应符合企业特点和现状，不能写成通用的理论公式和放之四海而皆准的条款。

（3）可操作性：操作条款要真实有效，条款的操作符合法律法规、标准和规范的要求。

（4）前瞻性：对于科学技术的发展有余地。

（5）实用性：简单、实用、有效。

（6）经济性：符合企业的经济水平，符合职工利益，并追求利益的最优化原则。

（二）应急预案体系

自2003年国家“一案三制”应急管理体系建设工作提出后，各方面积极开展生产安全事故应急预案编制工作，并持续修订完善，已形成了“总体预案 + 专项预案 + 现场处置预案”的三级应急预案体系。

安全生产应急预案体系的基本建立，对于提升企业应急处置能力，减少事故损失发挥了重要作用。2016年修订后的《生产安全事故应急预案管理办法》，更提出了简明、易记、管用、好用的优化要求，对企业开展应急预案优化，岗位应急处置卡编制，提高应急预案质量，发挥应急预案作用明确了方向。

《生产安全事故应急预案管理办法》第六条规定，生产经营单位应急预案分为综合应急预案、专项应急预案和现场处置方案。

综合应急预案，是指生产经营单位为应对各种生产安全事故而制定的综合性工作方案，是本单位应对生产安全事故的总体工作程序、措施和应急预案体系的总纲。

专项应急预案，是指生产经营单位为应对某一种或者多种类型生产安全事故，或者针对重要生产设施、重大危险源、重大活动防止生产安全事故而制定的专项性工作方案。

现场处置方案，是指生产经营单位根据不同生产安全事故类型，针对具体场所、装置或者设施所制定的应急处置措施。

《生产安全事故应急预案管理办法》第十九条规定，生产经营单位应当在编制应急预案的基础上，针对工作场所、岗位的特点，编制简明、实用、有效的应急处置卡。应急处置卡应当规定重点岗位、人员的应急处置程序和措施，以及相关联络人员和联系方式，便于从业人员携带。

二、应急预案管理

生产安全事故应急预案（以下简称应急预案）的管理包括应急预案的编制、评审、公布、备案、宣传、教育、培训、演练、评估、修订及监督管理工作，应急预案的管理实行属地为主、分级负责、分类指导、综合协调、动态管理的原则。

国家应急管理部负责全国应急预案的综合协调管理工作。县级以上地方各级安全生产监督管理部门负责本行政区域内应急预案的综合协调管理工作。县级以上地方各级其他负有安全生产监督管理职责的部门按照各自的职责负责有关行业、领域应急预案的管理工作。

生产经营单位主要负责人负责组织编制和实施本单位的应急预案，并对应急预案的真实性和实用性负责；各分管负责人应当按照职责分工落实应急预案规定的职责。

三、应急预案编制

（一）应急预案编制一般要求

生产经营单位应当根据有关法律、法规、规章和相关标准，结合本单位组织管理体系、生产规模和可能发生的事故特点，确立本单位的应急预案体系，编制相应的应急预案，并体现自救互救和先期处置等特点。

风险种类多、可能发生多种类型事故的生产经营单位，应当组织编制综合应急预案。综合应急预案应当规定应急组织机构及其职责、应急预案体系、事故风险描述、预警及信息报告、应急响应、保障措施、应急预案管理等内容。

对于某一种或者多种类型的事故风险，生产经营单位可以编制相应的专项应急预案，或将专项应急预案并入综合应急预案。专项应急预案应当规定应急指挥机构与职责、处置程序和措施等内容。

对于危险性较大的场所、装置或者设施，生产经营单位应当编制现场处置方案。现场处置方案应当规定应急工作职责、应急处置措施和注意事项等内容。事故风险单一、危险性小的生产经营单位，可以只编制现场处置方案。

生产经营单位应当在编制应急预案的基础上，针对工作场所、岗位的特点，编制简明、实用、有效的应急处置卡。应急处置卡应当规定重点岗位、人员的应急处置程序和措施，以及相关联络人员和联系方式，便于从业人员携带。

生产经营单位编制的各类应急预案之间应当相互衔接，并与相关人民政府及其部门、应急救援队伍和涉及的其他单位的应急预案相衔接。

（二）综合预案的内容实例

1 总则

1.1 编制目的

1.2 编制依据

1.3 适用范围

1.4 衔接预案

1.5 应急预案体系

1.6 应急预案启动条件

2 事故风险描述
3 应急组织机构及职责
3.1 应急组织体系
3.2 组织机构与职责
4 应急响应
4.1 信息报告
4.2 预警
4.3 应急启动
4.4 应急处置
4.5 应急终止
5 后期处置
6 保障措施
6.1 通信与信息保障
6.2 应急队伍保障
6.3 物资装备保障
6.4 资金保障
6.5 技术保障
6.6 外部依托资源保障
7 应急预案管理
7.1 应急预案培训
7.2 应急预案演练
7.3 应急预案修订
7.4 应急预案备案
8 附则
8.1 制订和解释
8.2 预案的实施
9 附件
9.1 企业概况
9.2 编制依据
9.3 管道公司生产安全事故分级规划
9.4 风险分析
9.5 组织机构与职责
9.6 应急处置指导原则
9.7 应急通信录
9.8 一级抢修物资储备标准

9.9 二级抢修物资储备标准

9.10 管道干线钢管储备标准

（三）专项预案的内容实例

1 总则

1.1 编制目的

1.2 编制依据

1.3 适用范围

1.4 应急预案衔接

1.5 应急预案体系

1.6 应急预案启动条件

2 风险描述

3 应急组织机构与职责

3.1 应急组织体系

3.2 组织机构与职责

4 应急响应

4.1 信息报告

4.2 预警

4.3 应急启动

4.4 处置措施

4.5 应急终止

5 后期处置

6 保障措施

6.1 通信与信息保障

6.2 应急队伍保障

6.3 物资装备保障

6.4 资金保障

6.5 外部依托资源保障

6.6 后勤保障

6.7 医疗救护保障

7 应急预案管理

7.1 应急预案培训

7.2 应急预案演练

7.3 应急预案修订

7.4 应急预案备案

8 附则

8.1 制定和解释

8.2 预案的实施

9 附件

附件 1 编制依据

附件 2 企业概况

附件 3 上级单位生产安全事故分级规定

附件 4 现场指挥及各工作组机构及职责

附件 5 输送介质特性表

附件 6 穿越河流管道事故处置措施

附件 7 公司内部应急通信录

附件 8 公司外部应急通信录

附件 9 公司所辖管道走向图

附件 10 公司各输油气站、计量站工艺流程图

附件 11 公司所辖在役管道纵断面图

附件 12 公司所辖管线重点部位明细表

附件 13 公司输油站场重点部位明细表

附件 14 内部抢修资源表和装备资源表

附件 15 ××一级储备库资源表

附件 16 公司各站队储备库资源表

附件 17 突发事件应急信息报送相关表格

（四）管道企业应急预案编制注意事项

1. 应急预案应贯串风险管理理念

油气管道线路长，途径河流、人口稠密区等环境敏感区域多，油气管道本身又具有高压，输送介质易燃、易爆，输送工艺复杂等特性，发生异常情况和事故的潜在风险较大，且一旦发生事故，其现场状况也是瞬息万变，如不及时有效处置，势必会造成较大损失和影响。因此，基于风险编制应急预案，提高对潜在隐患和突发事件衍生、次生灾害的认识，增强预案的科学性和针对性，才能在事故救援过程中避免突发事件扩大或升级，化危机为转机，最大限度地减少突发事件给企业和社会造成的影响和损失。

管道企业在预案编制过程中，应通过全面分析自身可能存在的重大危害及其后果，并结合自身应急能力实际，对应急资源的准备、应急能力的保障及应急响应措施等方面进行详细而系统的描述，确保在应对突发事件时选择最实用、最有效的应急策略。

2. 应急预案应强化宣贯培训和实战演练

应急预案是应急响应的指导方针，要想起到它应有的作用，首先要让大家知道预案

的内容，更主要的是要知道自己的角色、自己的职责，这就需要进行必要的宣贯培训。然后再通过演练强化记忆熟练掌握，在发生事故时才不会慌乱，按照预案来行动。预案的演练过程也是对预案的检验过程，哪些不合理、哪些不科学，还缺少什么环节，以便对预案进行修订，使其更科学、更具有针对性和可操作性。

管道企业应通过实施各类宣贯与培训、制作视频教学片等形式，以及深入开展水上油品回收、沼泽地进场路面铺设和作业坑成型，以及人口稠密区油品泄漏、阀室爆炸恢复重建等一系列实战演练，使得基层站队员工对应急预案的意义和作用有较好的认识和理解，应急意识和应急处置技能得到强化和提高。

3. 应急预案需实现动态管理和持续优化

应急预案优化工作的主要目的，不仅仅在于发生突发事件时启动预案予以处置，更重要的是未雨绸缪、防患于未然，促进企业应急管理更为程序化、制度化，以确定性应对不确定性，化应急管理为常规管理。因此，在动态中不断优化和完善应急预案，做好应对可能发生的突发事件的各种准备工作至关重要。

四、现场应急处置方案优化

现场处置方案是在开展输气站事故风险分析的基础上，以文件的形式规定了输气站各岗位应急工作职责、现场处置程序及措施、处置过程中注意事项等，是公司生产安全事故应急预案支持性文件。

现场应急处置方案的优化，是在危害识别的基础上，梳理所辖区域及设备设施的危险源，罗列本单位的施工作业内容，并评估区域、设备设施及施工作业的危险危害等级，对照所辖区域及设备设施的应急管理水平及基层应急能力编制的，解决了施工作业现场“什么事”“做什么”“怎么做”“谁来做”的问题，形成了格式较统一，内容实用、管用、好用的文本，满足了“简明化、卡片化、专业化”的要求。输气场站现场应急处置方案一般包括如下内容（实例）。

1 事故风险分析

2 应急工作职责

2.1 应急组织机构

2.2 岗位应急职责

3 应急处置

3.1 现场处置程序

3.2 应急处置措施

4 注意事项

4.1 佩戴个人防护用品

4.2 使用抢险救援器材

4.3 采取救援对策或措施

4.4 现场自救互救

4.5 现场应急处置能力

4.6 应急救援结束后

4.7 其他需要特别警示的事项

5 附件

附件 1 ××公司内部应急通信录

附件 2 外部单位应急通信录

附件 4 ××输气站工艺流程图

附件 5 ××输气站逃生路线图及危险区域划分

附件 6 突发事件应急信息报送相关表格

附件 7 ××输气站所辖管道走向图（××线）

附件 8 ××输气站天然气管道穿越高风险地段一览表

附件 9 管道穿越高速公路、公路信息

附件 10 管道穿越铁路信息

附件 11 管道穿越人口密集区信息

现场施工作业典型事故类型主要包括泄漏、火灾、爆炸、中毒、窒息、触电、物体打击、车辆伤害、容器爆炸等，事故发生的区域（地点或装置）与基层场站的生产性质密切相关，事故的危害程度与天然气生产运行参数及参与天然气生产工艺环节密切相关，事故前的征兆有时明显有时比较隐晦不易发现，有些事故后果还比较严重，会波及周边人员、设备设施等，还会引发次生、衍生事故。

五、岗位应急处置卡

岗位应急处置卡作为现场处置方案的载体，其内容应与现场处置方案一致，其制作的基本要求是，要做到文字描述简洁、流程步骤严谨、操作方法直接、执行标准明确。下面以输气场站的典型事件的岗位应急处置卡为例，了解岗位应急处置卡的结构和内容。

（一）输气场站的事故风险分析

输气场站的事故风险分析见表 4–3–2。

（二）岗位应急职责

输气场站岗位一般包括站长、副站长、安全工程师、综合技术员、综合输气工、综合维修管道工等，故场站应急组织机构包括组长：站长；副组长：副站长或安全工程师；组员：综合技术员、综合输气工、综合维修管道工等。

表 4-3-2　事故风险分析

序号	风险类型	易发区域、装置	原因、可能时间	事故征兆	严重程度、影响范围	可能引发的次生衍生事故
1	站内天然气泄漏	工艺装置区、站内法兰、管道	腐蚀、地质变化、意外破坏、误操作、法兰紧固件、密封件技术失效	可燃气体探测器报警	支路停输，甚至全站停输	中毒（窒息）、火灾、爆炸
2	着火、爆炸	工艺装置区、仪电设备、管道	设备缺陷、故障，自然灾害、人为破坏等原因	消防系统报警	单体设备烧毁，全站停输	中毒（窒息）、火灾扩大、爆炸
3	管线异常	收发球筒、弯头、管线	压力调低、天然气含水、清管器卡阻	管线运行参数异常	清管作业受阻、干线停输	天然气泄漏
4	站外天然气泄漏	站外管道（阀室、下游分输用户、高风险管段）	设备缺陷、故障，自然灾害、人为破坏等原因	管线运行参数异常	天然气泄漏、干线停输	中毒（窒息）、火灾、爆炸
5	急性职业中毒（窒息）	工艺装置区、放空火炬区	天然气泄漏、氮气泄漏、一氧化碳聚集	气体探测器报警	急性职业中毒（窒息）	施救人员急性职业中毒（窒息）

（三）现场处置程序

现场处置程序示意图如图 4-3-2 所示。

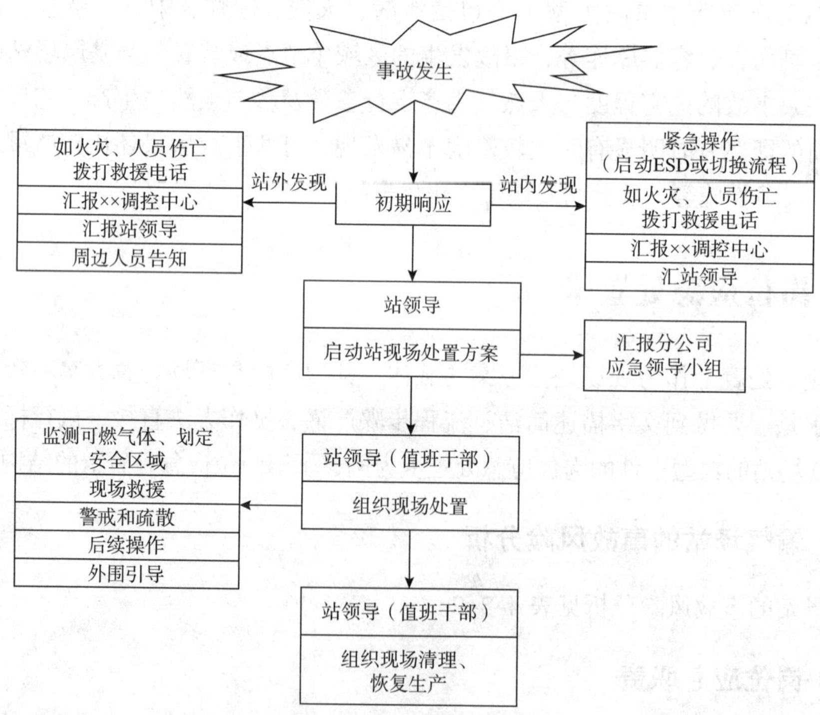

图 4-3-2　现场处置程序示意图

（四）典型事件（部分）应急处置步骤和措施

1. 站内工艺设备设施天然气泄漏应急处置程序

站内工艺设备设施天然气泄漏应急处置程序见表 4–3–3。

表 4–3–3　站内工艺设备设施天然气泄漏应急处置程序

<table>
<tr><th>现象、原因、注意事项</th><th>处置、操作步骤</th><th>负责人</th></tr>
<tr><td rowspan="9">现象：站内法兰、管道等设备设施发生天然气泄漏
原因：因腐蚀、地质变化、意外破坏、误操作、法兰紧固件或密封件技术失效，以及法兰材质、焊接缺陷等，造成法兰、管道发生天然气泄漏
注意事项：
1. 现场人员须站在泄漏点上风处；
2. 如事故失控，对人员生命安全构成威胁时，立即撤离危险区域；
3. 正压式空气呼吸器低压报警时，须撤离现场；
4. 如天然气向非防爆场所扩散，切断事故范围内非防爆电源</td><td>1. 若发现少量天然气泄漏，关闭泄漏点上下游阀门，切换流程，将泄漏管段放空；若发现大量天然气泄漏，启动 ESD，同时切断非防爆电源</td><td>综合输气工</td></tr>
<tr><td>2. 如着火拨打 119、如有人员伤亡拨打 120</td><td>综合输气工</td></tr>
<tr><td>3. 汇报 ×× 调度（内线：××　×××××××××，外线：×××–×××××××××），根据调度令进行工艺操作并记录</td><td>综合输气工</td></tr>
<tr><td>4. 汇报站领导</td><td>综合输气工</td></tr>
<tr><td>5. 汇报分公司应急领导小组组长，通知、组织站内人员抢险，并告知相关方</td><td>站领导</td></tr>
<tr><td>6. 安排人员进行现场可燃气体浓度监测</td><td>站领导或值班干部</td></tr>
<tr><td>7. 安排人员现场救援、警戒和疏散</td><td>站领导或值班干部</td></tr>
<tr><td>8. 安排人员引导后续救援力量</td><td>站领导或值班干部</td></tr>
<tr><td>9. 配合救援人员进行后续救援工作、现场清理、恢复生产，记录</td><td>站领导或值班干部</td></tr>
</table>

2. 站内工艺设备设施火灾、爆炸处置程序

站内工艺设备设施火灾、爆炸处置程序见表 4–3–4。

表 4–3–4　站内工艺设备设施火灾、爆炸处置程序

<table>
<tr><th>现象、原因、注意事项</th><th>处置、操作步骤</th><th>负责人</th></tr>
<tr><td rowspan="10">现象：站内设备设施发生火灾、爆炸
原因：天然气站场内工艺设备、设施故障引发火灾，或天然气泄漏，遇明火发生火灾、爆炸
注意事项：
1. 现场人员须站在泄漏点上风处；
2. 如事故失控，对人员生命安全构成威胁时，立即撤离危险区域；
3. 如天然气向非防爆场所扩散，切断事故范围内非防爆电源</td><td>1. 启动 ESD，同时切断非防爆电源</td><td>综合输气工</td></tr>
<tr><td>2. 如火势可以控制，使用干粉灭火器初期灭火，触发声光报警按钮</td><td>综合输气工</td></tr>
<tr><td>3. 拨打 119、如有人员伤亡拨打 120</td><td>综合输气工</td></tr>
<tr><td>4. 汇报 ×× 调度（内线：×××–×××××××××，外线：×××–×××××××××），根据调度令进行工艺操作并记录</td><td>综合输气工</td></tr>
<tr><td>5. 汇报站领导</td><td>综合输气工</td></tr>
<tr><td>6. 汇报分公司应急领导小组组长，通知、组织站内人员抢险，并告知相关方</td><td>站领导</td></tr>
<tr><td>7. 安排人员现场救援、警戒和疏散</td><td>站领导或值班干部</td></tr>
<tr><td>8. 安排人员进行现场可燃气体浓度监测</td><td>站领导或值班干部</td></tr>
<tr><td>9. 安排人员引导后续救援力量</td><td>站领导或值班干部</td></tr>
<tr><td>10. 配合救援人员进行后续救援工作、现场清理、恢复生产，记录</td><td>站领导或值班干部</td></tr>
</table>

3. 阀室被毁应急处置程序

阀室被毁应急处置程序见表 4-3-5。

表 4-3-5　阀室被毁应急处置程序

<table>
<tr><th>现象、原因、注意事项</th><th>处置、操作步骤</th><th>负责人</th></tr>
<tr><td rowspan="9">现象：阀室工艺设备损坏，管线损坏，阀室内出现大量天然气泄漏
原因：自然灾害、设备缺陷、管线缺陷，误操作、人为破坏等
注意事项：
1. 正压式空气呼吸器低压报警时，撤离现场；
2. 现场严禁车辆启动，必须启动时须带防火帽</td><td>1. 汇报 ×× 调度（内线：×××-××××××××，外线：×××-××××××××），根据调度令进行工艺操作并记录</td><td>综合输气工、综合维修管道工</td></tr>
<tr><td>2. 发生天然气泄漏时，根据调度令关闭事故阀室上下游截断阀，将事故管段放空</td><td>综合输气工、综合维修管道工</td></tr>
<tr><td>3. 拨打救援电话（如阀室着火拨打 119，如有人员伤亡拨打 120）</td><td>综合输气工、综合维修管道工</td></tr>
<tr><td>4. 汇报站领导</td><td>综合输气工、综合维修管道工</td></tr>
<tr><td>5. 汇报分公司应急领导小组组长，通知、组织站内人员抢险</td><td>站领导</td></tr>
<tr><td>6. 安排人员进行现场可燃气体浓度监测</td><td>站领导或值班干部</td></tr>
<tr><td>7. 安排人员现场救援、警戒和疏散</td><td>站领导或值班干部</td></tr>
<tr><td>8. 安排人员引导后续救援力量</td><td>站领导或值班干部</td></tr>
<tr><td>9. 配合救援人员进行后续救援工作、现场清理、恢复生产，记录</td><td>站领导或值班干部</td></tr>
</table>

（五）部分岗位应急处置卡

×× 输气站站领导应急处置卡（正面）见表 4-3-6，背面见表 4-3-7。

表 4-3-6　×× 输气站站领导应急处置卡（正面）

序号	处置步骤
1	接到事故报告后汇报公司应急领导小组组长或副组长，通知站应急领导小组成员
2	初步判断事故等级，启动现场处置方案
3	组织值班人员向 ×× 调度中心进行报告，并按照要求组织管线和设备停输
4	组织、指挥事故初期处置，防控安全、环保次生灾害
5	安排专人收集现场信息，报公司应急领导小组
6	根据现场事态情况，向地方应急部门汇报
7	组织站人员现场警戒及油气监测，如有必要，告知居民撤离
8	安排人员引导后续抢险队伍进入现场
9	安排人员提供现场后勤保障
10	抢修结束后，关闭站现场处置方案

表 4-3-7 ×× 输气站站领导应急联系方式（背面）

部门	联系人	值班电话	办公电话	手机
×× 调度中心				
×× 公司应急小组				
站内人员				

第三节 应急演练

应急演练是针对事故情景，依据应急预案而模拟开展的预警行动、事故报告、指挥协调、现场处置等活动。

2014 年 5 月，国家安全生产月活动组织委员会办公室、国家安全生产应急救援指挥中心就下发了《关于深入开展 2014 年全国安全生产应急预案演练活动的通知》，“动员部署各地区和生产经营单位广泛深入开展应急预案演练活动，积极开展形式多样的实战化应急演练”，“进一步推进应急演练进基层、进企业、进现场，推动应急预案简明化、卡片化、专业化，实现应急宣传教育与培训全员化、经常化、系统化，增强广大公众、特别是企业员工的应急意识，全面提升应对各类生产安全事故能力。”“各类生产经营单位要结合本单位应急管理工作特点全面开展班组、车间一线员工应急演练，努力做到全员参与、全面覆盖。煤矿、金属和非金属矿山、危险化学品、油气管道、交通运输、建筑施工、冶金等重点行业（领域）的企业要组织开展全员参与的应急演练。”2016 年修订的《生产安全事故应急预案管理办法》（国家应急管理部第 88 号）更有明确的要求：“第三十三条　生产经营单位应当制定本单位的应急预案演练计划，根据本单位的事故风险特点，每年至少组织一次综合应急预案演练或者专项应急预案演练，每半年至少组织一次现场处置方案演练。”

一、应急演练目的

（1）检验预案。发现应急预案中存在的问题，提高应急预案的科学性、实用性和可操作性。

（2）锻炼队伍。熟悉应急预案，提高应急人员在紧急情况下妥善处置事故的能力。

（3）磨合机制。完善应急管理相关部门、单位和人员的工作职责，提高协调配合能力。

（4）宣传教育。普及应急管理知识，提高参演和观摩人员风险防范意识和自救互救能力。

（5）完善准备。完善应急管理和应急处置技术，补充应急装备和物资，提高其适用性和可靠性。

（6）其他需要解决的问题。

二、应急演练原则

（1）符合相关规定。按照国家相关法律、法规、标准及有关规定组织开展演练。

（2）切合企业实际。结合企业生产安全事故特点和可能发生的事故类型组织开展演练。

（3）注重能力提高。以提高指挥协调能力、应急处置能力为主要出发点组织开展演练。

（4）确保安全有序。在保证参演人员及设备设施的安全的条件下组织开展演练。

三、应急演练类型

（一）按组织形式划分，应急演练可分为桌面演练和实战演练

1. 桌面演练

桌面演练是指参演人员利用地图、沙盘、流程图、计算机模拟、视频会议等辅助手段，针对事先假定的演练情景，讨论和推演应急决策及现场处置的过程，从而促进相关人员掌握应急预案中所规定的职责和程序，提高指挥决策和协同配合能力。桌面演练通常在室内完成。

2. 实战演练

实战演练是指参演人员利用应急处置涉及的设备和物资，针对事先设置的突发事件情景及其后续的发展情景，通过实际决策、行动和操作，完成真实应急响应的过程，从而检验和提高相关人员的临场组织指挥、队伍调动、应急处置技能和后勤保障等应急能力。实战演练通常要在特定场所完成。

（二）按内容划分，应急演练可分为单项演练和综合演练

1. 单项演练

单项演练是指涉及应急预案中特定应急响应功能或现场处置方案中一系列应急响应功能的演练活动。注重针对一个或少数几个参与单位（岗位）的特定环节和功能进行检验。

2. 综合演练

综合演练是指涉及应急预案中多项或全部应急响应功能的演练活动。注重对多个环节和功能进行检验，特别是对不同单位之间应急机制和联合应对能力的检验。

（三）按目的与作用划分，应急演练可分为检验性演练、示范性演练和研究性演练

1. 检验性演练

检验性演练是指为检验应急预案的可行性、应急准备的充分性、应急机制的协调性及相关人员的应急处置能力而组织的演练。

2. 示范性演练

示范性演练是指为向观摩人员展示应急能力或提供示范教学，严格按照应急预案规定开展的表演性演练。

3. 研究性演练

研究性演练是指为研究和解决突发事件应急处置的重点、难点问题，试验新方案、新技术、新装备而组织的演练。

不同类型的演练相互组合，可以形成单项桌面演练、综合桌面演练、单项实战演练、综合实战演练、示范性单项演练、示范性综合演练等。

按事先通知与否，可分为事先通知的演练和事先不通知的演练。不言而喻，事先不通知的演练会更突出实战性，提高人们的应急意识，但也可能在演练过程中部分人员因不明真相而造成损失，这就要求演练的组织都要统筹考虑，事先做周密的安排，确保演习全过程的安全，防止因演练而发生意外。事先通知的演练指事先有计划，安排参与人员、演练时间和地点，然后组织演练。

四、应急演练准备和实施

依据《生产安全事故应急演练指南》（AQT 9007—2011），参照《关于印发突发事件应急演练指南的通知》（应急办函〔2009〕62 号），综合演练组织和实施包括以下内容。

（一）应急演练准备

1. 演练计划

演练计划应包括演练目的、类型（形式）、时间、地点，演练主要内容、参加单位和经费预算等。

2. 演练准备

（1）成立演练组织机构。综合演练通常成立演练领导小组，下设策划组、执行组、保障组、评估组等专业工作组。根据演练规模大小，其组织机构可进行调整。

①领导小组：负责演练活动筹备和实施过程中的组织领导工作，具体负责审定演练工作方案、演练工作经费、演练评估总结以及其他需要决定的重要事项等。

②策划组：负责编制演练工作方案、演练脚本、演练安全保障方案或应急预案、宣传报道材料、工作总结和改进计划等。

③执行组：负责演练活动筹备及实施过程中与相关单位、工作组的联络和协调、事故情景布置、参演人员调度和演练进程控制等。

④保障组：负责演练活动工作经费和后勤服务保障，确保演练安全保障方案或应急预案落实到位。

⑤评估组：负责审定演练安全保障方案或应急预案，编制演练评估方案并实施，进行演练现场点评和总结评估，撰写演练评估报告。

（2）编制演练文件。

①演练工作方案。演练工作方案内容主要包括：

a. 应急演练目的及要求；

b. 应急演练事故情景设计；

c. 应急演练规模及时间；

d. 参演单位和人员主要任务及职责；

e. 应急演练筹备工作内容；

f. 应急演练主要步骤；

g. 应急演练技术支撑及保障条件；

h. 应急演练评估与总结。

②演练脚本。根据需要，可编制演练脚本。演练脚本是应急演练工作方案具体操作实施的文件，帮助参演人员全面掌握演练进程和内容。演练脚本一般采用表格形式，主要内容包括：

a. 演练模拟事故情景；

b. 处置行动与执行人员；

c. 指令与对白、步骤及时间安排；

d. 视频背景与字幕；

e. 演练解说词等。

③演练评估方案。演练评估方案通常包括：

a. 演练信息：应急演练目的和目标、情景描述，应急行动与应对措施简介等；

b. 评估内容：应急演练准备、应急演练组织与实施、应急演练效果等；

c. 评估标准：应急演练各环节应达到的目标评判标准；

d. 评估程序：演练评估工作主要步骤及任务分工；

e. 附件：演练评估所需要用到的相关表格等。

④演练保障方案。针对应急演练活动可能发生的意外情况制定演练保障方案或应急

预案，并进行演练，做到相关人员应知应会，熟练掌握。演练保障方案应包括应急演练可能发生的意外情况、应急处置措施及责任部门，应急演练意外情况中止条件与程序等。

⑤演练观摩手册。根据演练规模和观摩需要，可编制演练观摩手册。演练观摩手册通常包括应急演练时间、地点、情景描述、主要环节及演练内容、安全注意事项等。

（3）演练工作保障。

①人员保障：按照演练方案和有关要求，策划、执行、保障、评估、参演等人员参加演练活动，必要时考虑替补人员。

②经费保障：根据演练工作需要，明确演练工作经费及承担单位。

③物资和器材保障：根据演练工作需要，明确各参演单位所准备的演练物资和器材等。

④场地保障：根据演练方式和内容，选择合适的演练场地。演练场地应满足演练活动需要，避免影响企业和公众正常生产、生活。

⑤安全保障：根据演练工作需要，采取必要安全防护措施，确保参演、观摩等人员以及生产运行系统安全。

⑥通信保障：根据演练工作需要，采用多种公用或专用通信系统，保证演练通信信息通畅。

⑦其他保障：根据演练工作需要，提供的其他保障措施。

（二）应急演练的实施

1. 熟悉演练任务和角色

组织各参演单位和参演人员熟悉各自参演任务和角色，并按照演练方案要求组织开展相应的演练准备工作。

2. 组织预演

在综合应急演练前，演练组织单位或策划人员可按照演练方案或脚本组织桌面演练或合成预演，熟悉演练实施过程的各个环节。

3. 安全检查

确认演练所需的工具、设备、设施、技术资料以及参演人员到位。对应急演练安全保障方案以及设备、设施进行检查确认，确保安全保障方案可行，所有设备、设施完好。

4. 应急演练

应急演练总指挥下达演练开始指令后，参演单位和人员按照设定的事故情景，实施相应的应急响应行动，直至完成全部演练工作。演练实施过程中出现特殊或意外情况，演练总指挥可决定中止演练。

5. 演练记录

演练实施过程中，安排专门人员采用文字、照片和音像等手段记录演练过程。

6. 演练评估准备

演练评估人员根据演练事故情景设计以及具体分工，在演练现场实施过程中展开演练评估工作，记录演练中发现的问题或不足，收集演练评估需要的各种信息和资料。

7. 演练结束

演练总指挥宣布演练结束，参演人员按预定方案集中进行现场讲评或者有序疏散。

五、应急演练的评估及总结

（一）应急演练评估

1. 现场点评

应急演练结束后，在演练现场，评估人员或评估组负责人对演练中发现的问题、不足及取得的成效进行口头点评。

2. 书面评估

评估人员针对演练中观察、记录以及收集的各种信息资料，依据评估标准对应急演练活动全过程进行科学分析和客观评价，并撰写书面评估报告。

评估报告重点对演练活动的组织和实施、演练目标的实现、参演人员的表现以及演练中暴露的问题进行评估。

（二）应急演练总结

演练结束后，由演练组织单位根据演练记录、演练评估报告、应急预案、现场总结等材料，对演练进行全面总结，并形成演练书面总结报告。报告可对应急演练准备、策划等工作进行简要总结分析。参与单位也可对本单位的演练情况进行总结。演练总结报告的内容主要包括：

（1）演练基本概要；

（2）演练发现的问题，取得的经验和教训；

（3）应急管理工作建议。

（三）演练资料归档与备案

应急演练活动结束后，将应急演练工作方案以及应急演练评估、总结报告等文字资料，以及记录演练实施过程的相关图片、视频、音频等资料归档保存。

对主管部门要求备案的应急演练资料，演练组织部门（单位）应将相关资料报主管部门备案。应急演练结束后，组织应急演练的部门（单位）应根据应急演练评估报告、总结报告提出的问题和建议对应急管理工作（包括应急演练工作）进行持续改进。组织应急演练的部门（单位）应督促相关部门和人员，制定整改计划，明确整改目标，制定整改措施，落实整改资金，并应跟踪督查整改情况。